专用集成电路设计实用教程

（第二版）

虞希清　编著

图书在版编目（CIP）数据

专用集成电路设计实用教程 / 虞希清编著. —杭州：浙江大学出版社，2013.7（2024.12 重印）
ISBN 978-7-308-05113-2

Ⅰ. 专… Ⅱ. 虞… Ⅲ. 集成电路—电路设计—高等学校—教材 Ⅳ. TN402

中国版本图书馆 CIP 数据核字（2006）第 165341 号

专用集成电路设计实用教程（第二版）

虞希清　编著

责任编辑　杜希武
封面设计　刘依群
出版发行　浙江大学出版社
（杭州市天目山路 148 号　邮政编码 310007）
（网址：http://www.zjupress.com）
排　　版　杭州好友排版工作室
印　　刷　浙江新华数码印务有限公司
开　　本　787mm×1092mm　1/16
印　　张　18.25
字　　数　467 千
版 印 次　2013 年 7 月第 2 版　2024 年 12 月第 13 次印刷
书　　号　ISBN 978-7-308-05113-2
定　　价　49.00 元

浙江大学出版社市场运营中心联系方式：（0571）88925591；http://zjdxcbs.tmall.com

内容提要

在现代的IC设计中，工程师们广泛地使用数字电路的逻辑综合技术。工程师们使用RTL代码和IP描述设计的功能，进行高级设计，用综合工具对设计进行编辑和优化，以实现满足设计目标的电路。根据多年为客户进行技术培训，技术支持和IC设计的经验，笔者编写了本书。书中主要介绍了IC设计的基本概念，设计流程和设计方法，并就工程师们在设计中常见的问题，提供了解决方法。本书的特点是实用性强。

全书共分九章，第一章概述IC设计的趋势和流程；第二章介绍用RTL代码进行电路的高级设计和数字电路的逻辑综合；第三章陈述了IC系统的层次化设计和模块划分；第四章详细地说明如何设置电路的设计目标和约束；第五章介绍综合库和静态时序分析；第六章深入地阐述了电路优化和优化策略；第七章陈述物理综合和简介逻辑综合的拓扑技术；第八章介绍可测性设计；第九章介绍低功耗设计和分析。

本书的主要对象是IC设计工程师，帮助他们解决IC设计和综合过程中遇到的实际问题。也可作为高等院校相关专业的高年级学生和研究生的参考书。

前　言

本书在 Synopsys 公司的逻辑综合培训资料基础上编写而成。

从事 EDA 工作和 ASIC 设计已有十几年了。在给中港台 ASIC 设计工程师提供的技术培训和支持中，工程师们曾提出了设计和使用设计工具中遇到的各种各样的问题。教学相长，在和工程师讨论问题、提供解决方案的过程中，我得到了很多的经验和启发。在为用户解决一些实际问题，为他们提供培训后，我曾收到热情的掌声和感谢信。用户的掌声和谢意给了我很大的鼓励和鞭策，使我下决心要编写一本实用的中文版的集成电路设计教程和手册，以答谢用户们的支持和帮助。

本书讲究实用性，希望其中的内容能帮助 ASIC 设计工程师清楚明了 IC 设计的基本概念，IC 设计的流程，逻辑综合的基本概念和设计方法，解决进行 IC 设计时和工具使用时所遇到的问题。

全书共分九章，第一章概述 IC 设计的趋势和流程；第二章介绍用 RTL 代码进行电路的高级设计和数字电路的逻辑综合；第三章陈述了 IC 系统的层次化设计和模块划分；第四章详细地说明如何设置电路的设计目标和约束；第五章介绍综合库和静态时序分析；第六章深入地阐述了电路的优化和优化策略；第七章陈述物理综合和简介逻辑综合的拓扑技术；第八章介绍可测性设计；第九章介绍低功耗设计和分析。

本书的主要对象是 IC 设计工程师，帮助他们解决 IC 设计和综合过程中遇到的实际问题。也可作为高等院校相关专业的高年级学生和研究生的参考书。

在本书的编写过程中，得到了 Synopsys 中国区高级技术经理常绍军先生的大力支持。常绍军先生、资深的应用技术顾问李昂先生和冯源先生审阅了本书，并提出了宝贵的意见和建议。在此，表示衷心的感谢。在本书编写过程中，得到了全家的支持，深表谢意！

由于时间仓促，知识水平有限，书中难免有不足和错误之处，敬请各位专家，IC 设计工程师和同行们批评指正，不胜感激。来函可发电子邮件（Email：victoryu_snps@yahoo.com.hk）。

虞希清

2006 年 11 月于 Synopsys 香港

目　录

第一章

集成电路设计概论

集成电路(Integrated Circuits)是现代电子设备的重要组成部分。因此,成功设计集成电路对整个电子信息技术产业的发展起到重要的作用。由于科技的发展,半导体芯片的集成化程度越来越高,设计的系统越来越复杂,规模越来越大,设计的性能越来越高,功耗也越来越大,这些不断地给芯片设计工程师和电子设计自动化(Electronics Design Automation,简称 EDA)厂商提出新的课题和挑战。

1.1 摩尔定律

摩尔提出著名的"摩尔定律"已经 40 多年了。1965 年 4 月,摩尔在《电子学(Electronics)》杂志上发表文章预言,半导体芯片上集成的晶体管数量将每年翻一番。1975 年,他又提出修正说,芯片上集成的晶体管数量将每两年翻一番。

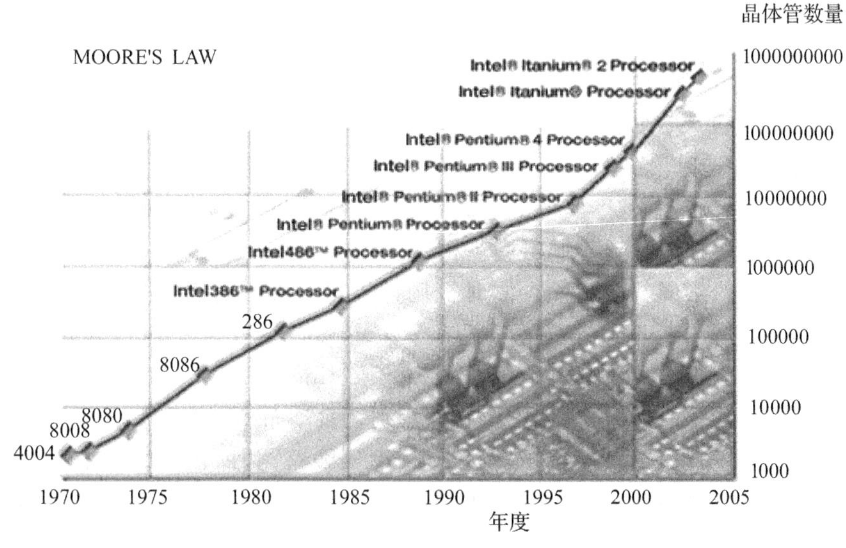

图 1.1.1

图 1.1.1 为在过去 25 年,Intel CPU 中晶体管增长的情况。集成电路的规模不断地稳

定增长，使CPU的处理和计算能力不断提高。摩尔定律也意味着成本的降低。半导体几何尺寸的减少使我们在同样大小的芯片上可以集成更多的晶体管，芯片可以以更高的速度工作，芯片的价格也越来越便宜。半导体工业的发展给我们的生活和工作带来了方便，丰富了人类的生活。

随着半导体加工工艺的不断提高，集成电路的设计方法也随之改变。如图1.1.2所示，集成电路设计方法可以分成如下几个阶段：

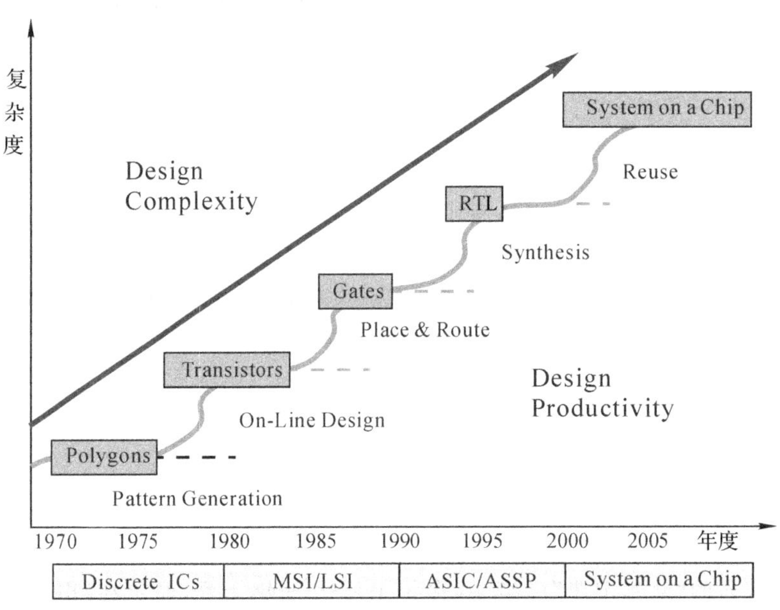

图1.1.2

- 手工设计阶段

工程师们用手工的方法绘制版图。在集成电路发展初期，电路设计都从器件的物理版图设计入手。版图设计一直是一个既费时费力又十分关键的工作，设计速度极慢，很容易出错，设计的规模也很小。如以二输入的与非门为一个门来计算，设计的规模大约在几个门到几十门的规模。

- 计算机辅助设计阶段(Computer Aided Design)

用计算机软件进行版图设计，实际上是利用计算机对图形的调用、移动、旋转、缩放、修改、重复等操作能力，快速精确地绘制出满足精度要求的版图。经过进一步的检查和调整，形成适合于制版需要的版图数据文件。同时也用计算机软件进行PCB绘图和晶体管电路的分析。设计的规模大约在几十门到几百门。

- 计算机辅助工程阶段(Computer Aided Engineering)

随着计算机软件技术的进步，各种模拟软件特别是自动布局布线工具先后问世，使得人们可以直接从门级来进行设计。这时候，人们直接输入线路图，即在门级给出电路描述，通过功能和时序仿真，进行门阵列和标准单元的自动设计和验证，然后利用自动布局布线工具实现版图。设计的规模大约在几百门到几万门。

- 电子自动化设计阶段

随着集成电路的规模不断变大，设计的复杂性不断提高，从门级着手进行设计的方法变得越来越不适用，于是 RTL(Register Transfer Level)设计方法应运而生。人们用硬件描述语言(Hardware Description Language)来进行设计，即首先使用 RTL 语言描述所要设计的电路功能，然后通过 RTL 仿真，利用逻辑综合(Logic Synthesis)工具将 RTL 源代码描述转化为门级网表，实现满足设计目标的电路，再利用自动布局布线工具来实现最终所需要的版图。设计的规模大约在几千门到几十万门。

· 系统芯片阶段(System On Chip)

随着半导体工艺技术的不断进步，芯片的设计规模越来越大，特别是进入 0.18 微米以下后，已经可以在一个芯片上实现几亿个晶体管的设计规模。这样规模的电路完全可以将一个完整的电子系统在单个的芯片上来实现，于是便出现了所谓的系统芯片(System-On-Chip，简称 SOC)。系统芯片把多种功能的系统(模块)集成到一个芯片上。这种芯片上可能包括了 CPU、DSP、逻辑电路、模拟电路、射频电路、内存和其他电路模块以及嵌入软件等，并相互连接构成完整的系统。设计的规模很大。到目前为止，电路的规模可达几百万门甚至几千万门。使用"系统芯片"的技术，可以增加芯片的功能和性能，减少芯片的面积和产品功耗，提高产品质量和性价比。

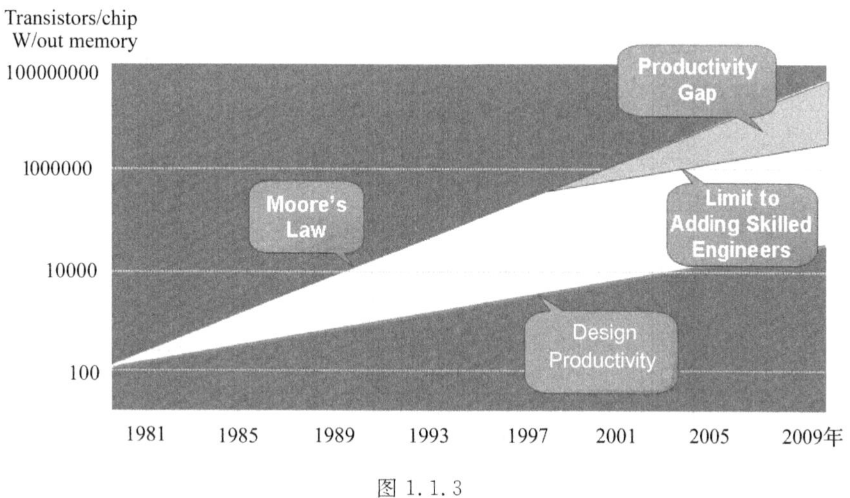

图 1.1.3

设计能力和 EDA 工具性能的提高与摩尔定律的关系见图 1.1.3 图中，上方的直线为摩尔定律，下面的直线为工程设计能力。集成电路设计能力滞后于制造技术能力的提高，二者间存在差距。为了弥补设计生产效率和芯片密度之间的差距，争取产品第一个进入市场和提高设计的质量，需要有越来越多熟练的工程师加入设计队伍，设计中需要重复使用已有的设计(设计再利用)或使用更多的知识产权(Intellectual Property)模块，简称 IP 核。

由于系统设计日益复杂，设计业出现了专门从事开发各种不同功能的集成电路模块(即 IP 核)的供应商，并把这些模块通过授权方式提供给其他系统设计者有偿使用。设计者将以 IP 核作为基本单元进行设计。IP 核的重复使用既缩短了系统设计周期，又提高了系统设计的成功率。研究表明，与 IC 组成的系统相比，由于 SOC 设计能够综合并全盘考虑整个系统的各种情况，可以在同样工艺技术条件下实现更高的系统指标。21 世纪将是 SOC 技术真正快速发展的时期。

半导体厂商或 IP 供应商提供 IP 模块。IP 模块包括软 IP、固化(Firm)IP 和硬 IP 三种类型。其中，软 IP 用 HDL 描述；固化 IP 用门级网表描述；硬 IP 是指实现到物理版图的硅块(Silicon Block)。系统设计人员通过复用 IP 模块来设计整个系统。

1.2　集成电路系统的组成

一个常见的集成电路系统如图 1.2.1 所示。在这个系统中，有如下的模块：

- 数字电路模块(如 RISC_CORE)
- 模拟电路模块(如 A/D)
- 知识产权 IP 核(如 MPEG4、DSP、CODEC 和 USB)
- 边界扫描模块(如 JTAG)
- 输入/输出 PAD
- 内存(如 RAM)

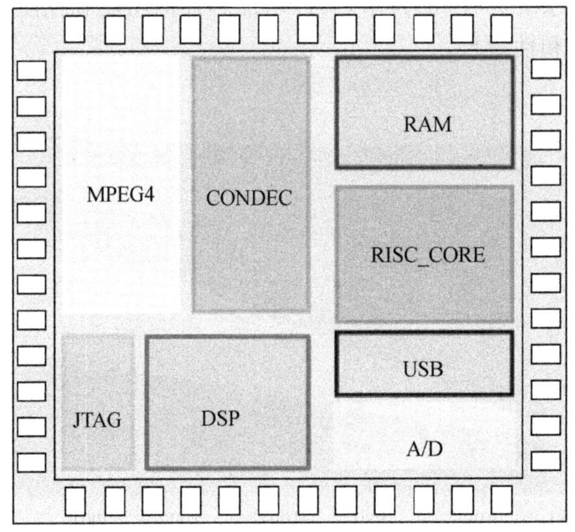

图 1.2.1

下面对各个模块作简要的说明。

1. 数字电路

数字电路是构成 IC 系统的主要部分，也是本书讨论的重点。大部分数字电路采用同步设计的方法，即使用同一时钟源，经过时钟产生电路(例如分频电路和倍频电路)，来统一协调系统各个部分的运行。同步电路的设计是数字电路设计的主流，本书主要介绍同步电路的设计和优化，附带介绍异步电路的设计和约束。

图 1.2.2 为两个同步电路。图 1.2.2(a)有两个时钟，CLKA 和 CLKB，它们来自同一个时钟源，由 300 MHz 时钟经 6 分频电路和 3 分频电路得到，见图 1.2.2(b)。图 1.2.2(c)只有一个时钟，故图 1.2.2(a)和(c)都是同步电路。

数字电路大致可以分为数据通路(Data Path)和控制通路(Control Path)。数据通路主要指进行加减乘除的运算器，控制通路是控制管理数据流通和信号开关等的逻辑。

2. 模拟电路(如 A/D)

现实的世界是一个模拟的世界。在一个 IC 系统里，为了与外部世界交换数据和信号，

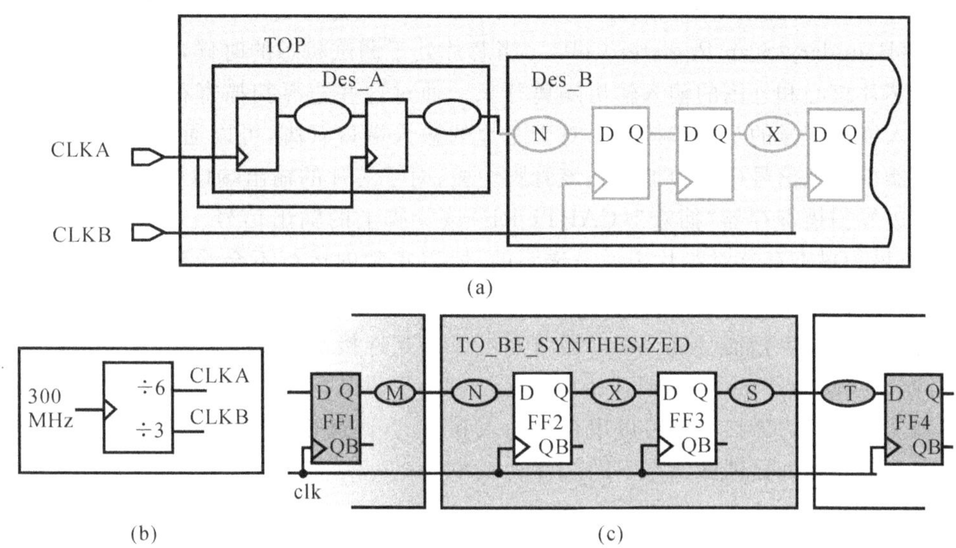

图 1.2.2

模拟信号是必不缺少的。

一般来说，IC 系统的模拟电路有如下部分：

- 模/数转换器(ADC)，将模拟信号转换为数字信号
- 数/模转换器(DAC)，将数字信号转换为模拟信号
- 可编程增益放大器(PGA)，通过数字电路来控制模拟增益
- 锁相环(PLL)，用于产生高频的时钟和进行时钟信号的相位校正
- 其他

模拟电路广泛地使用于视频处理芯片、音频处理芯片、通信芯片和各类控制芯片。

3. 知识产权 IP 核(如 MPEG4、DSP、CODEC 和 USB)

如上节所述，硅知识产权的出现是集成电路设计产业分工的结果，它使一些公司可以专注于自己的技术特长，提供不同类型、经过验证的硅知识产权；而另一些公司在复用这些硅知识产权的基础上设计系统芯片。这种设计方法的出现显著加快了芯片开发速度，缩短了产品上市周期，使更大规模、更多功能、更高集成度的芯片设计成为可能。知识产权 IP 核将推动寄存器传输级的设计自动化进程。知识产权核的设计再利用是保证系统级芯片开发效率和质量的重要手段。USB 既是 IP 核，也是一种输入/输出设备。

4. 边界扫描电路(如 JTAG)

在现代电子应用系统中，印刷电路板越来越复杂，多层板的设计越来越普遍，大量使用各种表贴元件和 BGA(Ball Grid Array)封装元件，元器件的管脚数和管脚密度不断提高，使用万用表和示波器测试芯片的传统“探针”方法已不能满足要求。在这种背景下，早在 20 世纪 80 年代，联合测试行动组(Joint Test Action Group，简称 JTAG)起草了边界扫描测试(Boundary Scan Testing，简写 BST)规范，后来在 1990 年被批准为 IEEE 标准 1149.121990 规定，简称 JTAG 标准。

在 JTAG 调试当中，边界扫描(Boundary-Scan)是一个很重要的概念。边界扫描技术的基本思想是在芯片端口和芯片内部逻辑电路之间，即芯片的边界上加上边界扫描单元(移位

寄存器单元)。因为这些移位寄存器单元都分布在芯片的边界上(周围),所以被称为边界扫描寄存器(Boundary-Scan Register Cell)。当芯片处于调试状态的时候,这些边界扫描寄存器可以将芯片核心和外围的输入输出隔离开来。通过这些边界扫描寄存器单元,可以实现对芯片输入输出信号的观察和控制。对于芯片的输入端口管脚,可以通过与之相连的边界扫描寄存器单元把信号(数据)加载到该管脚中去;对于芯片的输出端口管脚,也可以通过与之相连的边界扫描寄存器"捕获"(CAPTURE)该管脚上的输出信号。在正常的运行状态下,这些边界扫描寄存器对芯片来说是透明的,所以正常的运行不会受到任何影响。这样,边界扫描寄存器提供了一个便捷的方式用以观测和控制所需要调试的芯片。另外,芯片输入输出管脚上的边界扫描(移位)寄存器单元可以相互连接起来,在芯片的周围形成一个边界扫描链(Boundary-Scan Chain)。一般的芯片都会提供几条独立的边界扫描链,用来实现完整的测试功能。边界扫描链可以串行地输入和输出,通过相应的时钟信号和控制信号,可方便地观察和控制处在调试状态下的芯片。

5. 输入/输出 PAD

输入/输出端口是 IC 系统与外部环境的接口。USB 接口就是一种输入/输出端口。与组成集成电路核心电路的单元不同,I/O PAD 是直接与外部世界相连接的特殊单元,因此必须考虑外部电路的寄生参数影响、静电保护、封装要求、电压转换、过压保护和信号完整等。I/O PAD 通常分为三类:输入 PAD、输出 PAD 和双向 PAD。一般说来,I/O PAD 比集成电路核心的单元有更长的延迟和更高的驱动能力。CMOS pads 由于驱动能力高,有时会引起噪音问题。为了减少噪音问题,可以在输出的 pads 上加上电平转移时间的控制。由于时钟信号在设计中起非常重要的作用,对时钟 pads 的要求更高。

I/O pads 的另一个重要特性是电平。输入 pads 以某个电平的幅度传递逻辑"0"或"1"信号到核心,来自核心的逻辑值通过输出 pads 驱动器以某个电平的幅度传送到外部世界。如果集成电路之间有信号的通信,它们 I/O pads 的电平必须一致。由于集成电路通过 pads 与外部环境通信,为了方便使用不同的工艺进行设计,工艺库中的 I/O pads 必须包含诸如外部负载、驱动能力、延迟、电流、功耗和电阻等属性。

所有 CMOS 电路的输入端不能悬浮,最好使用一个上拉或下拉电阻,以保护器件不受损害。在某些应用场合,输入端要串入电阻,以限制流过保护二极管的电流不大于某个值。输入脉冲信号的上升和下降时间如果太大,可以经施密特电路整形后再输入集成电路核心。

6. 内存(如 RAM)

在 SOC 的设计中,一般芯片上包含了一个或多个内存。嵌入式内存在芯片中的应用越来越多。在一些设计中,内存几乎占据了整个芯片面积的 70%以上。内存对于整个芯片的设计至关重要。由于内存的速度比较慢,设计时要注意内存对设计速度或性能的影响。在低功耗的设计中,要注意内存功耗占整个芯片功耗的比例。

模块之间通过连线来交换信息。芯片中,连线可分为信号线和电源线。在超深亚微米的设计中,金属连线具有电容、电阻和电感效应。这些寄生效应会产生连线信号的延迟,电压降低和影响信号的完整性(Singal Integrity)。

本书中,我们称 0.18μm 以下的半导体工艺为超深亚微米(Ultra Deep SubMicro,简称 UDSM)工艺。

在超深亚微米工艺中,连线延迟已与门的延迟相当或大于门延迟。因此在计算时序路径延迟时，不可以再使用线负载模型估算连线的延迟。为了解决线负载模型导致连线延迟不准确的问题，Synopsys公司推出了物理综合工具和拓扑综合技术。有关的内容将在第七章介绍。

由于连线之间的距离很近，连线之间的耦合电容会引起信号的串扰(Cross Talk)，见图1.2.3。串扰会影响时序，使原本收敛的设计，又产生时序违反(Timing Violation)，使芯片不能正常工作。

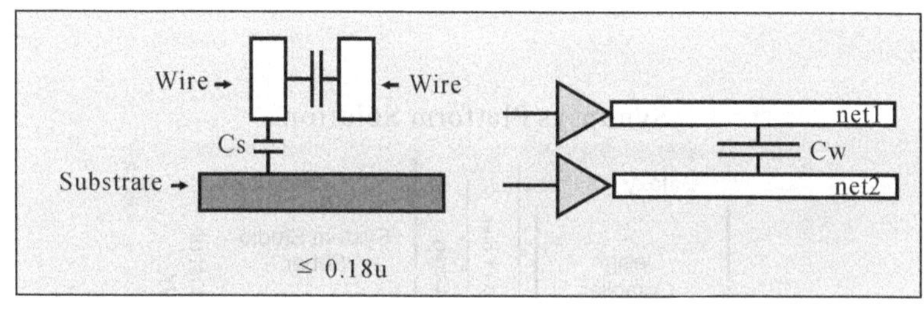

图1.2.3

连线的电阻寄生效应会导致显著的电压降，从而影响芯片的供电电压和信号电平。在一个IC系统中，通过电源网络来供电。一个数字电路系统要能正常工作，必须为它的逻辑单元提供稳定的直流电压，并且这个电压的起伏要尽可能小。随着芯片规模的增大，芯片内部的电流越来越大，电源线上的电压降(IR drop)也随之增大，要满足电压稳定也越来越困难。加宽电源线可以降低电阻，从而减少压降，并且会增加允许通过的峰值电流，但也会占用过多的面积。

1.3 集成电路的设计流程

随着半导体工艺技术的发展，器件的几何尺寸越来越小，芯片规模越来越大，IC设计者能够将愈来愈复杂的功能集成到单硅片上，数百万门甚至上千万门的电路都可以集成在一个芯片上。多种兼容工艺技术的开发，可以将差别很大的不同种器件在同一个芯片上集成。

系统级芯片是在单片上实现全电子系统的集成，具有以下几个特点：

1. 规模大、结构复杂

设计规模高达数百万门乃至上千万门，而且电路结构还包括MPU、SRAM、DRAM、EPROM、闪速存储器、ADC、DAC以及其他模拟和射频电路。为了缩短投放市场时间，要求设计起点比普通ASIC高，不能仅仅依靠逻辑综合的方法，即用工艺库的基本逻辑单元实现设计的功能。设计中应采用IP核等更大的部件或模块，把综合技术和IP核结合在一起，实现SOC的设计。在验证方法上要采用数字和模拟电路一起的混合信号验证方法。为了对各模块特别是IP核能进行有效的测试，必须进行可测性设计。

2. 超深亚微米工艺效应

系统级芯片大多采用超深亚微米工艺加工技术，在UDSM时连线延迟已经大于等于门延迟，成为路径延迟的主要因素。高达数百兆的系统时钟频率以及各模块内和模块间错综复杂的时序关系，增加了电路中时序匹配的困难。UDSM工艺中非常小的线间距离和层间距离，线间和层间的信号耦合作用增强，再加之很高的系统工作频率，电磁干扰、信号串扰现象加剧，给设计和验证带了困难。

如何进行时序收敛的设计和验证，如何进行低功耗设计以及信号完整性设计与分析，如何避免电磁干扰和信号串扰等高频效应引起的设计时序和质量问题，都给 IC 设计工程师和 EDA 开发商带来了挑战。

为了满足由于半导体工艺技术发展对设计能力和生产力提高的要求，各 EDA 厂商提出了一些解决方案。总部在美国的 EDA 供应商 Synopsys 公司提供了完整的 IC 设计解决方案，见图 1.3.1。

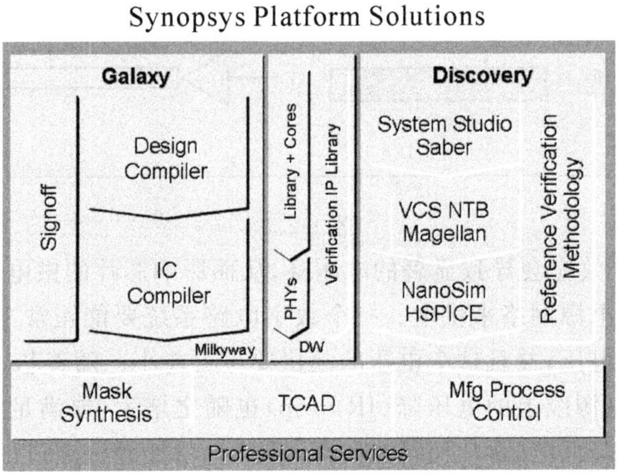

图 1.3.1

Synopsys 的 IC 设计解决方案包含了 Galaxy 设计平台、Discovery 验证平台、DesignWare IP、可制造设计(Design For Manufacture)和专业化服务。

本书主要介绍数字电路的逻辑综合，主要使用 Galaxy 设计平台中的工具。下面我们介绍 Synopsys 的 RTL-to-GDSII 设计流程和 Galaxy 设计平台。

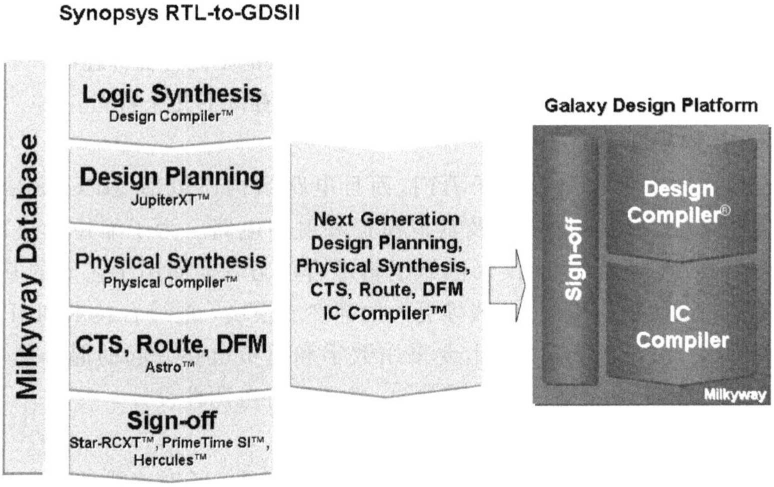

图 1.3.2

图 1.3.2 为 RTL-to-GDSII 设计流程和 Galaxy 设计平台。IC Compiler 集版图规划、物理综合、时钟树综合、布线、成品率优化和签核修正于一体，能够达到很高的设计性能和提高设计工程师的生产率。IC Compiler 将逐步代替 JupiterXT、Physical Compiler 和 Astro，作为下一代物理设计系统，为 RTL 到 GDSII 的实现流程提供全面和收敛解决方案。

到 2006 年底为止，大部分的设计还是使用 0.13μm 或以上的工艺。随着时间的推移，越来越多的设计将使用 90nm 或以下的工艺。使用 0.13μm 或以下的工艺进行设计时，由于半导体的几何尺寸缩小、设计规模增大，任何单点工具不再能独立解决先进的 IC 设计问题，如时序、信号完整性、多电压、功耗、可制造设计以及可测试设计等问题。对于这些复杂设计，必须采取全面综合方式使流程中每一工具共用一个统一的数据库。另外，基于 ASCII 文件的流程集合已经达到它的极限，而用户在设计过程中又需要一定的反复次数。所以，必须通过统一及开放的数据库应用编程接口进行宽带数据交换。

在实现电路时，各个问题之间相互影响，可见图 1.3.3。

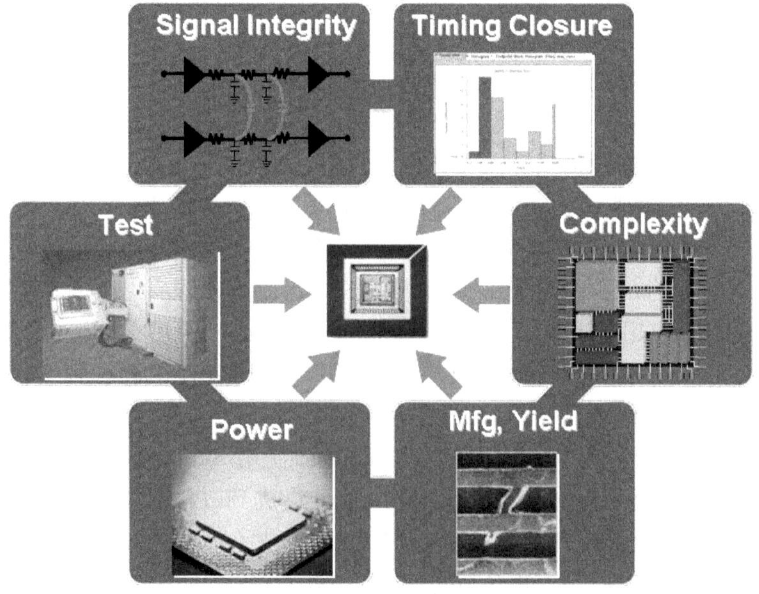

图 1.3.3

我们可把进行 UDSM 设计时碰到的各种问题归纳如下。

· 时序收敛问题（包含寄生参数的反标）

· 信号完整性问题（在 130nm 已经很重要，在 90nm 至关重要）

· 功耗问题（低功耗设计日益重要，90nm 工艺的设计，特别是 65nm 的设计，功耗成为设计的主流需求，需要对静态功耗、动态功耗和总功耗作优化）

· 可制造设计和成品率问题（随着芯片几何尺寸的缩小，如何提高制造的成品率变得越来越重要）

· 测试问题（设计越大，测试时间越长，需要对测试向量进行压缩和采用新技术，例如 DFT MAX Adaptive Scan）

我们知道，设计的面积、时序和功耗是相互关联的（见第二章和第九章）。一般来说，设计的时序路径延迟越小，则设计的面积越大，设计的功耗越大；设计的供电电压越高，则设计的工作速度越快，但是设计会消耗更多的功耗。在 0.18μm 或以上的工艺，上述所归纳的各种问题相关性不是很大。我们可以对它们分别加以解决，达到时序、信号完整性、功耗、测试、可制造设计和成品率等的收敛。

随着芯片几何尺寸的缩小，我们必须考虑这些问题的相关性所带来的问题和挑战。使用 0.13μm 工艺进行设计，时序、信号完整性、功耗、可测试、可制造设计和成品率等问题都变得相互关联了；在 90nm 或以下的工艺，相互关联性变得更加严重。为了达到设计的收敛，这些相关的问题必须同时解决，并且要注意一个问题的解决可能会影响其他问题。

例如，信号完整性问题可能大大影响电路的时序，引起时序收敛问题。信号完整性问题也影响制造和成品率，因此必须在设计的早期阶段就加以解决。使用门控电路是降低功耗的有效方法，功耗的管理电路会影响电路的可测试性，因此功耗问题必须与可测试性问题一起解决。制造芯片时，化学机械抛光(Chemical Mechanical Polishing)导致碟形(Dishing)和侵蚀(Erosion)，使用金属填充法修补可以防止低密度的面积，但会影响了寄生参数的提取，从而影响电路的时序。

由此可见，我们需要一套这样的工具，这套工具能够在整个设计的流程中，紧密地集成在一起，提供全面的、同时的方案来解决所有的这些问题。我们不仅需要能单独解决这些问题的高质量的工具，也需要一种相关的环境，在这个环境里，各个工具能紧密配合，无缝地连接在一起。相互关联的问题需要一个集成的、收敛的方案。

Galaxy 设计平台集成了 Synopsys 公司在 EDA 业界领先的 IC 应用工具和 IP 库，其中包括 Design Compiler、DesignWare、IC Compiler(JupiterXT、Physical Compiler、Astro)和 PrimeTime 等。该平台的关键组成部分，即开放的 Milkyway 设计数据库，直接将自己的工具或第三方工具接入 Milkyway 运行环境。Galaxy 平台通过使用 Milkyway 数据库将一致的时序、统一的库、统一的延迟计算以及从 RTL 到 GDSII 过程中的种种约束协调起来，并为设计人员提供整合其他产品(工具)的能力。

图 1.3.4 为中国台湾积体电路制造公司(TSMC)使用 Synopsys EDA 工具的参考设计流程。由图可见，两家公司一起把 Galaxy 设计平台集成到 TSMC 的设计参考流程里。流程中加入和集成了 Synopsys 的关键技术，为 UDSM 工艺(例如 90nm 和 65nm 工艺)的设计进行版图规划、低功耗管理、动态电压降分析、可测试性设计、可生产性设计和成品率设计。

下面我们介绍整个设计流程，所用设计工具和它们的输入、输出。

先建立设计和综合环境，设置 Milkyway 的设计环境。将 RTL 源代码输入到 Design Compiler(简称 DC)，给设计加上约束，然后对设计进行逻辑综合，得满足设计要求的门级网表。门级网表可以以 ddc 的格式存放，或以 Milkyway 的格式存储。有关逻辑综合的内容，将在第二章至第九章详细介绍。

如果要进行可测试设计，在 DC 中，我们可以把标准的寄存器用扫描寄存器替换，在设计中加上扫描链。在 SOC 设计中，由于设计大，扫描链一般很长。为了降低测试成本，减少测试向量，可以使用 SoCBist 或 DFTC MAX Adaptive Scan 进行扫描压缩。用 TetraMax 产生测试向量。有关可测试设计的内容，将在第八章详细介绍。

低功耗设计在 UDSM 工艺设计中至关重要，在 DC 中，我们可以使用门控时钟(Clock Gating)电路、操作数分离、门级电路的电源优化、多个供电电压、多域值电压和门控电源等技术来降低设计的功耗。有关低功耗设计的内容，请参阅第九章。

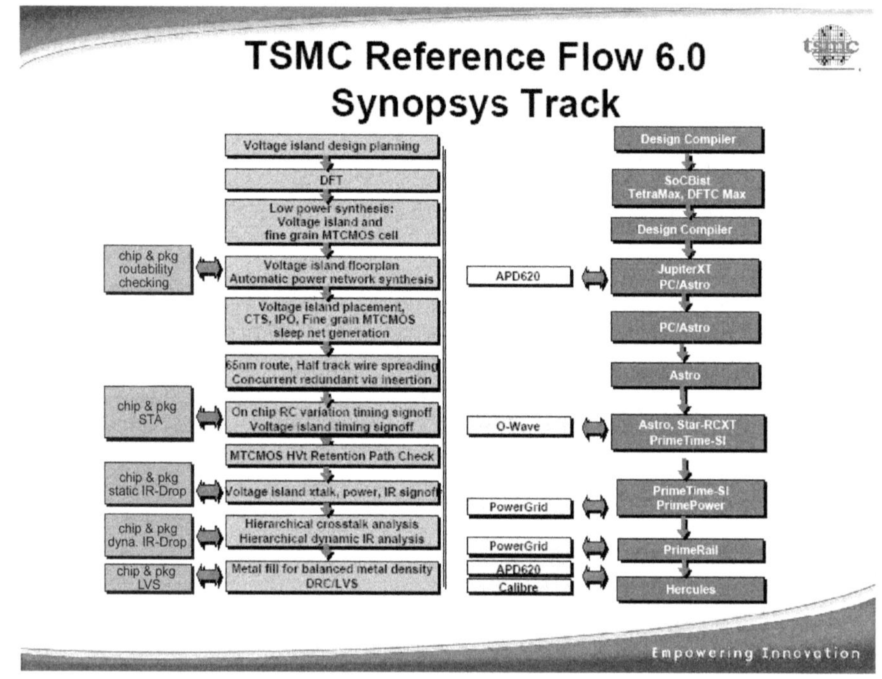

图 1.3.4

在得到低功耗、高测试覆盖率的门级网表后，把结果输入到 JupiterXT 做设计的版图规划。版图规划包含宏单元的位置摆放、电源网络的综合和分析、可布通性分析、布局优化和时序分析等。

有了设计的版图规划和门级网表，把它们输入到 Physical Compiler 进行物理综合和优化。在 Physical Compiler 里，可以对设计在时序、功耗、面积和可布线性进行优化，达到最佳的结果质量(Quality of Result)。有关物理综合的内容，请参阅第七章。

Astro 在物理综合的基础上，可进一步进行后布局优化。在优化布局的基础上，进行时钟树的综合和布线。Astro 在设计的每一个阶段，都同时考虑时序、信号、功耗的完整性和面积的优化、布线的拥塞等问题。Astro 高效而精确地把物理优化、参数提取、分析融入到布局布线的每一个阶段，解决了设计中由于超深亚微米效应产生的相互关联的复杂问题，输出了高质量的优化版图。

有了设计的版图，用 Star-RCXT 对它进行寄生参数的提取。Star-RCXT 是 EDA 界公认的 Sign-Off 参数提取的工具。使用它可以快速准确地对设计进行 RC 参数的提取，然后输入到时序和功耗分析工具进行时序和功耗的分析。Star-RCXT 准确的寄生参数提取功能可以帮助半导体厂商和设计工程师建立准确的工艺库模型。

Primetime-SI 和 PrimePower 分别是时序和功耗分析工具。Primetime-SI 不仅能进行时序分析，而且还可以进行信号完整性的分析。使用它可以做精确的串扰延迟分析、IR drop(电压降)的分析和静态时序分析。在分析的基础上，如发现设计中还有时序违规的路径，Primetime-SI 可以自动为后端工具如 Astro 产生修复文件。Primetime-SI 为 EDA 界公认的 Sign-Off 工具。

PrimePower 具有门级功耗的分析能力，它能准确而有效地验证整个 IC 设计中的平均和峰值功耗，帮助工程师选择正确的封装，决定散热和确证设计的功耗。

为了在单一工具里能同时进行时序和功耗的分析，方便设计者使用，Synopsys 已将 PrimeTime 和 PrimePower 合并成一个工具 PrimeTime PX。PrimeTime PX 是一个可以同时进行时序和功耗分析的 Sign-Off 工具。

在设计通过时序和功耗分析后，PrimeRail 以 Star-RCXT、HSPICE、Nanosim 和 PrimeTime 的技术为基础，为设计进行门级和晶体管级静态和动态的电压降分析，以及电迁移的分析。

最后，将版图输入 Hercules，进行层次化的物理验证，以确保版图和线路图的一致性。Hercules 也是一个 Sign-Off 工具，使用它可以预防、及时发现和修正设计在实现中的问题。

有关 Galaxy 设计平台和 Synopsys 公司的产品，可以联系 Synopsys 在世界各地的办公室或浏览 Synopsys 公司的网页 http://www.synopsys.com

第二章

数字电路的高级设计和逻辑综合

2.1 RTL 硬件描述语言设计

如前一章所叙，根据摩尔定律，集成电路的设计规模越来越大。从 20 世纪 80 年代中的数万门电路，到 20 世纪 90 年代的几十万门电路的规模。现在已有些电路的规模到达数千万门。显然，再用传统的线路图输入法来设计电路已经不合时宜，原因是设计周期太长。设计周期长意味着产品的上市时间长，产品尚未推出，就已经被淘汰了。硬件描述语言(Hardware Description Language)的发展和综合设计技术的推出，大大地提高了设计规模和质量，缩短了设计时间。

目前广泛使用的硬件描述语言是 VHDL 和 Verilog，VHDL 是 Very high speed integrated circuit Hardware Description Language 的缩写。它是美国国防部为支持超高速集成电路项目的研究和开发于 20 世纪 80 年代提出来的，目的是为不同的厂商提供统一的标准，便于资源共享。1987 年，VHDL 成为 IEEE 标准，即 IEEE STD 1076. 1987[LRM87]。LRM 是 Language Reference Manual 的缩写。1993 年，VHDL 作了修订，形成了新的标准 IEEE STD 1076. 1993[LRM93]。Verilog HDL 由 Gate Way Design Automation(GDA)公司首创，1989 年，Cadence 公司收购了 GDA 公司，Verilog HDL 随后成为该公司的硬件描述语言。1995 年，Verilog HDL 成为 IEEE 的标准，即 Verilog HDL 1364. 1995。目前使用的 Verilog 版本是 Verilog IEEE Std 1364-2001。

硬件描述语言支持行为级(Behavioral Level)，寄存器传输级(Register Transfer Level)和门级(Gate Level)三个不同级别的设计，目前人们普遍使用寄存器传输级源代码(RTL Source Code)进行设计。

2.1.1 行为级硬件描述语言(Behavioral Level HDL)

Behavioral Level HDL 使用行为来描述设计的功能。这种行为的描述需要详细制定何时读进输入，何时对输入进行操作，何时把操作结果写出到输出端口。在用行为级语言时，并不需要指出由有限状态机控制设计或何时执行每个操作时钟周期。它需要工具在综合时决定这些操作。

例 2.1.1 用行为级 HDL 来设计两个复数(a + ib)和(c + id)相乘，设计规格要求：

结果：

$(a + ib)(c + id) = (ac-bd) + i(ad + bc) = x + iy$

设计的输入/输出端口是：

端口	方向	功能
reset	输入	复位
clk	输入	时钟
in_data_ready	输入	数据就绪
in_data	输入	被读入的数据
out_ready_for_data	输出	乘积数据就绪
out_real	输出	乘积实数部分(也就是 x)
out_imag	输出	乘积虚数部分(也就是 y)

设计先复位其输出为 0。

当输入端 in_data_ready 变为逻辑值“1”时，表示两个复数的实数和虚数数值在下四个时钟连续地输入，如下所示：

周期	端口 in_data
1	a
2	b
3	c
4	d

进行乘法运算时，out_ready_for_data 设置为逻辑‘0’，然后用 4 个时钟周期从输入端 in_data读入 4 个数并将其分别存放在变量 a、b、c 和 d。再进行复数相乘，复数的实数和虚数分别存放入变量 x 和 y。把 x 和 y 的值分别写出到输出端 out_real 和 out_imag。将输出端 out_ready_for_data 设置为逻辑值“1”，表示在输出端口已有乘积的结果。

整个设计回到原来状态，等待下一对复数的相乘。

例 2.1.1

```
module comp_mult(reset, clk, in_data_ready, in_data,
out_ready_for_data, out_real, out_imag);

// declare input ports
input reset;
input clk;
input in_data_ready;
input [7:0] in_data;
```

```
// declare output ports
output out_ready_for_data;
output [15:0] out_real,out_imag;

// register output ports
reg out_ready_for_data;
reg [15:0] out_real,out_imag;

always begin: reset_loop

// reset out_ready_for_data port to '1'.out_real and out_imag to '0'
out_ready_for_data <= 1;
out_real <= 0;
out_imag <= 0;

// wait till next clock edge
@(posedge clk);
if (reset == 1) disable reset_loop;

forever begin : main_loop

// declare variables
reg [7:0] a,b,c,d;
reg [15:0] x,y;

// wait for in_data_ready to become '1'
while (in_data_ready == 0) begin : handshake_loop
@(posedge clk);
if (reset == 1) disable reset_loop;
end // handshake_loop

// wait till next clock edge
@(posedge clk);
if (reset == 1) disable reset_loop;

// set out_ready_for_data to'0'to indicate
// multiplication in progress
out_ready_for_data <= 0;
```

```
// read in real part of (a + ib)
a = in_data;

// wait till next clock edge
@(posedge clk);
if (reset == 1) disable reset_loop;

// read in imaginary part of (a + ib)
b = in_data;

// wait till next clock edge
@(posedge clk);
If(reset == 1)disable reset_loop;

// read in real part of(c + id)
c = in_data;

// wait till next clock edge
@(posedge clk);
If(reset == 1) disable reset_loop;

// read in imaginary part of (c + id)
d = in_data;

// perform complex multiplication
x = (a * c)-(b * d);
y = (a * d) + (b * c);

// write product to output ports
out_real <= x;
out_imag <= y;

// signal that the product is ready
out_ready_for_data <= 1;

// wait till next clock edge
@(posedge clk);
If(reset == 1) disable reset_loop;
```

```
end // main_loop

end // reset_loop

endmodule // comp_mult
```

用行为级语言进行设计，需要用 EDA 工具(如 Synopsys 公司的 Behavioral Compiler)将其 HDL 的硬件描述转化成 RTL 代码或门级网表。行为级语言在 IC 设计的设计实现流程中并不常用。

2.1.2　寄存器传输级硬件描述语言 (RTL HDL)

集成电路设计师们常用寄存器传输级硬件描述语言进行设计。设计师用 RTL 源代码描述了设计的时序电路和组合电路的功能。RTL 代码中通常既不包含电路的时间(路径延迟)，也不包含电路的面积，见图 2.1.1。

RTL 代码定义了：

1. 电路的寄存器结构和寄存器数目；
2. 定义了电路的拓扑结构；
3. 输入/输出接口与寄存器之间组合电路的逻辑功能，寄存器与寄存器之间组合电路的逻辑功能。

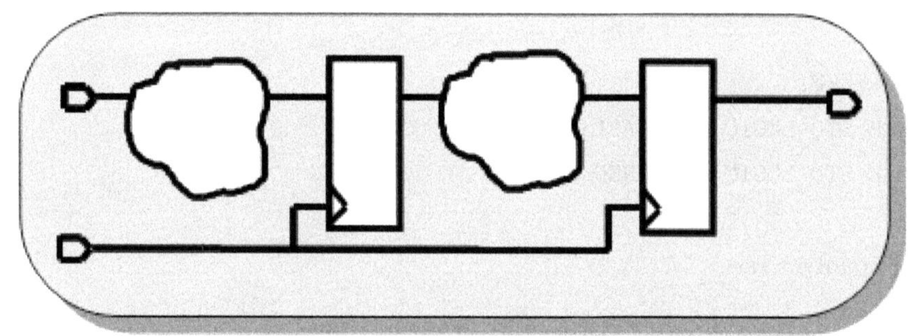

图 2.1.1

这些组合电路的逻辑功能是如何由具体的电路来实现，则需根据 IC 设计师们对电路所加的约束，由综合工具产生，如 Synopsys 公司的 Design Compiler。

例 2.1.2 是用 Verilog RTL 源代码描述同步十六进制计数器的例子。

例 2.1.2

```
module COUNTER (Rst, Clk, Q);

input Rst;
input Clk;
```

```
output [3:0] Q;
reg [3:0] Q;

always@(posedge Clk or negedge Rst)
    begin
      if (! Rst)
        Q <= 4'b0000;
      else
      if (Q == 4'b1111)
        Q <= 4'b0000;
      else
        Q <= Q + 4'b0001;
    end

endmodule
```

Verilog 语言中 module 是主要设计实体(Entity)。一个 module 由 module 名,它的输入和输出(端口定义),功能描述或 module 的实现(module 陈述和结构),命名例化等组成。

同样,我们可以用 VHDL RTL 源代码描述同步十六进制计数,见例 2.1.3。

例 2.1.3

```
LIBRARY IEEE;
use IEEE.STD_LOGIC_1164.ALL;
use IEEE.STD_LOGIC_UNSIGNED.ALL;

entity counter is
  port(
    Rst : in std_logic;
    Clk : in std_logic;
    Q : buffer std_logic_vector(3 DOWNTO 0) --buffer means output that can be read as well!
);
end counter;

architecture counter_rtl of counter is
begin

    counter: process (Clk, Rst)
    begin
```

```
     if (Rst = '1') then
      Q <= "0000";
    elsif (Clk'event and Clk='1') then
      if (Q = 15) then
      Q <= "0000";
      else
      Q <= Q + "0001";
    end if;
    end if;
end process;

end counter_rtl;
```

在这个例子中，无论是 Verilog 还是 VHDL，都定义了计数器中寄存器的数目，寄存器的结构，输入/输出端口与寄存器之间组合电路的逻辑功能以及寄存器与寄存器之间组合电路的逻辑功能。

图 2.1.2 和图 2.1.3 给出了实现计数器功能的两种电路，它们由 Design Compiler 综合而成。它们的功能是一样的，但是电路的延迟和面积不同。这些不同是由于综合时所加的设计约束不同而引起的。下面的章节再细谈。

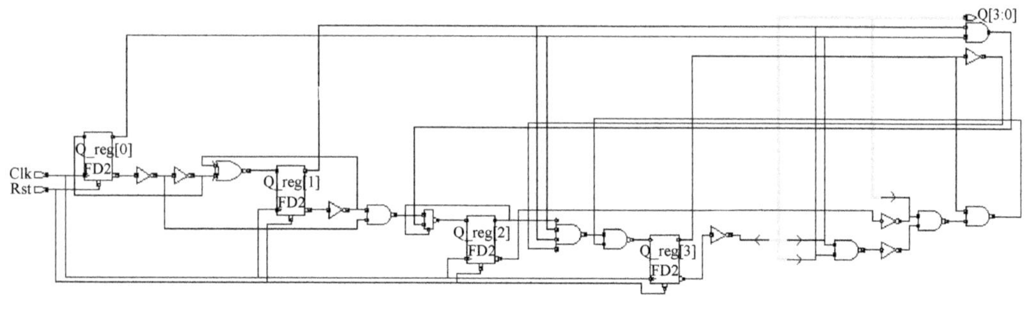

图 2.1.2

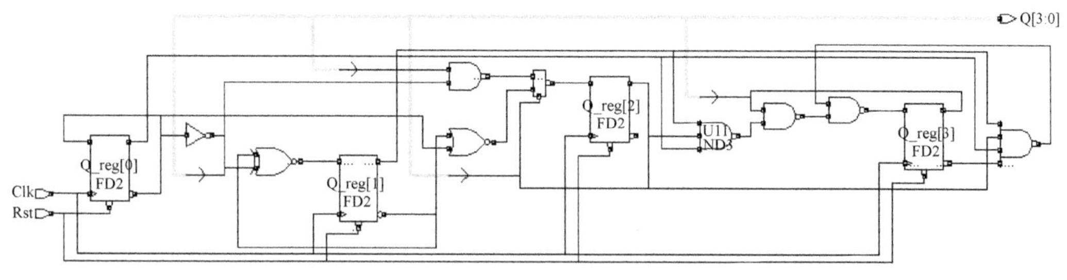

图 2.1.3

用 RTL 代码描述电路的功能有很多好处，其中之一是，修改设计很方便。例如，如果要设计十三进制计数器，我们只要将十六进制计数器的 RTL 源代码略作修改。Verilog 源代码中，把 if(Q == 4'b1111)改成 if(Q == 4'b1100)；VHDL 代码中，把 if(Q = 15)改成 if (Q = 12)。如例 2.1.3 和例 2.1.4 所示。

例 2.1.4

```
module COUNTER (Rst,Clk,Q);

  input Rst;
  input Clk;

  output [3:0] Q;
  reg [3:0] Q;

  always@(posedge Clk or negedge Rst)
    begin
      if (! Rst)
        Q <= 4'b0000;
      else
        if (Q == 4'b1100)
          Q <= 4'b0000;
        else
            Q <= Q + 4'b0001;
end

endmodule
```

例 2.1.5

```
LIBRARY IEEE;
use IEEE.STD_LOGIC_1164.ALL;
use IEEE.STD_LOGIC_UNSIGNED.ALL;

entity counter is
port(
Rst :in std_logic;
Clk :in std_logic;
Q :buffer std_logic_vector(3 DOWNTO 0) --buffer means output that can be read as well!
);
end counter;

architecture counter_rtl of counter is
```

```
begin

counter:process (Clk, Rst)
begin
if (Rst = '1') then
   Q <= "0000";
elsif (Clk'event and Clk='1')then
   if (Q = 12)then
   Q <= "0000";
   else
   Q <= Q + "0001";
end if;
end if;
end process;

end counter_rtl;
```

RTL 源代码的功能验证完成后，我们用综合工具 Design Compiler 综合出门级电路。

我们再举一例说明 RTL 源代码进行设计的好处和简单性。例 2.1.6 和例 2.1.7 是 8 bit 加法器的 Verilog 和 VHDL 代码。

例 2.1.6

```
module adder8 (in1, in2, sum);
input [7:0] in1,in2;
output [7:0] sum;

  assign sum = in1 + in2;

endmodule
```

例 2.1.7

```
LIBRARY IEEE;
use IEEE.STD_LOGIC_1164.ALL;
use IEEE.STD_LOGIC_UNSIGNED.ALL;

entity adder8 is
  port(in1 :in std_logic_vector(7 downto 0);
    in2 :in std_logic_vector(7 downto 0);
    sum :out std_logic_vector(7 downto 0));
end adder8;
```

```
architecture adder_rtl of adder8 is
begin

  sum = in1 + in2;

end adder_rtl;
```

综合出的电路见图 2.1.4。

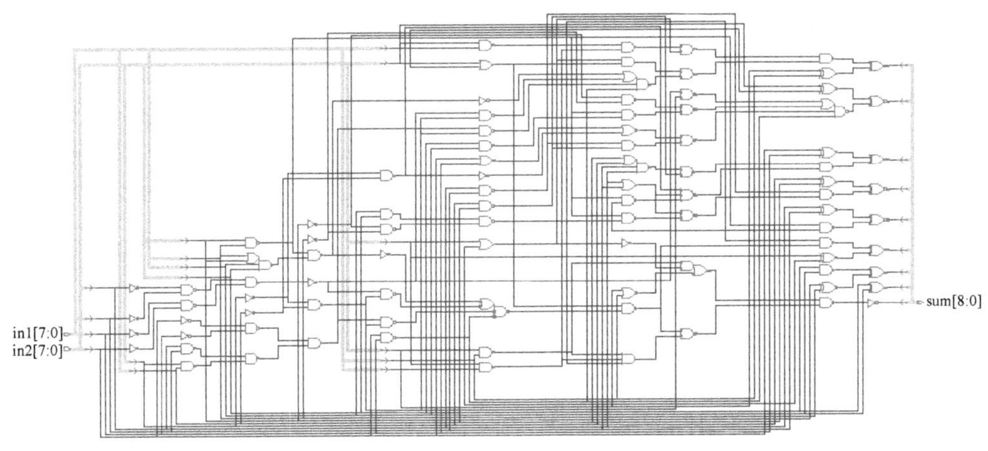

图 2.1.4

如要设计 32 bit 加法器，只需将例 2.1.5 的输入/输出端口由 8 bit 改成 32 bit。见例 2.1.8 和例 2.1.9。

例 2.1.8

```
module adder32 (in1, in2, sum);
input [31:0] in1,in2;
output [31:0] sum;

assign sum = in1 + in2;

endmodule
```

例 2.1.9

```
LIBRARY IEEE;
use IEEE.STD_LOGIC_1164.ALL;
use IEEE.STD_LOGIC_UNSIGNED.ALL;
```

```
entity adder32 is
  port(in1 :in std_logic_vector(31 downto 0);
       in2 :in std_logic_vector(31 downto 0);
       sum :out std_logic_vector(31 downto 0));
end adder32;

architecture adder_rtl of adder32 is
begin

    sum = in1 + in2;

end adder_rtl;
```

其电路的实现由综合工具完成。

如果我们用传统的方法，用真值表、卡诺图或状态图的方法来画电路图，那将需要很长的时间完成任务，并且容易出错。

2.1.3 结构化硬件描述语言(Structure HDL)

结构化描述语言定义了形成物理电路器件之间的连接关系。门级硬件描述语言(Gate Level HDL)或门级网表(Gate Level Netlist)是结构级硬件描述语言。它们用 Verilog 或 VHDL 语言描述各个逻辑单元之间的连接关系，以及输入/输出端口和逻辑单元之间的连接关系。门级网表使用逻辑单元对电路进行描述。在由半导体厂商提供的工艺库中，包含了一些基本的逻辑单元(Logic Cell)，以及它们的逻辑特性(如功能、延时、电容和功耗等)描述。门级网表用例化(Instantiation)的方法组成电路。我们也可用例化(Instantiation)的方法定义电路的层次结构(Hierarchical Structure)。门级电路的生成一般可以由逻辑综合来实现。

例 2.1.10 和例 2.1.11 分别是图 2.1.3 的 Verilog 和 VHDL 门级网表。

例 2.1.10

```
module COUNTER ( Rst, Clk, Q );
  output [3:0] Q;
  input Rst, Clk;
  wire n17, N11, N12, n7, n8, n9, n10, n12, n13, n14, n15, n16;

  FD2 \Q_reg[0] ( .D(n10), .CP(Clk), .CD(Rst), .Q(n17), .QN(n10) );
  FD2 \Q_reg[1] ( .D(n8), .CP(Clk), .CD(Rst), .Q(Q[1]), .QN(n9) );
  FD2 \Q_reg[2] ( .D(N11), .CP(Clk), .CD(Rst), .Q(Q[2]) );
  FD2 \Q_reg[3] ( .D(N12), .CP(Clk), .CD(Rst), .Q(Q[3]), .QN(n7) );
  NR2I U8 ( .A(n9), .B(n10), .Z(n16) );
  ENI U9 ( .A(n9), .B(Q[0]), .Z(n8) );
```

```
  ND4 U10 ( .A(Q[1]), .B(Q[2]), .C(n17), .D(n7), .Z(n12) );
  ND3 U11 ( .A(Q[1]), .B(Q[2]), .C(n17), .Z(n14) );
  IVI U12 ( .A(n10), .Z(Q[0]) );
  ND2I U13 ( .A(n12), .B(n13), .Z(N12) );
  ND2I U14 ( .A(Q[3]), .B(n14), .Z(n13) );
  MUX21L U15 ( .A(n15), .B(n16), .S(Q[2]), .Z(N11) );
  ND2I U16 ( .A(Q[1]), .B(Q[0]), .Z(n15) );
Endmodule
```

例 2.1.11

```
library IEEE;

use IEEE.std_logic_1164.all;

package CONV_PACK_COUNTER is

— define attributes
attribute ENUM_ENCODING : STRING;

— define any necessary types
type VHDLOUT_TYPE is array (3 downto 0) of std_logic;

end CONV_PACK_COUNTER;

library IEEE;

use IEEE.std_logic_1164.all;

use work.CONV_PACK_COUNTER.all;

entity COUNTER is

  port( Rst, Clk : in std_logic; Q : out VHDLOUT_TYPE);

end COUNTER;

architecture SYN_verilog of COUNTER is
```

```
  component ND2I
      port( A, B : in std_logic; Z : out std_logic);
  end component;

  component MUX21L
      port( A, B, S : in std_logic; Z : out std_logic);
  end component;

  component IVI
      port( A : in std_logic; Z : out std_logic);
  end component;

  component ND3
      port( A, B, C : in std_logic; Z : out std_logic);
  end component;

  component ND4
    port( A, B, C, D : in std_logic; Z : out std_logic);
  end component;

  component ENI
    port( A, B : in std_logic; Z : out std_logic);
  end component;

  component NR2I
    port( A, B : in std_logic; Z : out std_logic);
  end component;

  component FD2
    port( D, CP, CD : in std_logic; Q, QN : out std_logic);
  end component;

signal Q_3_port, Q_2_port, Q_1_port, n17, N11, N12, n7, n8, n9, n10,
    Q_0_port, n12_port, n13, n14, n15, n16, n_1000 : std_logic;

begin
    Q <= ( Q_3_port, Q_2_port, Q_1_port, Q_0_port );

    Q_reg_0_inst : FD2 port map( D => n10, CP => Clk, CD => Rst, Q =>
```

```
n17, QN =>n10);
        Q_reg_1_inst : FD2 port map( D => n8, CP => Clk, CD => Rst, Q => Q_1
_port, QN => n9);
        Q_reg_2_inst : FD2 port map( D => N11, CP => Clk, CD => Rst, Q => Q_
2_port,QN => n_1000);
        Q_reg_3_inst : FD2 port map( D => N12, CP => Clk, CD => Rst, Q => Q_
3_port,QN => n7);
        U8 : NR2I port map( A => n9, B => n10, Z => n16);
        U9 : ENI port map( A => n9, B => Q_0_port, Z => n8);
        U10 : ND4 port map( A => Q_1_port, B => Q_2_port, C => n17, D => n7,
Z => n12_port);
        U11 : ND3 port map( A => Q_1_port, B => Q_2_port, C => n17, Z =>
n14);
        U12 : IVI port map( A => n10, Z => Q_0_port);
        U13 : ND2I port map( A => n12_port, B => n13, Z => N12);
        U14 : ND2I port map( A => Q_3_port, B => n14, Z => n13);
        U15 : MUX21L port map( A => n15, B => n16, S => Q_2_port, Z => N11);
        U16 : ND2I port map( A => Q_1_port, B => Q_0_port, Z => n15);

    end SYN_verilog;
```

例 2.1.12 和例 2.1.13 分别用 Verilog 和 VHDL 定义电路图 2.1.5 层次模块(hierarchical blocks)。

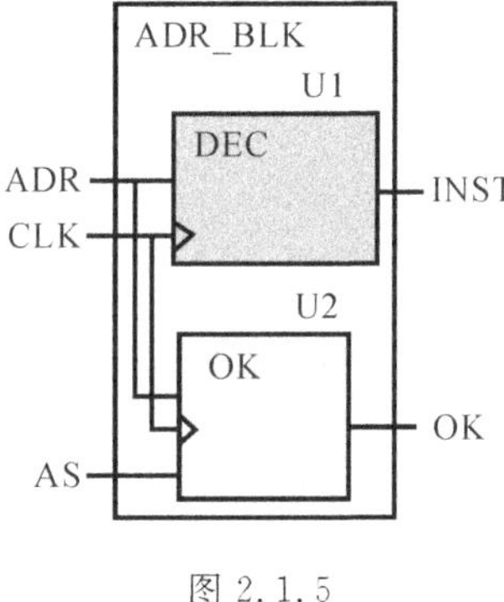

图 2.1.5

例 2.1.12

```
module ADR_BLK (ARD, CLK, AS, INST, OK)
......
```

```
  DEC U1(ADR,CLK,INST);
  OK U2(ADR,CLK,AS,OK);
endmodule
```

例 2.1.13

```
entity ADR_BLK is... end;
architecture STR of ADR_BLK is
  U1:DEC port map(ADR, CLK, INST);
  U2:OK port map(ADR,CLK,AS,OK);
end STR;
```

本书的重点是介绍数字电路的逻辑综合，对于如何编写 RTL 源代码，读者可参阅参考文献。

2.2　逻辑综合(Logic Synthesis)

综合是把概念转化为可制造器件的转移过程，而该器件能执行预期的功能。
图 2.2.1 是系统开发设计的流程。

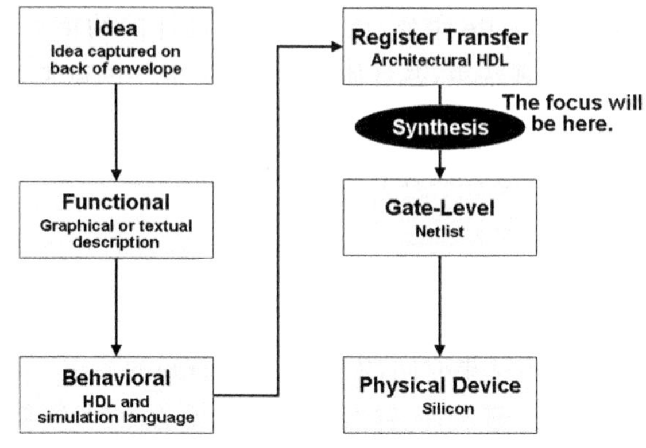

图 2.2.1

当一个想法或灵感出现时，我们把它记下来。

通过用功能的描述，我们可以验证新设计的正确性。我们可以使用随机的进程来验证系统的性能。

用行为级 HDL 代码在系统层次来模拟设计。这样使我们能找出关键算法和可选用的结构。

我们用 RTL 源代码详细完整地为设计建立模型，定义设计中寄存器的结构和数目；定义设计中的组合电路功能；定义设计中寄存器的时钟。并将这个 HDL 模型输入到逻辑综合器。综合时我们要提供详细的约束资料，以便产生出时序和面积折衷的设计结果，得到门级网表。

门级网表输入到布局布线工具，由它产生 GDSII 文件，验证正确后，交付芯片生产商制造。

2.2.1 逻辑综合的基本步骤

电路的逻辑综合一般由三步组成，即

综合 = 转化 + 逻辑优化 + 映射

(Synthesis = Translation + Logic Optimization + Mapping)

图 2.2.2 用图形的形式表示综合的三步。

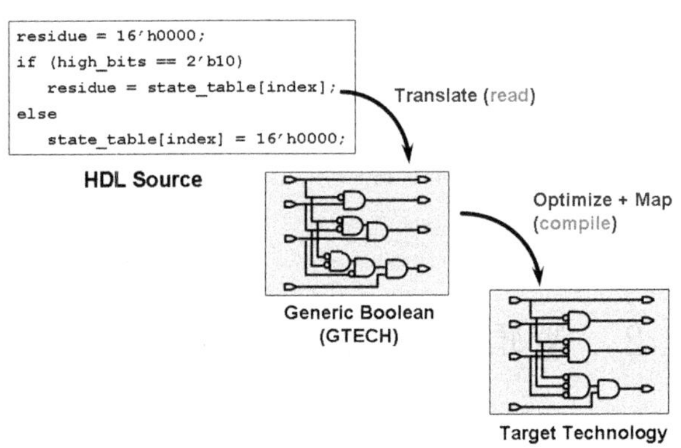

图 2.2.2

先通过 read 命令将 RTL 代码转化为通用的布尔(Boolean)等式，即 GTECH(Generic Technology)格式；然后执行 compile 命令，该命令按照设计的约束对电路进行逻辑综合和优化，使电路能满足设计的目标或约束，并且使用目标工艺库中的逻辑单元映射成门级网表。

本书中，编辑(Compile)和综合为同义词。

采用 HDL 语言和逻辑综合进行设计，有如下优点。

1. 提高设计效率

当今世界竞争激烈，电子产品的功能、质量和推出市场时间至关重要，从而要求设计的时间越来越短。采用传统的门级画电路图输入法(Schematic Entry)，已经不能满足推出市场时间(Time to Market)或得到结果时间(Time to Result)的要求。现在普遍要求 3～6 个月时间完成百万门电路的设计。显然，电路图输入法是无法做到的，我们可以用 HDL 语言和使用知识产权 IP 核的方法，采用逻辑综合技术，达到设计的要求。

2. 抽象设计

如图 2.2.2 所示，综合是将 RTL 源代码转化成为门级网表，综合的输入是 RTL 源代码，综合的输出是门级网表。RTL 源代码是对门级网表的抽象，门级网表则是采用实际的逻辑库单元对 RTL 源代码的实现。因此，进行设计时，我们的焦点是高层次的设计，即写出 RTL 源代码。电路生成的繁重工作，由综合工具和计算机完成。综合工具会按照设计的约束，优化出满足设计师要求的网表。

3. 设计诀窍

用电路图输入法进行设计时，我们需要从工艺库选择逻辑单元，并将它们联结。我们常常要查看库手册，选择驱动能力合适的单元，考虑连线的扇出等，以使电路满足设计规则、时序和负载等的要求。对于数十万门规模的电路，这样做需要很长的时间。采用综合技术，综合工具会根据包含工艺技术信息的综合库及设计师提供的信息（如设计规则，时序约束，输入/输出环境等）选择合适的逻辑单元，组成满足要求的逻辑电路。

4. 重复使用

由于采用 RTL 源代码，我们可以采用参数化代码作设计，用积木方式，组成整个电路。用 HDL 设计，使我们能方便地设置综合库，用特定的工艺实现电路。同时，综合工具也可以很方便地实现电路的库转化，即把某种已用工艺库（Technology Library）实现的门级网表转化成用另一种工艺库实现的网表。例如，我们已有用 0.18μ 工艺库实现的网表，为了提高工作频率，降低功耗和减少面积，我们可以用综合工具将原来的网表转化成用 0.13μ 工艺库实现的网表。当然，如果有设计的 RTL 源代码，我们可以直接把目标库（Target Library）设置为 0.13μ 工艺库，用工具直接把源代码综合成门级网表。

5. 验证方便

在设计的不同阶段，从 RTL，到门级，到最后版图级（Layout）实现，我们都可以用同一种语言进行验证。由于验证和电路的实现用的是同一种语言，验证设计时不容易出错。

6. 便携性强

无论是 Verilog 还是 VHDL，都是 IEEE 的标准。因此，HDL 可以用不同的工具进行综合和验证。用 RTL 语言设计时并不涉及具体的工艺。

综合的结果和设计的约束有很大的关系，我们通过设计的约束（design constraint）设置目标，综合工具对设计进行优化来满足我们的目标。

设计师提供约束（即时序和面积等信息）指导综合工具，综合工具使用这些信息尝试产生满足时序要求的最小面积设计。如不提供约束，综合工具会产生非优化的网表，而该网表可能不能满足设计师的要求。

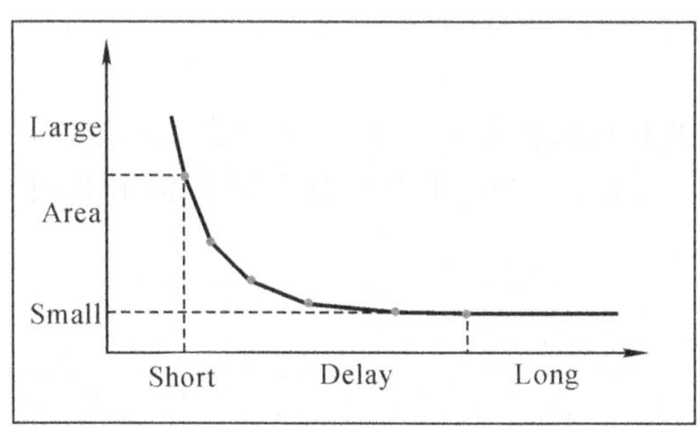

图 2.2.3

图 2.2.3 是综合结果的时序和面积折衷曲线，图中可见，设计的结果或是面积大、延时短，或是面积小、延时长；或是面积和延时均适中。

本书使用的综合工具是 Synopsys 公司的 Design Compiler，简称 DC。DC 自 20 世纪 80 年代末问世以来，在 EDA 市场的综合领域，一直处于领导地位。几乎所有大的半导体厂商和集成电路设计公司都使用它设计 ASIC。

综合以时间（序）路径为基础进行优化。DC 在对设计做综合时，其过程包括了进行静态时序分析（Static Timing Analysis，简称 STA）。DC 使用其内建（Build-in）的静态时序分析器把设计分解成多条时间路径，然后根据设计的约束对这些路径进行优化。STA 计算每一条路径的延迟(Delay)，然后把延迟的结果和约束进行比较，如某条路径的时间延迟大于约束的值，则该路径时间违规(Timing Violation)。这时电路不能正常工作，无法达到原来的设计目标。

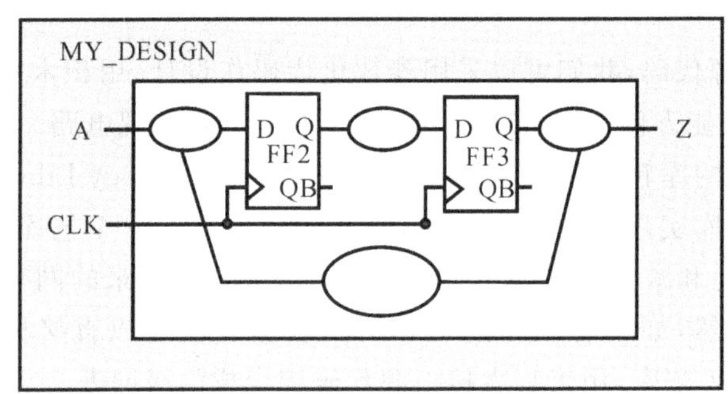

图 2.2.4

图 2.2.4 电路中，共有 4 条路径，路径的起点分别定义为输入端(A)或时钟引脚(FF2/CLK 和 FF3/CLK)；路径的终点分别定义为输出端(Z)或寄存器的数据输入引脚(FF2/D 和 FF3/D)。

静态时序分析我们将在第五章细述。

2.2.2 综合工具 Design Compiler

逻辑综合包括读入 HDL 源代码和对设计进行优化。

在综合过程中，优化进程尝试完成库单元的组合，使组合成的电路能最好地满足设计的功能、时序和面积的要求。

编译(compile)是 Design Compiler 的一个命令，设计者使用该命令对设计进行优化。在读入设计和做完其他必要的任务后(如加上设计约束)，设计者执行 compile 命令为设计产生优化的门级网表。

Design Compiler 有两种接口供用户使用，一种是命令行接口，另一种是图形接口。

使用命令行接口时，在 unix 命令行下执行命令"dc_shell-t"，即：

unix% dc_shell-t

这时候，显示器上显示

dc_shell-xg-t>

使用图形(GUI- Graphical User Interface)接口时，在 unix 命令行下执行命令 design_vision，即：

unix% design_vision

图 2.2.5 是 Design Compiler 的图形接口。

这两个接口代替了原来的旧接口 dc_shell 和 design_analyzer。

目前我们在 DC 的接口里普遍使用 DC-Tcl 来执行 DC 的命令或脚本(script)。TCL 是 Tool Command Language 的缩写，读音与 tickle 相同，它是公开的工业标准界面语言。DC-Tcl 在 TCL 的基础上，扩展丰富了 TCL。DC-Tcl 使设计者(用户)既能灵活方便地使用 TCL 的命令，又能根据电路的特性，对设计进行分析和优化。

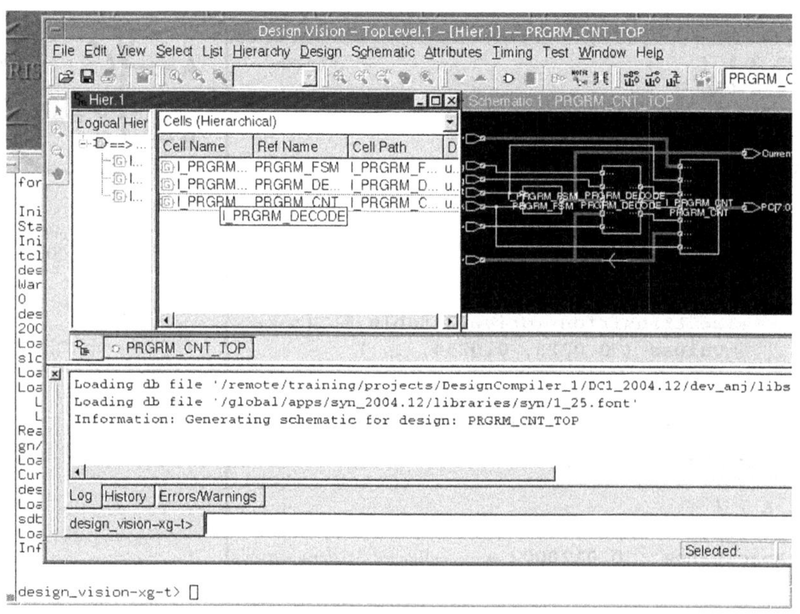

图 2.2.5

从 2005.09 版本开始，DC 的默认模式(default mode)是 XG 模式。XG 模式使用优化的内存(Memory)管理技术，增大了工具的设计容量，减少了运行时间。Synopsys 公司的工具：Design Compiler、DFT Compiler、Power Compiler 和 Physical Compiler 等，都支持 XG 模式。在 XG 模式，所有的工具都使用 DC-Tcl。XG 模式并不支持旧的 DC 界面语言 DC-SH。如我们要使用以前写下的 DCSH 脚本，可用 Synopsys 提供的“dc-transcript”命令把旧的 DCSH 脚本转化为 DC-Tcl 脚本。dc-transcript 命令必须在 unix 命令行里执行。例如，要把 DCSH 脚本 my_script. scr 转化为 DC-Tcl 脚本 my_script. tcl，可执行如下命令：

unix% dc-transcript my_scripts. scr my_script. tcl

dc-transcript 可以把大部分 DCSH 命令转化为 DC-Tcl 命令，但它并不能保证能把所有的 DCSH 命令转化为 DC-Tcl 命令。因此，做完脚本转化后，我们应用文本编辑器(Text Editor)检查新产生的脚本，做适当的修改。dc-transcript 只能作单向的转化，可以把 DCSH 转化为 DC-Tcl，但不能将 DC-Tcl 转化为 DCSH。

2.2.3 目标库和初始环境设置

如前所述，电路的逻辑综合包括三个步骤，即

综合 = 转化 + 逻辑优化 + 映射

当 DC 映射线路图的时候，它如何知道我们要用哪个半导体厂商的单元库，DC 是如何知道每个逻辑单元的延迟(Cell Delay)？半导体厂商会提供 DC 兼容的工艺技术库，我们使用这些库进行逻辑综合。技术综合库包括单元的延迟，目前广泛使用非线性延迟模型(Non Linear Delay Model，简称 NLDM)来计算单元的延迟。单元的延迟与输入的逻辑转换时间(Input Transition Time)和输出的负载(Output Load)有关。根据每个单元的输入逻辑转换时间和输出负载，可以在技术综合库提供的查找表(Look-Up Table)中查出单元的延迟。图 2.2.6 为 .lib 库格式描述单元的例子。

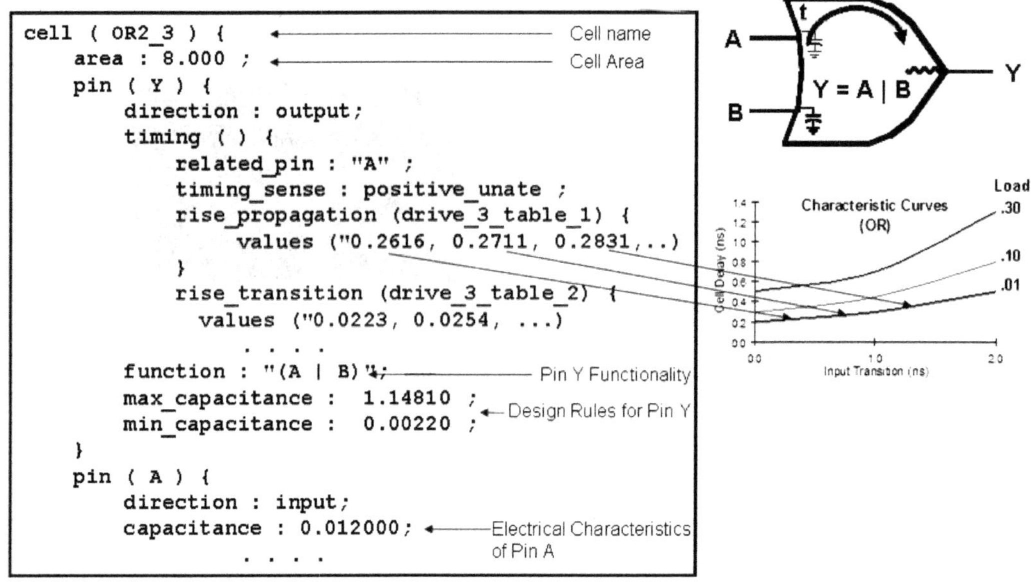
cell (OR2_3) {
area : 8.000 ;
pin (Y) {
direction : output;
timing ( ) {
related_pin : "A" ;
timing_sense : positive_unate ;
rise_propagation (drive_3_table_1) {
values ("0.2616, 0.2711, 0.2831,..)
}
rise_transition (drive_3_table_2) {
values ("0.0223, 0.0254, ...)
. . . .
function : "(A | B)";
max_capacitance : 1.14810 ;
min_capacitance : 0.00220 ;
}
pin (A) {
direction : input;
capacitance : 0.012000;
. . . .
Cell name
Cell Area
Pin Y Functionality
Design Rules for Pin Y
Electrical Characteristics of Pin A
A
B
Y
Y = A | B
t
Characteristic Curves (OR)
Load
.30
.10
.01
Cell Delay (ns)
Input Transition (ns)

图 2.2.6

DC 在做编译时，使用目标库(Target Library)来构成电路图。映射电路图时，DC 在用目标库指定的综合库中选用功能正确的逻辑门单元，使用厂商所提供的这些门单元的时间(序)数据计算电路的路径延迟。

DC 中，target_library 是保留变量，设置这个变量以指向厂商提供的综合库文件。例如，

set target_library my_tech. db

连接库(link_library)也是保留变量，用于分辨电路中逻辑门单元和子模块的功能。

set link_library "＊ my_tech. db"

星号"＊"表示 DC 先搜寻其内存里已有的库；"＊"一般放在综合库之前。

DC 读入设计时，它自动读入由 link_library 变量指定的库。前置的"＊"号指明当连接设计时，DC 先搜寻其内存中已有的库，然后再搜寻变量 link_library 指定的其它库。DC 搜寻由保留变量 search_path 指定的所有 Unix 目录。

当我们读入门级网表时，需要把 link_library 设成指向生成该门级网表的目标库，否则，DC 将不知道网表中门单元的功能以及整个电路的功能。DC 将报告类似如下的信息。

Warning: Can't find the design 'FD2' in the library 'WORK'. (LBR-1)

Warning: Unable to resolve reference 'FD2' in 'COUNTER'. (LINK-5)

分辨门单元和模块(也叫做连接)意味着要找出(知道)网表中门单元和模块的逻辑和功能，并且用实际的库单元或子模块代替它们。见图 2.2.7。

图 2.2.7 的 Verilog 代码如下：

```
module RISC_CORE (......)
......
BLOCKA U33(......);
BLOCKB U4(......);
INV U21(......);
```

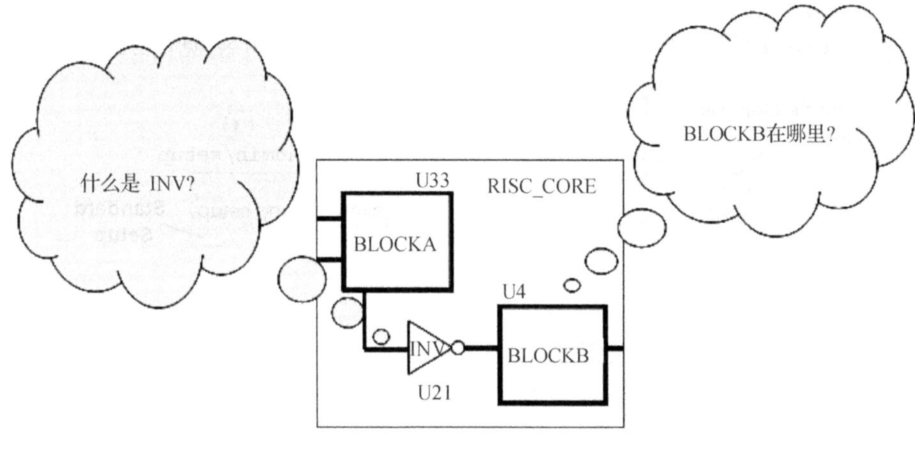

图 2.2.7

```
......
endmodule
```

连接时，由于网表中有门单元 INV，DC 需在 link_library 变量指定的技术库中找出相应的门单元 INV，获取它的逻辑功能。如库中无此单元，DC 将不知道网表中 INV 的功能。同样，对于模块 BLOCKA 和 BLOCKB，DC 需要知道存放其网表的目录，而且模块的格式必须为 db 或 ddc 的格式。注意，由于 db 格式占用较多的内存，它将逐渐地不予使用，我们可以将已有的 db 格式转换为 ddc 格式。DC 不能连接格式为 Verilog 或 VHDL 的模块。如 DC 在所有的由 search_path 定义的目录下，找不到由 db 或 ddc 格式表示的模块 BLOCKA 和 BLOCKB 的网表，DC 将不知道设计 RISC_CORE 网表中子模块 BLOCKA 和 BLOCKB 的功能。

执行下面的命令时，DC 自动连接设计。

check_design，compile，extract，group，所有 report 命令，ungroup。

保留变量 search_path 定义在那些目录下寻找所需要的技术库，设计和脚本等，例如

set search_path ". /source/rtl . /scripts . /unmapped"

如要显示变量的值，可用命令 echo 或 printvar，例如

```
echo $target_library
echo $link_library
echo $search_path
printvar target_library
printvar link_library
printvar search_path
```

在启动 Design Compiler 时，需要设置初始环境。DC 的初始环境由文件". synopsys_dc. setup"设定。图 2.2.8 为 DC 的三个初始化文件。其中，DC 运行时用户当前目录下的该文件优先级最高，其次是用户目录，优先级最低的是 $ SYNOPSYS/admin/setup 目录的标准文件。

一般情况下，用户当前目录的初始化文件设置与项目有关的变量，如技术库等，见例 2.2.1。用户目录的初始化文件则存放与用户相关的信息，如用户名和公司名，见例2.2.2。

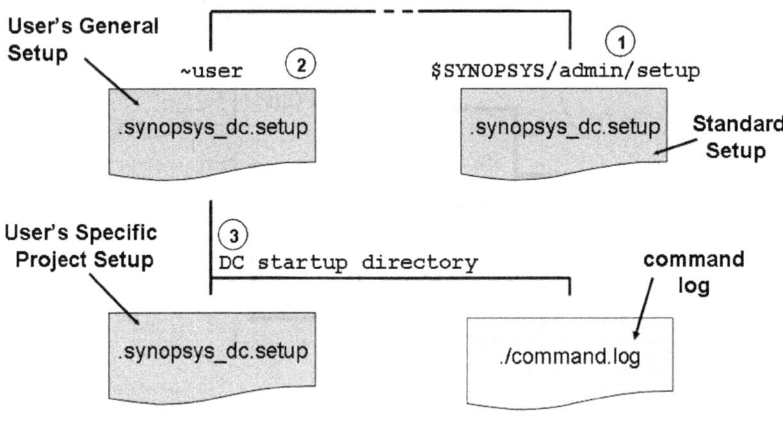

图 2.2.8

例 2.2.1

```
#
# This is a Tcl-s script
# works for DC-SH as well as for DC-Tcl

# Set the technology and link libraries here:

set target_library core_slow.db
set link_library "* core_slow.db"
set symbol_library "core.sdb"

# Tell DC where to look for files

set search_path "$search_path ../libs ./unmapped ./scripts"

lappend search_path ./source/vhdl ./source/verilog

# specify directory for intermediate files from analyze
define_design_lib DEFAULT-path ./analyzed
```

例 2.2.2

```
set designer "Super Designer"
set company " Synopsys International Limited"
```

第三章

系统的层次化设计和模块划分

3.1 设计组成及 DC-Tcl

设计是进行逻辑功能的电路描述。设计可以有不同的格式描述。目前常用的格式有 VHDL、Verilog HDL、状态机(State Machine)和 EDIF。逻辑级的设计可以用布尔等式(Boolean Equation)的集合来表示，也可用门级设计(Gate-level Design)来表示门单元的连接，如门级网表。

为了分析和了解电路的功能和时序，DC 把许多属性附加在电路上。属性和/或约束是直接附加到设计物体(Design Object)上。例如，

端口(Ports)可以有方向、驱动单元、最大电容等的属性和/或约束。

单元(Cells)可以有功能、连线、面积的大小和时间信息的属性。

设计(Designs)可以有面积、最大工作条件、功耗等的属性和/或约束。

3.1.1 设计物体(Design Object)

DC 中，每个设计由 6 个设计物体(Design Object)组成，它们分别是设计(Design)、端口(Port)、单元(Cell)、引脚(Pin)、连线(Net)和时钟(Clock)。其中时钟是特别的端口，它存放在 DC 内存中，是用户自己定义的物体。网表定义了前 5 个设计物体。DC 中，我们用下面的命令定义时钟：

create_clock -period 4 [get_ports CLK]

对于例 3.1.1 的 VHDL 代码，其 6 个设计物体见例示。

同样，例 3.1.2 的 Verilog 代码中，其 6 个设计物体见例示。

例 3.1.3 是线路图中的 6 个设计物体。

例中，INV 与 ENCODER 和 REGFILE 不同，INV 是一个库单元，它是反向器的参考名字(Reference Name)；而 ENCORED 和 REGFILE 是 VHDL entities 或 Verilog modules，它们由一个或多个库单元的连接组成。单元名(Instance Name)是指网表中每个例化(Instantiated)单元的名字，线路图中，{U1, U2, U3, U4}为单元名。对于参考名字为 INV 的库单元，其相应的单元名为 U2 和 U3。

例 3.1.1

```
entity TOP is
  port (A, B, C, D, CLK: in STD_LOGIC;
        OUT1: out STD_LOGIC_VECTOR (1 downto 0));
end TOP;
architecture STRUCTURAL of TOP is
  . . .
  signal INV1, INV0, BUS1, BUS0: STD_LOGIC;
  begin
   U1: ENCODER port map (AIN => A, Q1 => BUS1);
   U2: INV port map (A => BUS0, Z => INV0);
   U3: INV port map (A => BUS1, Z=> INV1);
   U4: REGFILE port map (D0=>INV0, D1=>INV1,
                         CLK=>CLK);
end STRUCTURAL;
```

Design
Clock*
Port
Pin
Net
Cell

例 3.1.2

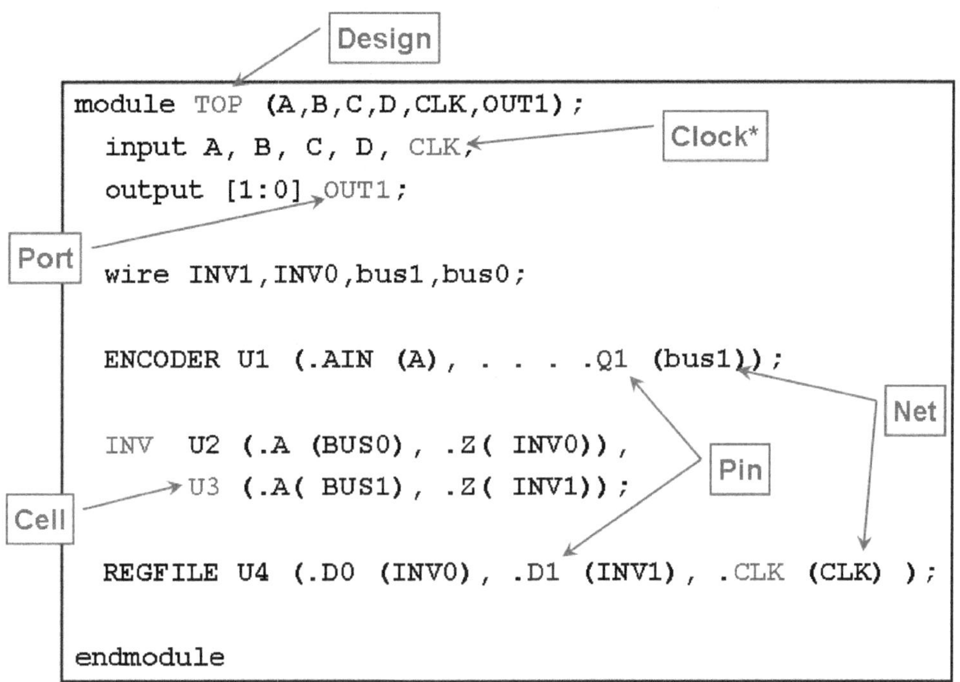

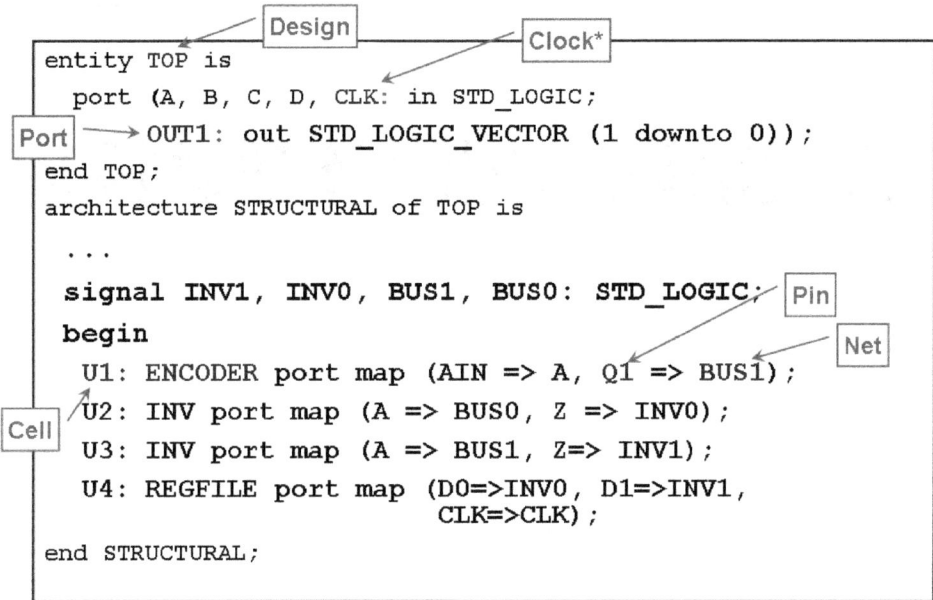

例 3.1.3

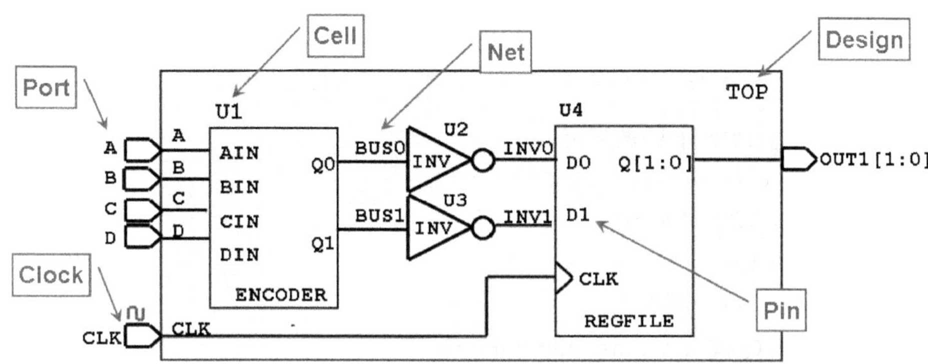

Designs:　{TOP, ENCODER, REGFILE}
Cells:　{U1, U2, U3, U4}

设计中,有时会出现多个物体同名的情况,如图 3.1.1 所示。

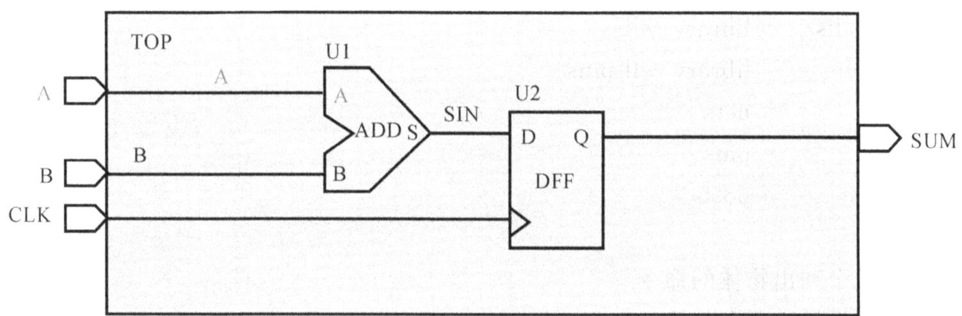

图 3.1.1

如果执行命令"set_load 5 A",会有怎样的结果呢?

此命令并没有给 DC 足够的信息把负载加到哪个物体上,因为命令并没有指出物体 A 是端口,是连线或是引脚。这种情况下,DC 将把 5 个电容单位的负载加到自己选择的物体 A 上。这时,物体 A 可能是端口,也可能是连线或是引脚。

我们可以用"get_ * "命令来选择特定的物体。上面的例子中,如果我们要在连线 A 上加上 5 个电容单位的负载,应用下面的命令:

dc_shell-xg-t> set_load 5 [get_nets A]

物体可与通用字符" * "或"?"一起使用,例如:

set_load 5 [get_ports addr_bus *]

set_load 6 [get_ports "A * B * "]

" * "表示 0 至 n 个任意字符,"?"表示 1 个任意字符。

执行"get_ * "命令得到的结果是设计物体的"物集"(collection)。如找不到相匹配的物体,其结果是空物集。

物集是设计物体的集合,通过物集的指针(collection pointer)我们可以对物集进行操作，如附加电容负载。关于物集我们在下节有更详细的介绍。下面是“get_ * ”命令的几个使用例子。图 3.1.1 中，用“get_ * ”命令，找出如下的物体：

- 设计的所有端口

  get_ports *
- 单元名字中包括字符 U 的单元

  get_cells *U*
- 以字符“CLK”结尾的所有连线

  get_nets *CLK
- 设计中的所有“Q” 引脚

  get_pins */Q 或 get_pins -hierarchy Q

“get_ * ”有以下主要的命令。

get_cells	cells or instances
get_clocks	clocks
get_designs	designs
get_libs	libraries
get_lib_cells	library cells
get_lib_pins	library cell pins
get_nets	nets
get_pins	pins
get_ports	ports

下面是几个列出物体的命令。

列出当前设计中所有的输入和双向端口：

dc_shell-xg-t> all_inputs

列出当前设计中所有的输出和双向端口：

dc_shell-xg-t> all_outputs

列出 DC 内存中的所有设计：

dc_shell-xg-t> get_designs *

如要列出当前设计下不包括当前设计本身的所有设计，可用：

get_designs -hierarchy *

3.1.2 DC-Tcl 简介

Tcl 是英文 Tool Command Language 的缩写，读作(tickle)，意思是工具命令语言。Tcl 是一种功能非常强大但是又容易学习的动态编程语言，它的用处广泛，适用于网页设计、桌上型电脑的应用、网络通讯、计算机管理等领域。Tcl 是一种广泛使用的脚本工具，易于控制和扩展应用，它是公开的工业标准界面语言。Synopsys 公司的大多数工具支持 TCL，以保持命令的连贯性。Design Compiler、Formality、PrimeTime、Physical Compiler 都支持 TCL，并将会有更多的工具支持 TCL。

TCL 最初由加州伯克利大学(UC Berkeley)的 John K. Ousterhout 开发出来。目前有很多有关 TCL 编程的书籍,有兴趣的读者可参阅参考文献中所例资料。

DC-Tcl 在 TCL 的基础上,扩展丰富了 TCL,使用户既能灵活方便地使用 TCL 的命令,又能根据电路的特性,对设计进行分析和优化。由于越来越多的工具支持 TCL,不同工具之间的命令移植也更方便了。

DC-Tcl 提供所需的编程结构,即变量(variables)、loops(循环)、子程序(procedures)等等,以便用 Synopsys 的命令建立脚本。值得一提的是,DC-Tcl 所写的脚本,并不适用于 Tcl shell。DC-Tcl 把 Tcl 集成到 Synopsys 的工具里。DC-Tcl 包含了变量、表达式(expressions)、脚本、控制流程(control flow)和子程序(procedures)。我们可以检查用 DC-Tcl 所写出的命令语法是否正确。

从 2005.09 版本开始,DC 的默认模式(default mode)是 XG 模式。XG 模式使用优化的内存(Memory)管理技术,增大了工具的设计容量,减少了运行时间,使我们能用同样的计算机资源(CPU 和内存等)处理更大的设计。Design Compiler、DFT Compiler、Power Compiler 和 Physical Compiler 等,其 2004.12 和以后版本均支持 XG 模式。在 XG 模式,所有的工具使用 DC-Tcl。XG 模式不支持旧的 DC 界面语言 DCSH。如我们要使用以前写下的 DCSH 脚本,可用 Synopsys 提供的程序 dc-transcript 把旧的 DCSH 脚本转化为 DC-Tcl 脚本。dc-transcript 须在 unix 命令行里执行。例如,要把 DCSH 脚本 my_script. scr 转化为 DC-Tcl 脚本 my_script. tcl,可执行如下命令:

```
unix% dc-transcript old_scripts. scr new_script. tcl
```

dc-transcript 把大部分 DCSH 命令转化为 DC-Tcl 命令,但不能保证能把所有的 DCSH 命令转化为 DC-Tcl 命令。因此,做完脚本转化后,我们应用文本编辑器(text editor)检查新产生的脚本,做适当的修改。由于 Synopsys 将会把 TCL 作为公共的命令语言,DCSH 会渐渐被淘汰,dc-transcript 只能做单向的转化,可以把 DCSH 转化为 DC-Tcl,但不能将 DC-Tcl 转化为 DCSH。

TCL 的命令可以用两种方式执行,一种是在 DC Tcl 或 DC XG shell 里交互式地执行,见例 3.1.4;另一种是以批处理模式执行,见例 3.1.5。

例 3.1.4

```
dc_shell-xg-t> echo "Running my.tcl..."
dc_shell-xg-t> source -echo -verbose my.tcl
```

例 3.1.5

```
UNIX % dc_shell-xg-t -f my.tcl | tee -i my.log
```

UNIX 命令 tee 既可以在显示屏上显示运行的结果,又可以把结果写出到指定的记录文件。

Tcl 的命令由一个字或多个字组成,字与字之间由空格分隔。如命令中有多个字,第一个字是命令名,后面的其他字是选项。Tcl 脚本由一系列命令组成,命令由新行(newlines)和/或分号(即";")分隔,例 3.1.6 为一个设计的 DC-Tcl 脚本。

例 3.1.6

```
reset_design
```

```
set all_in_ex_clk [remove_from_collection \
    [all_inputs] [get_ports Clk]]

create_clock-period 8 [get_ports Clk]
set_input_delay -max 4.8 -clock Clk $all_in_ex_clk
set_output_delay -max 4.8 -clock Clk [all_outputs]

set_operating_condition -max slow_125_1.62
set_wire_load_model -name 40KGATES
set_driving_cell -lib_cell invla1 $all_in_ex_clk

set MAX_LOAD [expr [load_of ssc_core_slow/bufla1/A] * 10]
set_max_capacitance $MAX_LOAD $all_in_ex_clk
set_load [expr $MAX_LOAD * 4] [all_outputs]

compile
```

TCL的变量名由字符，数字和下划线组成。变量前加符号"$"，表示变量的代替，见例3.1.7，代替可在一个字的任何地方发生。

例 3.1.7

例子命令	结果
set b 66	66
set a b	b
set a $b	66
set a $b+$b+$b	66+66+66
set a $b.3	66.3
set a $b4	no such variable

与C语言和Pascal等语言不同，变量并不需要预先申明，它可以是任意长度的字符串。

我们可以用unset命令，去掉不需要的变量。例如：

unset b

变量可以以很多方式连接，例如，要将上例中变量b的内容与字符串"test"连接，我们执行：

set a ${b}test —> "66test"

我们可以在一个命令里使用另一个命令的结果，以方括号[]包住嵌套的命令。语法格式如下：

[命令...]

嵌套命令可以放在字的任何地方，见例3.1.8。

例 3.1.8

例子命令	结果
set b 8	8
set a [expr $b+2]	10
set a "b-3 is [expr $b-3]"	b-3 is 5

第三个例子中，先执行 expr $ b-3，结果为 5，再执行 set a "b-3 is 5"。

"expr"是进行数学运算的 Tcl 函数(Function)。

一般情况下，每个字以空格或分号(即";")结尾或分隔，下面的情况例外：

用双引号防止分隔

```
set a "x is $x; y is $y"
```

用大括号{}防止分隔和代替

```
set a {[expr $b * $c]}
```

用反斜线符号避免特殊字符

```
set a word\ with\ \$\ and\ space
```

其结果与 set a "word with $ and space"一样

用反斜线符号避免新行(行连续 line-continuation)

```
report_constraint \
-all_violators
```

注意一个 \+新行(newline)会产生一个空格，例如

```
set a "1    2\
3    4"
```

设置变量 a 为"1 2 3 4"，2 和 3 之间有一个空格！

DC-Tcl 中可以使用注释符 #，如要注释一整行，在该行前加注释符 #；如要在同一行加注释，注释符 # 前需加分号，见例 3.1.9。

例 3.1.9

```
# Comments in Tcl

# If you want to comment on the same line, be sure
# to use a semicolon before the comment:

set header_str "Output Header"; # Same line comment
```

最后一行的"#"前需要加分号";"。

如前所述，DC-Tcl 支持两个通用(wildcard)字符"*"和"?"。

* 表示 0 至'n'个任意的字符

? 表示 1 个任意的字符

例如：

```
dc_shell-xg-t> help create *
```

列出以 create 开头的所有命令

```
dc_shell-xg-t> set_input_delay 5 -clock CLK  [get_ports BUS * ]
```

把输入约束加到以 BUS 开头的所有端口上。

例 3.1.10 是 DC-Tcl 的命令和执行结果。

例 3.1.10

```
dc_shell-xg-t> set clock_period 10
10
dc_shell-xg-t> echo clock_period
clock_period
dc_shell-xg-t> echo $clock_period
10
dc_shell-xg-t> echo "clock period =" $clock_period
clock_period = 10
dc_shell-xg-t> echo "Frequency = " 1/ $clock_period
Frequency = 1/10
```

DC-Tcl 用 expr 命令计算算术表达式，见例 3.1.11

例 3.1.11

```
dc_shell-xg-t> set period 10.0
10.0
dc_shell-xg-t> set freq [expr 1 / $period]
0.1
dc_shell-xg-t> echo "Freq =" [expr $freq * 1000] "MHz"
Freq = 100.0 MHz
dc_shell-xg-t> set_load [expr [load_of \
            ssc_core_slow/and2a0/A] * 5] [all_outputs]
```

为了使 expr 的结果以浮点数来表示，算式中至少需要有一个数是浮点数，如需浮点数，数 7 应变为 7.0。

例如

expr 5/2

的结果为 2。

如需要浮点数为结果，可以把 5 改为 5.0 或把 2 改为 2.0 或两个数都改：

expr 5.0/2 或 expr 5/2.0 或 expr 5.0/2.0

其结果均为 2.5。

expr 1/10 的结果为 0，而 expr 1/10.0 的结果为 0.1。

一个序列是一组有序的元素；每个元素可能是一个字符串或另一个序列。我们用序列把条目(Items)集合起来。例如集合一组门单元的引脚(Cell Instance Pins)或集合一组报告文件名。通过序列我们能够方便地以一个实体(Entity)进行其内容的操作。

DC-Tcl 中，我们可以用序列(list)来安排数据，例如：

```
dc_shell-xg-t> set colors {red green blue}
red green blue
dc_shell-xg-t> echo $colors
red green blue
dc_shell-xg-t> set Num_of_Elements [llength $colors]
3
dc_shell-xg-t> set colors [lsort $colors]
blue green red
dc_shell-xg-t> set link_library { * }
*
dc_shell-xg-t> lappend link_library tc6a.db opcon.db
* tc6a.db opcon.db
dc_shell-xg-t> echo $link_library
* tc6a.db opcon.db
```

为了对序列进行操作，可使用 Tcl 内置的列出命令：

concat	连接两个序列产生一个新序列
lappend	在原来的序列上附加一个或几个元素产生一个新序列
list	产生一个由其选项组成的序列
llength	计算序列中元素的数目
lreplace	代替序列中指定范围的元素
lsort	为序列排序
split	把字符串分裂成序列

这些命令的具体使用方法可在 DC-Tcl 中，使用 man 命令查阅，如

```
dc_shell-xg-t> man lappend
```

我们可以使用 foreach 命令对序列进行重复操作，见例 3.1.12

例 3.1.12

```
set all_colors "red green blue"

foreach color $all_colors {
echo $color is a nice color...
}
```

其结果为：

```
red is a nice color...
green is a nice color...
blue is a nice color...
```

前节中，我们介绍过，每个设计由 6 个设计物体(Design Object)组成，它们分别是设计(Design)、端口(Port)、时钟(Clock)、单元(Cell)、引脚(Pin)和连线(Net)。这 6 个设计物体上又附加了一些属性和/或约束。例如，端口(Ports)可以有方向、驱动单元、最大电容等的属性和/或约束；单元(Cells)可以有功能、连线、面积的大小和时间信息的属性；设计(Designs)可以有面积、最大工作条件、功耗等的属性和/或约束。

进行逻辑综合时，DC 的应用程序会建立一个网表的内部数据库并在网表上附加上一些属性。这个数据库由几种类型的物体组成，包括设计、工艺库、端口、时钟、单元、引脚和连线。DC 的大部分命令是对这些物体进行操作。

"物集"(Collection)是一组输出到 DC-Tcl 用户接口上的物体。物集的内部表达形式为物体或字符串。字符串的表示通常仅用于表示出错信息。

在 DC-Tcl 中，通过物集对设计物体进行存取属性和/或约束，物集是 DC 对标准 Tcl 的扩展。

用"get_ * "或"all_ * "命令产生物集，例如：

```
get_ports clk *
set myclocks [all_clocks]
set hi_cap_pins [get_pins busdriver/tristate * ]
```

部分有用的 get_ * 和 all_ * 命令：

```
get_cells            # 产生单元的物集
get_clocks           # 产生时钟的物集
get_designs          # 产生设计的物集
get_libs             # 产生库的物集
get_nets             # 产生连线的物集
get_pins             # 产生引脚的物集
get_ports            # 产生端口的物集

all_clocks           # 产生所有时钟的物集
all_designs          # 产生所有设计的物集
all_inputs           # 产生所有输入的物集
all_outputs          # 产生所有输出的物集
all_registers        # 产生所有寄存器的物集
```

当执行这些命令时，DC 内部产生一组物体以及它们的属性。

和序列一样，物集也有一些特别的存取命令，例如：

```
dc_shell-xg-t> set foo [get_ports p * ]
{"pclk", "pframe_n", "pidsel", "pad[31]"...}
dc_shell-xg-t> sizeof_collection $foo
50
dc_shell-xg-t> query_objects $foo
```

{"pclk", "pframe_n", "pidsel", "pad[31]"...}

我们可用下面的命令找出与 collection 有关的命令：

```
dc_shell-xg-t> help *collection*
add_to_collection # Add object(s)
remove_from_collection # Remove object(s) from a collection
......
dc_shell-xg-t> help *object*
```

例 3.1.13 是使用物集的例子。

例 3.1.13

```
dc_shell-xg-t> set pci_ports [get_ports "DATA*"]

dc_shell-xg-t> set pci_ports [add_to_collection \
$pci_ports [get_ports CTRL*]]

dc_shell-xg-t> set all_inputs_except_clk \
[remove_from_collection [all_inputs] \
[get_ports CLK]]
```

我们可以用"filter_collection"命令在物集中找出我们感兴趣的物体。例如：

filter_collection [get_cells *] "ref_name =~ AN*"命令找出设计中库单元参考名字以"AN"开头的所有单元。

get_cells -filter "ref_name == mx*"命令找出设计中库单元参考名字以"mx"开头的所有单元。执行命令后，DC 将显示类似如下的信息：

{"U149","U150","U145","U146", "U147","U148"}

filter_collection [get_cells *] "is_mapped! = true"

找出所有未映射(unmapped)的单元

get_cells * -filter "dont_touch == true"

找出所有附加了 "dont_touch"属性的单元

set fastclks [get_clocks * -filter "period < 10"]

找出所有周期小于 10 的时钟

filter_collection 产生新的物集，如果没有与表达式相匹配的物体，产生空的字符串。

DC-Tcl 中，关系运算子有：

==, != , >, <, >=, <=, =~, !~

要查看 DC 定义的所有属性，用下面的命令：

dc_shell-xg-t> list_attributes -application

例如，查看时钟物体上的属性可用下面的命令：

```
dc_shell-xg-t> list_attributes -application -class clock
......
period              clock          float          a
propagated_clock    clock          boolean        a
sources             clock          collection     a
......
```

如果要得到某一属性的值，可用下面的命令：

```
dc_shell-xg-t> get_attribute [get_clocks SYS_CLK] period
8.000000
```

我们也可以用 report_attribute 命令报告 cell、net、pin、port、instance 和 design 的属性以及它们相应的值，例如：

dc_shell-xg-t> report_attribute -port

将报告所有端口的属性。

DC-Tcl 中，序列(Lists)是存储数据的结构，物集(Collections)是用于存取数据库(DB)中的数据。

序列命令不能用于物集，反之亦然。见图 3.1.3。

图 3.1.3

3.2 层次(Hierarchy)结构和模块划分(Partition)及修改

随着技术的发展，IC 设计的规模越来越大。系统设计公司为了降低整个系统的成本，提高设计的性能，总是希望把更多的电路集成到单一芯片里，即发展系统芯片(System On Chip，简称 SOC)。很多 SOC 设计，特别是用于便携式系统的 IC，不仅要求规模大，性能高，而且要功耗低。半导体工艺的发展，为 SOC 设计提供了技术上的可能。采用 0.13μm 的工艺，可以完成数百门至千万门的设计。目前人们已经开始采用 90nm，甚至 65nm 的工艺进行设计。设计的规模可大至数千万门。

3.2.1 层次结构的概念

我们用查地图的方法介绍层次结构的概念。如果我们有一本世界地图手册，要找出中国广东省深圳市罗湖区的地王大厦，可以这样做。

先在世界地图上找到中国。世界地图上应有俄罗斯、加拿大、中国、美国、澳大利亚等近 200 个国家和地区。在图中找出中国地图的页码。

把手册翻到中国地图的页码。中国地图上应有河北省、浙江省、黑龙江省、广东省、北京市等省、自治区、直辖市和特别行政区。在中国地图中找到广东省，找出广东省地图的页码。

把手册翻到广东省地图的页码。广东省地图上应有广州市、珠海市、中山市、佛山市、深圳市等 21 个市。在广东省地图中找到深圳市，找出深圳市地图的页码。

把手册翻到深圳市地图的页码。深圳市地图上应有福田区、罗湖区、南山区、宝安区、龙岗区和盐田区七个区。在深圳市地图中找到罗湖区，找出罗湖区地图的页码。

把手册翻到罗湖区地图的页码。在罗湖区地图中找到地王大厦。

地图手册描述了一个层次结构。最高层是世界地图，第二层是俄罗斯、加拿大、中国、美国、澳大利亚等国家级地图。第三层是河北省、浙江省、黑龙江省、广东省、北京市等各省、自治区、直辖市和特别行政区的省级地图。第四层是广州市、珠海市、中山市、佛山市、深圳市等的市级地图。第五层是福田区、罗湖区、南山区、宝安区、龙岗区和盐田区的区级地图。我们用层次的结构，可以方便地在地图手册中找到我们要寻找的地方。

层次结构在 IC 设计中广泛使用。现代的 IC 设计中，几乎没有不用层次结构进行设计的。一些大的设计，其逻辑层次可能多达十几层。图 3.2.1 是 IC 设计的趋势。SOC 设计中一般包括设计的再使用和知识产权 IP 核。SOC 设计中包括了多个层次的电路。

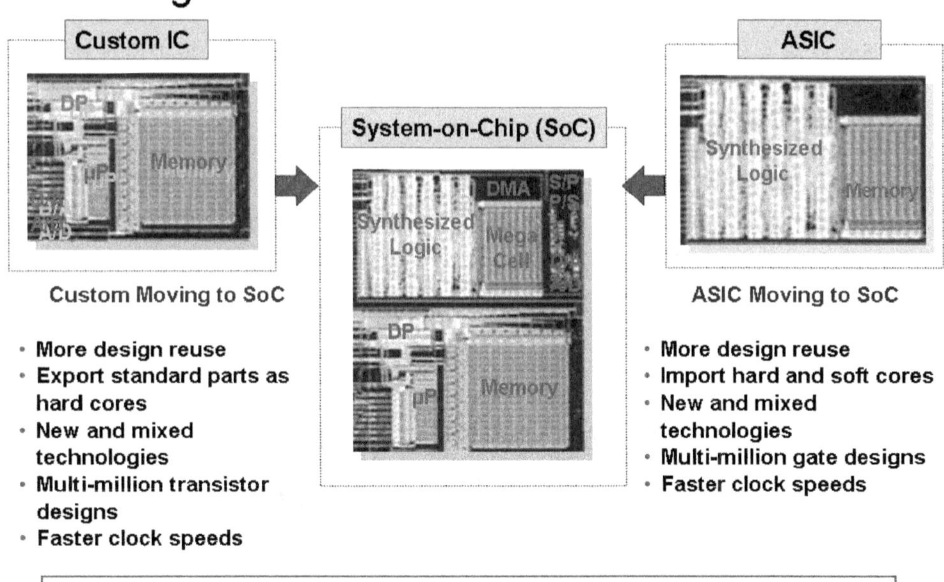

图 3.2.1

图 3.2.2 是常见的 IC 系统。

IC 系统中，有 uP、DSP 和内存，有诸如模拟(Analog)电路和射频(RF)电路的积木块(Building Blocks)，也有已综合的逻辑电路。已综合逻辑电路可能包含一些子模块，如此类推。uP、DSP、内存、模拟电路和射频(RF)可称为知识产权 IP 核。IP 核可以以不同的形式集成到 IC 设计里。一些 IP 是可以完全地进行综合。我们称可综合的 IP 核为软知识产权

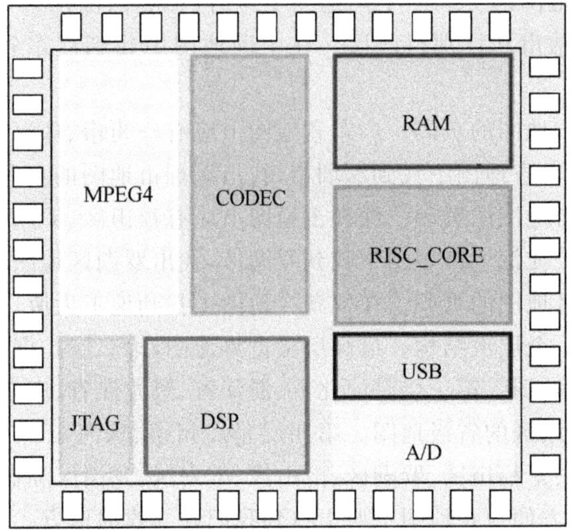

图 3.2.2

“soft IP”核，软知识产权核可以很容易地从一种工艺重新映射到另一种工艺。我们也可以根据不同的应用对软知识产权核进行修改。由于软知识产权核的这种灵活性，大部分公司现在在努力做可综合的新 IP 核。我们称诸如 DSP、内存和大部分处理器为硬知识产权核“hard IP”。硬知识产权核通常与某种工艺紧密关联，并做了密度(面积)、速度和功耗的优化。IP 核通常已事先做过验证，我们可以使用 IP 核加快设计的速度，减少设计错误。

3.2.2 模块的划分

如图 3.2.2 所示，SOC 设计由一些模块组成。同样，图中已综合逻辑电路(例如 RISC_CORE)，一般也由一些子模块组成。对于设计复杂规模又大的电路，我们需要对它进行划分(Partitioning)，然后对划分后比较简单规模又小的电路作处理(如综合)。这时，由于电路小，处理和分析比较方便简单，容易较快地达到要求。再把已处理好的小电路集成为原来的大电路。见图 3.2.3。

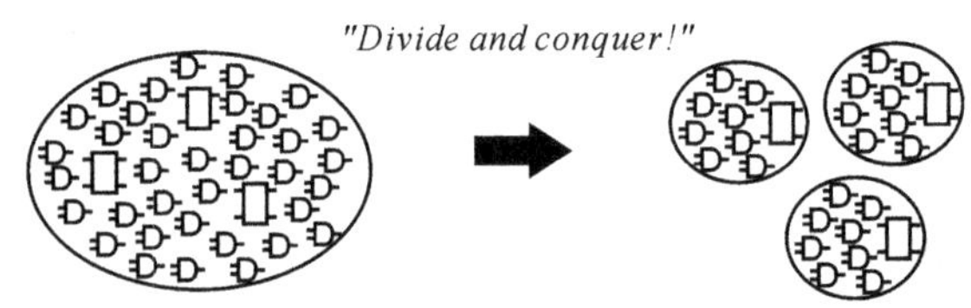

图 3.2.3

理想情况下，所有的划分应该在写 HDL 代码前已经计划好。

- 初始的划分由 HDL 定义好
- 初始的划分可以用 Design Compiler 进行修改

做划分的原因很多，下面是其中的几个原因：

- 不同的功能块 (如 Memory、uP、ADC、Codec、控制器等等)
- 设计大小和复杂度 (模块处理时间适中，设计大小一般设为一个晚上的运行时间，白天进行人工处理和调试，晚上机器运行，第二天上午检查运行结果)

- 方便设计的团队管理项目(每个设计工程师负责一个或几个模块)
- 设计再使用(设计中使用 IP)
- 满足物理约束(如用 FPGA 先做工程样品——Engineering Sample;大的设计可能需要放入多个 FPGA 芯片才能实现)
- 等等

本节的重点是如何对设计做划分,使综合的结果比较好。

上节我们在介绍 HDL 时,曾提及可用例化(instantiation)定义设计的层次结构和模块(hierarchical structure and blocks)。VHDL 的 entity 和 Verilog 的 module 的陈述(statements)定义了新的层次模块,即例化一个 entity 或 module 产生一级新的层次结构。见例 2.1.12、例 2.1.13 和图 2.1.5。

如果设计中,我们用符号(+,-,*,/,...)来标示算术运算电路,可能会产生一级新的层次结构。VHDL 语言中的 Process 和 Verilog 语言中的 Always 陈述并不能产生一级新的层次。

设计时,为了得到最优的电路,我们需要对整个电路作层次结构的设计,对整个设计进行划分,使每个模块以及整个电路的综合结果能满足我们的目标。

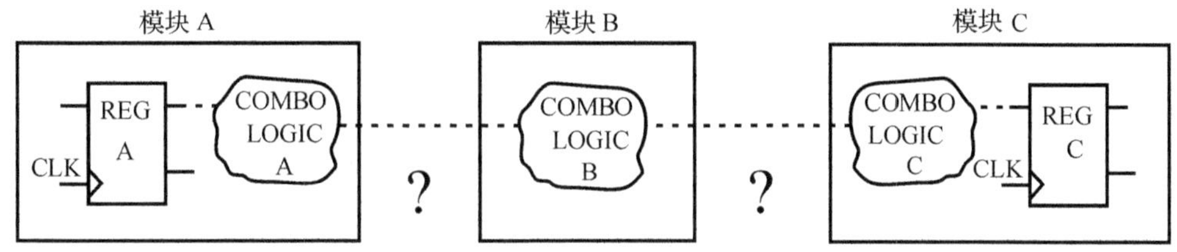

图 3.2.4

图 3.2.4,有 3 个模块:A、B 和 C。它们各自有输入和输出端口。由于 DC 在对整个电路做综合时,必须保留每个模块的端口。因此,逻辑综合不能穿越模块边界,相邻模块的组合逻辑也不能合并。从寄存器 A 到寄存器 C 的路径的延时较长,这部分的电路面积较大。

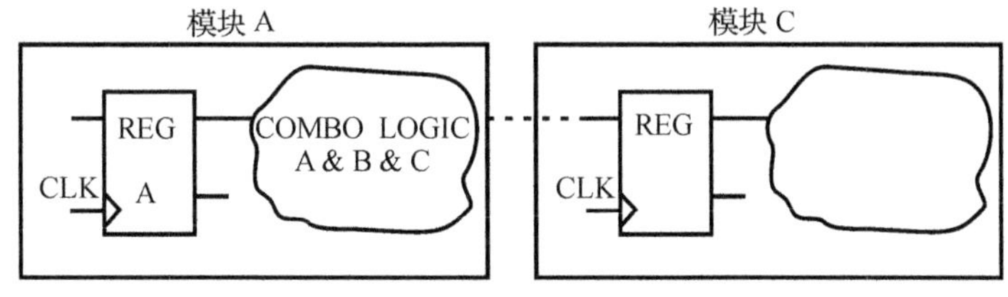

图 3.2.5

如果我们对设计的划分作如下修改,见图 3.2.5,相关的组合电路组合到一个模块,原来模块 A、B 和 C 中的组合电路没有了层次的分隔,综合工具中对组合电路优化的技术现在能得到充分的使用。这时,电路的面积比原来要小,从寄存器 A 到寄存器 C 的路径的延时也短了。

如果我们对设计的划分作另一种修改,见图 3.2.6,我们将得到最好的划分。

同图 3.2.5 一样,相关的组合电路组合到一个模块,原来模块 A、B 和 C 中的组合电路没有了层次的分隔,综合工具中对组合电路优化的技术能得到充分的使用。并且,由于组合电路和寄存器的数据输入端相连,综合工具在对时序电路进行优化时,可以选择一个更复杂

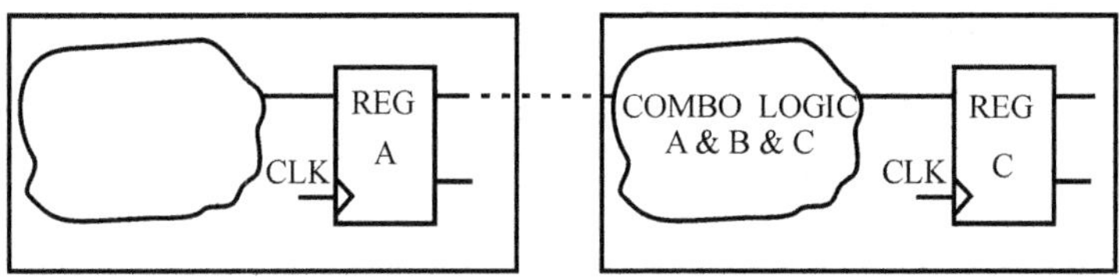

图 3.2.6

的触发器(JK、T、Muxed 和 Clock-enabled 等),把一部分组合电路吸收集成到触发器里。从而使电路的面积更小,从寄存器 A 到寄存器 C 的路径的延时更短。

好的设计划分见图 3.2.7。

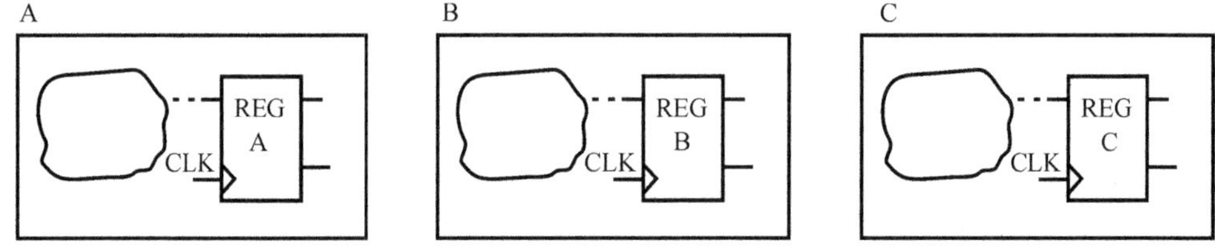

图 3.2.7

图中,模块的输出边界是寄存器的输出端。由于组合电路之间没有边界,其输出连接到寄存器的数据输入端,我们可以充分利用综合工具对组合电路和时序电路的优化技术,得到最优的结果,同时也简化了设计的约束。图中每个模块除时钟端口外的所有输入端口延时是相同的,等于寄存器的时钟引脚 CLK 到输出引脚 Q 的延时,有关优点,下一章再细述。

作模块划分时,应尽量避免使用胶合逻辑(Glue Logic),见图 3.2.8。

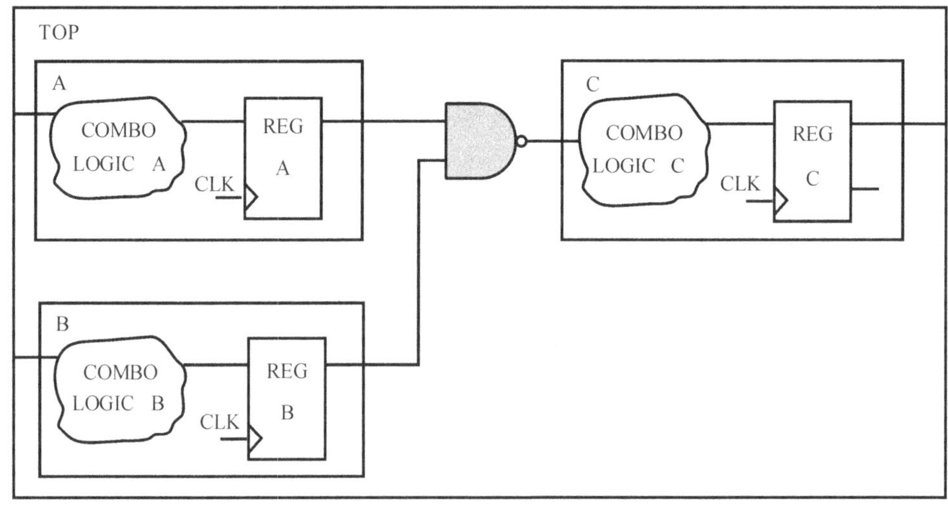

图 3.2.8

胶合逻辑是连接到模块的组合逻辑。图中,顶层的与非门(NAND gate)仅仅是个例化的单元,由于胶合逻辑不能被其他模块吸收,优化受到了限制。如果采用由低向上(bottom-up)的策略,我们需要在顶层做额外的编译(compile)。

避免使用胶合逻辑(Glue Logic)的划分,见图 3.2.9。

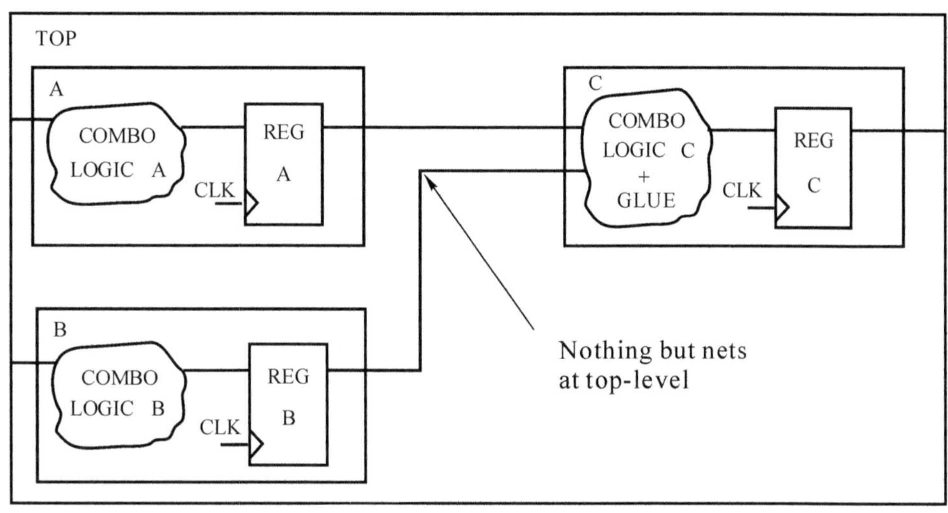

图 3.2.9

图 3.2.9 中，胶合逻辑可以和其他逻辑一起优化，顶层设计也只是结构化的网表。不需要再做编辑。

3.2.3　模块划分的修改

我们知道，设计越大，计算机对设计作综合时所需要的资源越多，运行时间就越长。

Design Compiler 软件本身对设计的规模大小并没有限制。我们在对设计做编辑时，需要考虑划分模块规模的大小应与现有的计算机中央处理器(CPU)和内存资源相匹配。尽量避免下面划分不当情况：

· 模块太小　由于人工划分的模块边界，使得优化受到限制，综合的结果可能不是最优的

· 模块太大　做编辑所需的运行时间可能会太长，由于要求设计的周期短，我们不能等太久

一般来说，根据现有的计算机资源和综合软件的运算速度，按我们所期望的周转时间(turnaround time)，把模块划分的规模定为大约 400～800K 门。对设计作综合时，比较合理的运行时间为一个晚上。白天我们对电路进行设计和修改，写出编辑的脚本。下班前，用脚本把设计输入到 DC，对设计作综合优化，第二天早上回来检查结果。

作划分时，要把核心逻辑(Core Logic)、IO Pads、时钟产生电路、异步电路和 JTAG (Joint Test Action Group)电路分开，把它们放到不同的模块里。

顶层设计至少划分为 3 层的层次结构，见图 3.2.10。

1. 顶层(Top-level)

2. 中间层(Mid-level)

3. 核心功能(Functional Core)

推荐用图 3.2.10 所示的划分有如下原因：

· I/O pad 单元与工艺相关

· 不可测试(Untestable)的分频时钟产生电路

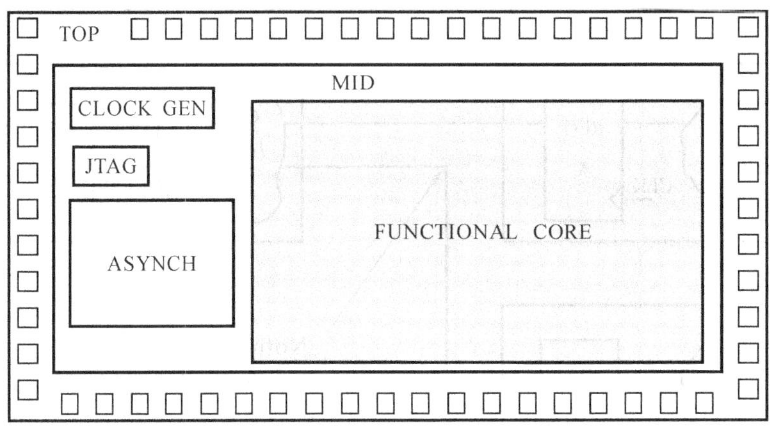

图 3.2.10

· 与工艺相关 JTAG 电路

异步电路的设计，其约束和综合与同步电路不同，所以也放在与核心功能不同的模块里。本文主要介绍同步电路的设计与综合。

为了使电路的综合结果最优化，综合的运行时间适中，我们需要对设计作合适的划分。如果现有的划分不能满足要求，我们要对划分进行修改。我们可以修改 RTL 原代码对划分作修改，也可以用 DC 的命令对划分作修改。下面介绍在 DC 里用命令修改划分。

DC 以两种方法修改划分：

1. 自动修改划分

综合过程中 DC 需透明地修改划分。在 DC 中如使用命令：

compile -auto_ungroup area|delay

DC 在综合时将自动取消(去掉)小的模块分区。取消模块分区由变量

compile_auto_ungroup_delay_num_cells

compile_auto_ungroup_area_num_cells

来控制。两个变量的预设默认值分别为 500 和 30。我们也可以用 set 命令把它们设置为我们希望的任何数值。我们可用 report_auto_ungroup 命令来报告编辑时取消了那些分区。

如在 DC 中使用命令：

compile -ungroup_all

DC 在综合时将自动取消所有的模块分区或层次结构。此时，设计将只有顶层一层的电路。该命令不能取消附加了 dont_touch 属性的模块分区。

2. 手工修改划分

用户用命令指示所有的修改。使用“group”和“ungroup”命令修改设计里的划分，见图 3.2.11。

group 命令产生新的层次模块，见图 3.2.12。

ungroup 命令取消一个或所有的模块分区，见图 3.2.13。

如要在当前设计中取消所有的层次结构，用命令：

ungroup -all -flatten

ungroup 命令用选项“-simple_names”将得到原来的非层次的单元名 U2 and U3，见图

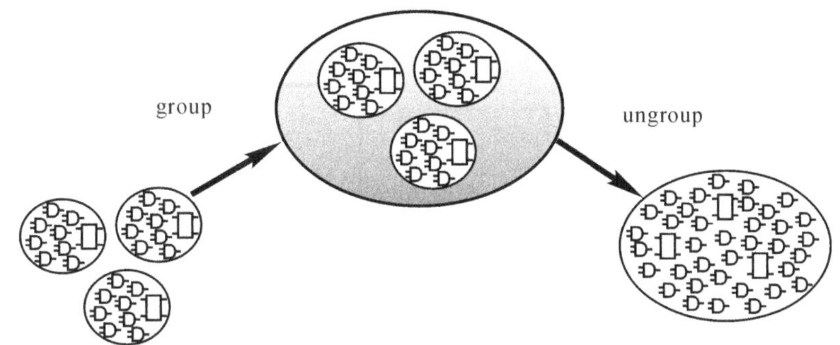

图 3.2.11

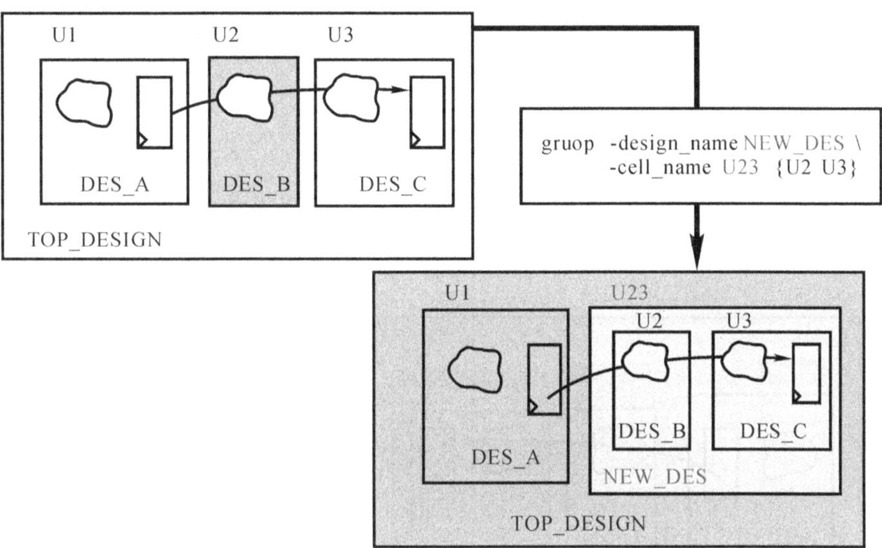

图 3.2.12

3.2.14。

ungroup U23 -simple_names

在本节结束前，我们对为综合而划分的策略作总结：

- 不要通过层次边界分离组合电路
- 把寄存器的输出作为划分的边界
- 模块的规模大小适中，运行时间合理
- 把核心逻辑(Core Logic)、Pads、时钟产生电路、异步电路和JTAG电路分开到不同的模块

这样划分好处是：

- 结果更好——设计小又快
- 简化综合过程——简化约束和脚本
- 编辑速度更快——更快周转时间(turnaround)

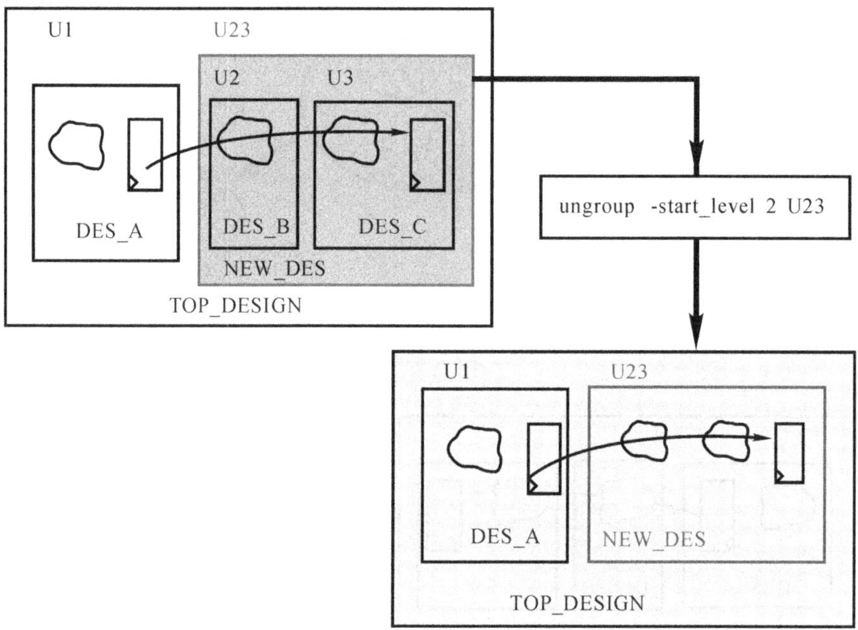
U1
U23
U2
U3
DES_A
DES_B
DES_C
NEW_DES
TOP_DESIGN
ungroup -start_level 2 U23
U1
U23
DES_A
NEW_DES
TOP_DESIGN

图 3.2.13

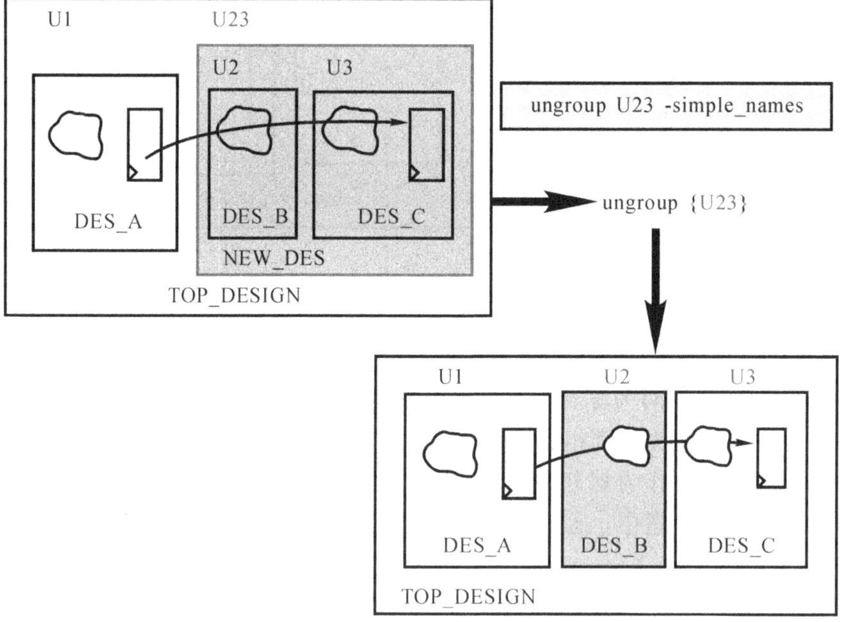
U1
U23
U2
U3
DES_A
DES_B
DES_C
NEW_DES
TOP_DESIGN
ungroup U23 -simple_names
ungroup {U23}
U1
U2
U3
DES_A
DES_B
DES_C
TOP_DESIGN

图 3.2.14

第四章

电路的设计目标和约束

我们在设计电路时，一般先制定电路的规格，或参考采用别人制定电路的规格，根据规格进行设计。设计规格中，一般包括电路的功能、设计的层次结构和模块划分，输入/输出端口及其驱动属性，电路的工作频率，电路的最大功耗，电路的最大面积，最小的测试覆盖率等等。

RTL 模块的综合流程如图 4.1.1。

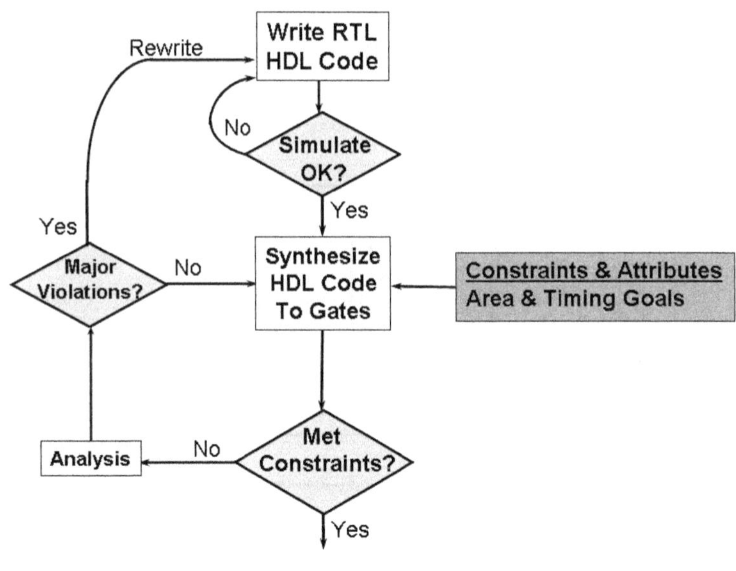

图 4.1.1

本章主要介绍电路的时序约束、面积约束。

4.1 设计的时序约束

我们知道 RTL 代码描述了电路的时序逻辑和组合逻辑，即 RTL 代码定义了电路的寄存器结构和数目、电路的拓扑结构、寄存器之间的组合逻辑功能以及寄存器与 I/O 端口之间的组合逻辑功能。但代码中并不包括电路的时间（路径的延时）和电路面积（门数），见图4.1.2。

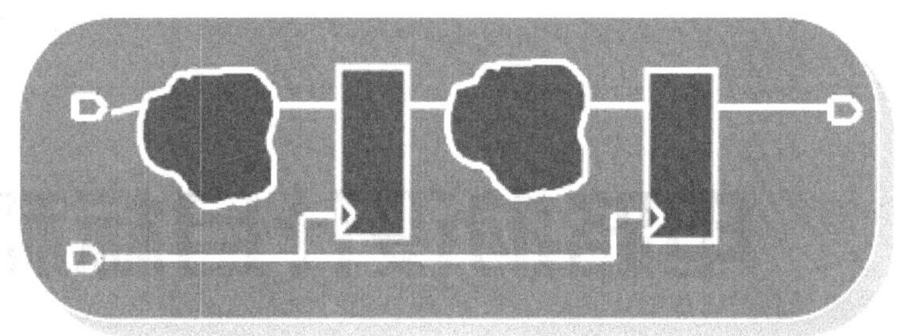

图4.1.2

电路的逻辑综合由三步组成，即

综合 = 转化 + 逻辑优化 + 映射

它先将RTL源代码转化为通用的布尔(Boolean)等式——GTECH格式；然后按照设计的约束对电路进行逻辑综合和优化，使电路能满足设计的目标或约束；最后使用目标工艺库的逻辑单元映射成门级网表。综合的结果包括了电路的时间(序)和面积。

4.1.1 同步(Synchronous)电路和异步(Asynchronous)电路

同步电路是指电路的所有时钟来自同一个时钟源，如图4.1.3所示。

图4.1.3(a)有两个时钟，CLKA和CLKB，它们来自同一个时钟源，由300 MHz时钟经6分频电路和3分频电路得到，见图4.1.3(b)。图4.1.3(c)只有一个时钟，故图4.1.3(a)和(c)都是同步电路。

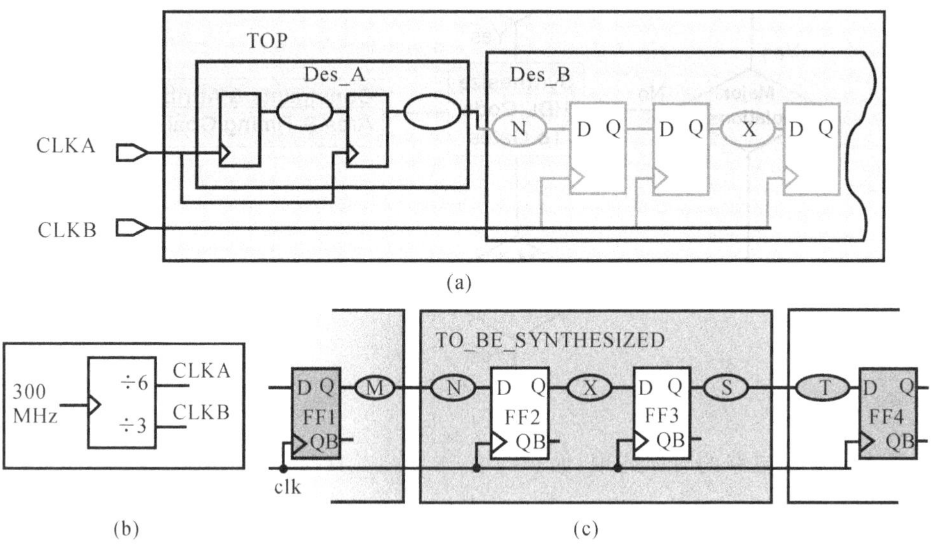

图4.1.3

异步电路是指电路的时钟来自不同的时钟源，如图4.1.4所示。时钟CLKA和CLKB来自不同的振荡器OSC1和OSC2，它们之间没有固定的相位关系。

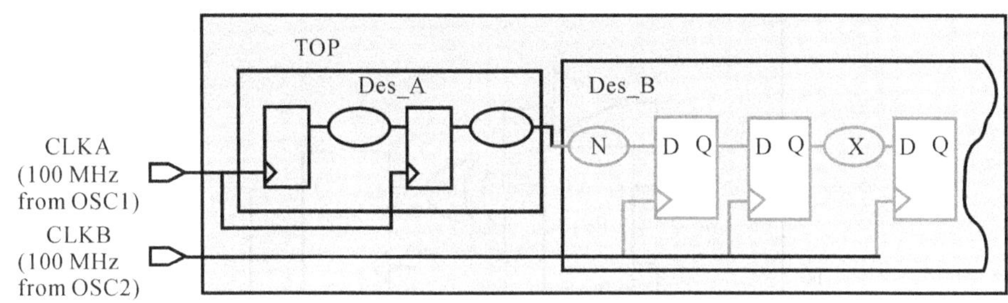

图 4.1.4

4.1.2　亚稳态(Metastability)

每个触发器都有其规定的建立(setup)和保持(hold)时间参数,该参数存放在由半导体厂商所提供的工艺库中。假如触发器由时钟的上升沿触发,在这个时间参数内,输入信号是不允许发生变化的。否则在信号的建立或保持时间中对其采样,得到的结果是不可预知的,有可能是“0”,“1”,“Z”或“X”,即亚稳态,见图 4.1.5。

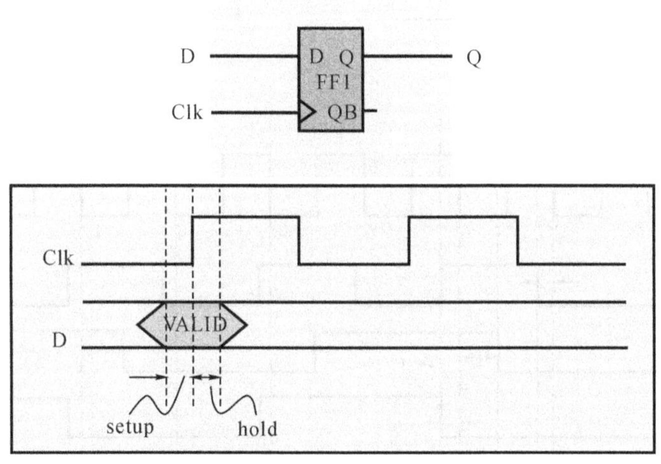

图 4.1.5

4.1.3　单时钟同步设计的时序约束

对于同步电路,为了使电路能正常工作,即电路在我们规定的工作频率和工作环境下能功能正确地工作,我们需要对设计中的所有路径进行约束。图 4.1.6 为一个 4 进制计数器。其理想或预期的波形如图 4.1.7 所示。

由于逻辑单元和连线是有延迟的,如果从寄存器 FF1 的 Clk 引脚到寄存器 FF2 的 D 引脚的最大延迟小于时钟周期减去寄存器 FF2 的建立(setup)时间,即

Max Delay between FF1 and FF2 <= 1 clock cycle $-T_{setup}$

其实际的波形如图 4.1.8 所示。这时,电路还是能作为 4 进制计数器,正常工作。

但是,如果从寄存器 FF1 的 Clk 引脚到寄存器 FF2 的 D 引脚的延迟大于时钟周期减去寄存器 FF2 的建立时间,而且其值小于时钟周期加上寄存器 FF2 的保持时间,即

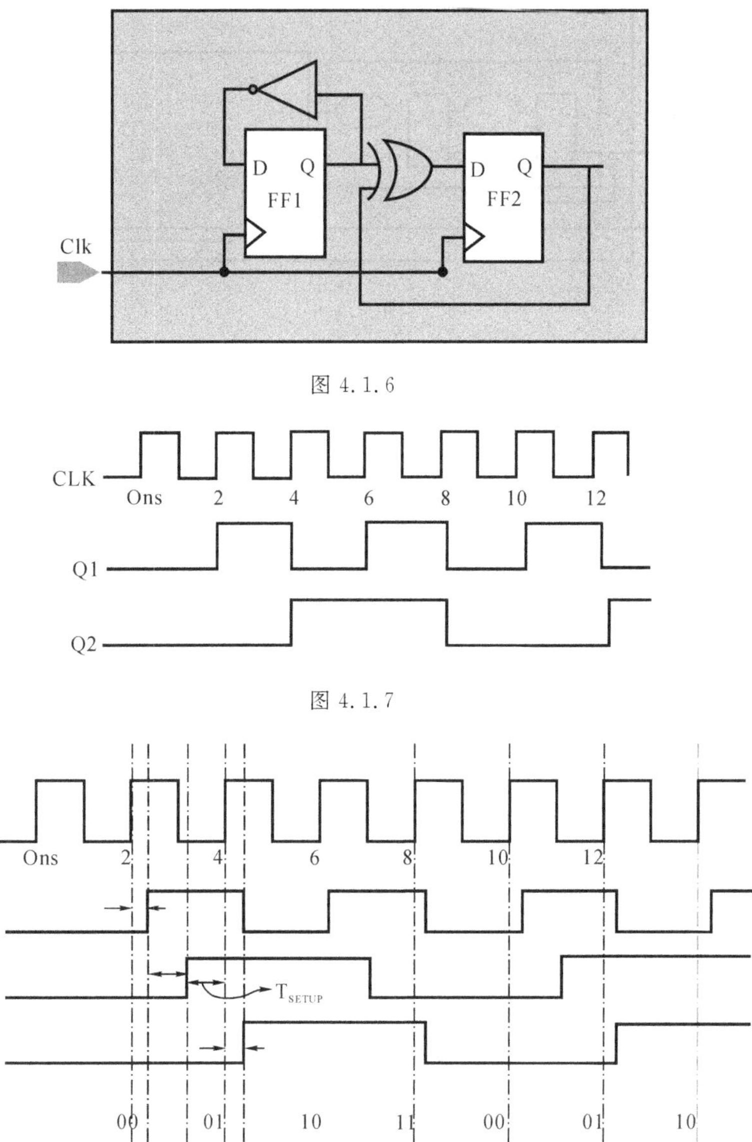

图 4.1.6

图 4.1.7

图 4.1.8

clock cycle + T_{setup} < Delay between FF1 and FF2 < clock cycle + T_{hold}

这时，电路的 Q2 端输出为不定值，电路不能正常工作，不能作为 4 进制计数器，达不到我们的设计要求。

如果从寄存器 FF1 的 Clk 引脚到寄存器 FF2 的 D 引脚的延迟大于时钟周期加上寄存器 FF2 的保持时间，即

Delay between FF1 and FF2 > clock cycle + T_{hold}

理论上来说，电路的输出波形如下，如图 4.1.9 所示。电路不再是一个 4 进制计数器，不能达到我们的设计要求。

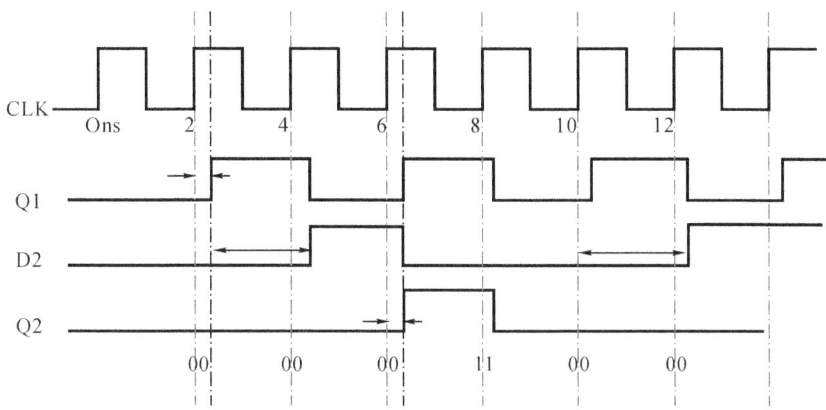

图 4.1.9

从这个例子我们知道，一般情况下，如果寄存器和寄存器之间组合电路的延迟大于 1 clock cycle-T_{setup}，电路的功能会不正确，将不能正常工作。因此，如果已知电路的时钟工作频率，就知道了寄存器和寄存器之间组合电路的最大时延，见图 4.1.10。图中路径 X 的最大时延应满足下列关系：

"X Path Delay" <= Clock Period $-T_{clk\text{-}Q}-T_{setup}$

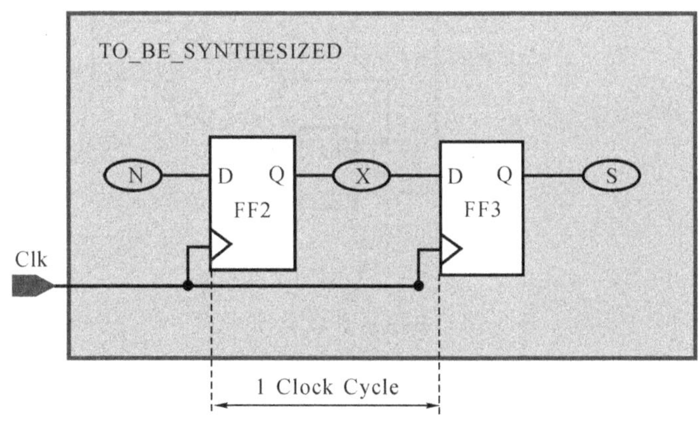

图 4.1.10

$T_{clk\text{-}Q}$是 FF2 的从引脚 CLK 到引脚 Q 的延时，T_{setup}是 FF3 的建立时间，这两个参数都由工艺库提供。

DC 中，我们用 create_clock 命令来定义时钟。假设图 4.1.10 中时钟周期为 10ns，定义时钟的命令如下：

```
create_clock -period 10 [get_port Clk]
```

时钟波形图见图 4.1.11。

定义时钟时（虚拟时钟除外），我们必须定义时钟周期和时钟源（端口或引脚），也可以加上一些可选项（option）来定义时钟的占空因数（duty cycle），偏移（offset/skew）和时钟名（clock name）。定义虚拟时钟（virtual clock）时，因为要作综合的设计中无该时钟源，故不须定义时钟源，虚拟时钟的详细描述见后文。

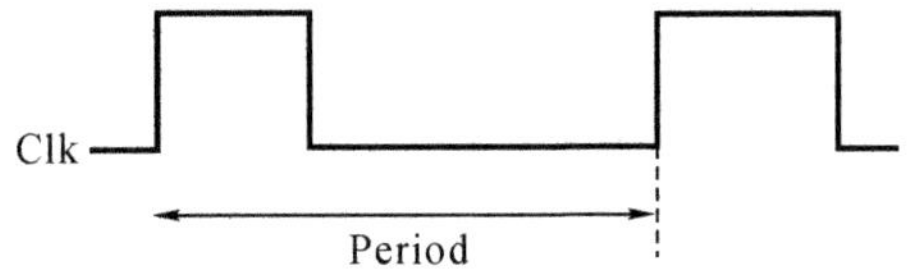

图 4.1.11

一旦定义了时钟，对于寄存器之间的路径，我们已经做了约束。我们可以用 report_clock 命令来查看所定义的时钟以及其属性。如果我们需要使用时钟的两个沿（上升沿和下降沿），时钟的占空因数将影响时序的约束。

在默认的情况下，逻辑综合时，即使一个时钟要驱动很多寄存器，DC 也不会在时钟的连线上加时钟缓冲器（clock buffer），时钟输入端直接连接到所有寄存器的时钟引脚，见图 4.1.12。换句话说，对于高扇出（high fanout）的时钟连线，DC 不会对它做设计规则的检查（DRC）和优化。

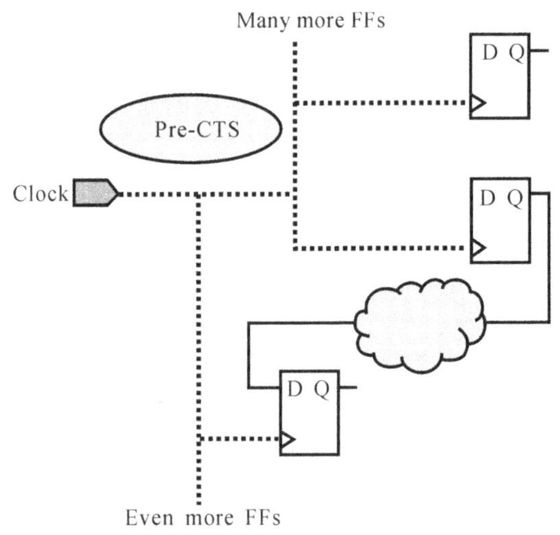

图 4.1.12

在时钟连线上加上时钟缓冲器或作时钟树的综合（clock tree synthesis）一般由后端（back end）工具完成，后端工具根据整个设计的物理布局（placement）数据，进行时钟树的综合。加入时钟缓冲器后，使整个时钟树满足 skew、latency 和 transition 的目标。时钟树综合后的电路见图 4.1.13。

为了能在综合时比较准确地描述时钟树，我们需要为时钟树建模，使逻辑综合的结果能与版图（layout）的结果相匹配。

图 4.1.14 为理想的时钟。理想时钟网络的延迟（latency）和时钟的偏差（skew）及转变时间（transition）默认值为零。显然，理想时钟网络与实际的情况不同，使用理想时钟网络将产生过于乐观的时间结果。

我们用下面的命令建立时钟模型：

```
set_clock_uncertainty
set_clock_latency
set_clock_transition
```

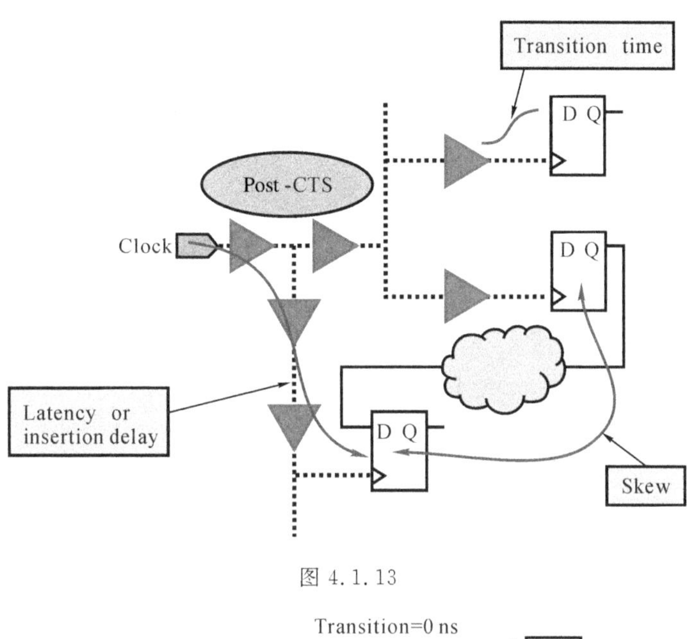

图 4.1.13

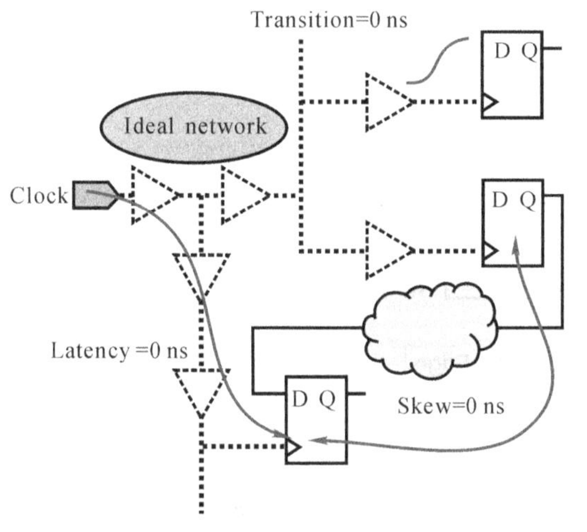

图 4.1.14

时钟网络还是理想的，但是原来的零值由这些命令中指定的值代替，见图 4.1.15。

图 4.1.15 的时钟树中，由于时钟要经过一些时钟缓冲器才到达寄存器的时钟引脚，因此不同寄存器的时钟引脚之间，时钟信号的相位会有些不同，我们用偏差(uncertainty)来表示时钟网络分枝的延迟差异(相位差异)。这种延迟差异称为 clock skew。我们也用时钟偏差来计算时钟锁相环的抖动(PLL jitter)。

DC 中，用 set_clock_uncertainty 命令来模拟时钟树。

set_clock_uncertainty -setup TU [get_clocks CLK]

其中 TU = clock skew + jitter

假设时钟周期为 10ns，时钟的偏差为 0.5ns，用下面命令来定义时钟：

```
create_clock -period 10 [get_ports CLK]
set_clock_uncertainty -setup 0.5 [get_clocks CLK]
```

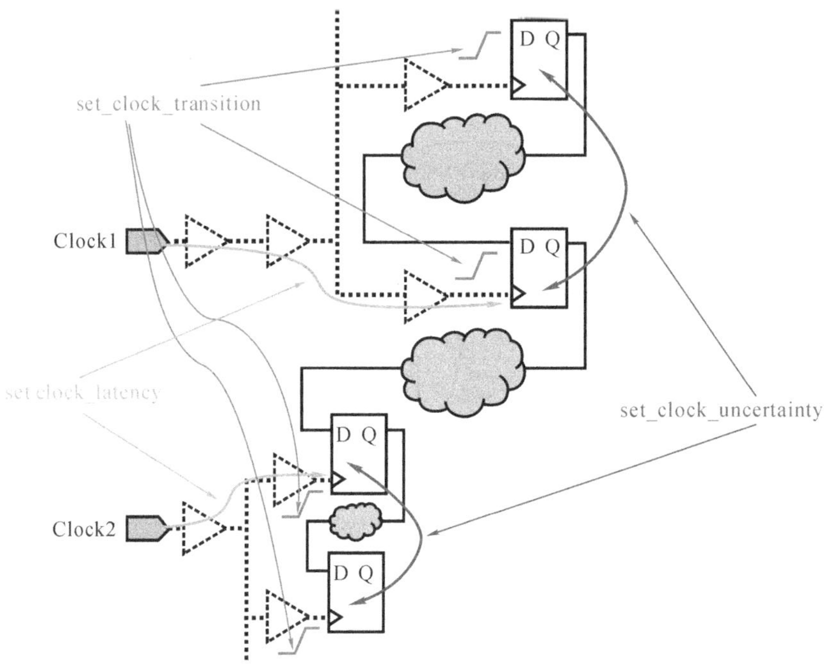

图 4.1.15

这时,时钟周期、时钟偏差和建立时间的关系见图 4.1.16。

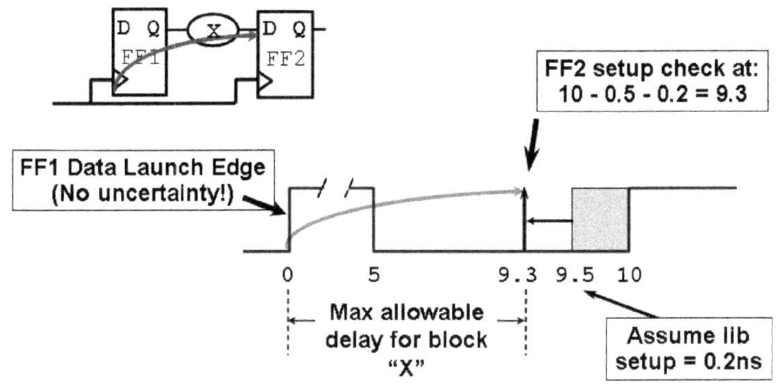

图 4.1.16

在默认的情况下,"set_clock_uncertainty"命令如果不加开关选项"-setup"或"-hold",那么该命令给时钟赋予相同的建立和保持偏差值。

时钟树中的时钟缓冲器和连线产生了延迟(latency),见图 4.1.17。时钟网络的延迟(clock network latency)是时钟信号从其定义的点(端口或引脚)到寄存器时钟引脚的传输时间。时钟源延迟(clock source latency),也称为插入延迟(insertion delay),是时钟信号从其实际时钟原点到设计中时钟定义点的传输时间。

图 4.1.17 中,时钟网络的延迟用下面的命令定义:

```
create_clock -period 10 [get_ports CLK]
set_clock_latency -source 3 [get_clocks CLK]
set_clock_latency 1 [get_clocks CLK] ;# pre layout
```

```
#set_propagated_clock [get_clocks CLK] ;# post layout
```

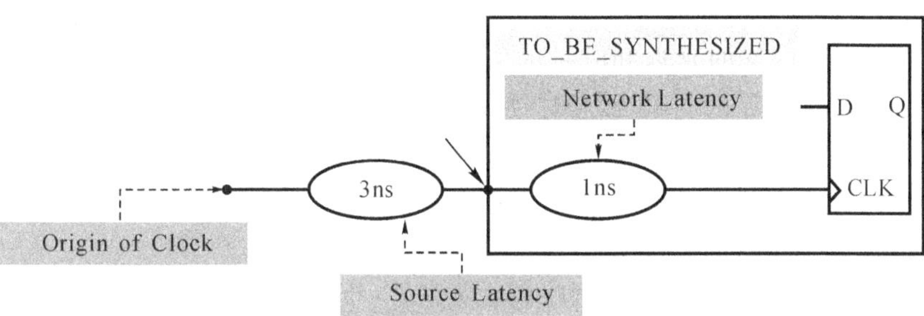

图 4.1.17

在做布线布局前，我们用 set_clock_latency 命令来模拟时钟网络的延迟。做完布局布线后，我们用 set_propagated_clock 来计算时钟网络的真实延迟。

对于图 4.1.18 波形，版图前和版图后时钟的定义如下。

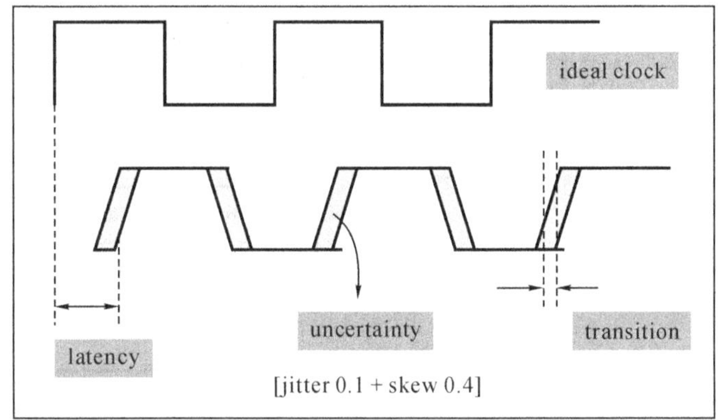

图 4.1.18

版图前时钟模型：

```
create_clock -p 20 -n MCLK [get_ports Clk]
set_clock_uncertainty 0.5 MCLK
set_clock_transition 0.25 MCLK
set_clock_latency -source 4 MCLK
set_clock_latency 2 MCLK
```

版图后时钟模型：

```
create_clock -p 20 -n MCLK [get_ports Clk]
set_clock_uncertainty 0.1 MCLK
set_clock_latency -source 4 MCLK
set_propagated_clock MCLK
```

由于时钟并不是理想的方波，用 set_clock_transition 来模拟时钟的转换(transition)时间。默认的上升转换时间为从电压的20%上升至80%的时间，下降的转换时间为从电压的80%下降至20%的时间。如set_clock_transition命令中不加开关选项"-setup"或"-hold"，那么该命令给时钟赋予相同的上升和下降转换时间。对于版图前的电路，我们应该估算相对于理想时钟，时钟网络的延迟和时钟的偏差及转换时间。set_clock_uncertainty命令模拟了晶体振荡器或PLL的抖动加上时钟偏差。对于版图后的电路，用set_propagated_clock命令可以计算出时钟网络的延迟和时钟的偏差及转换时间。

我们知道，对于图4.1.19，如果定义了时钟，寄存器之间的路径已被约束。但是，I/O端口的路径还未加以约束。

下面我们介绍定义I/O端口的时序约束方法。

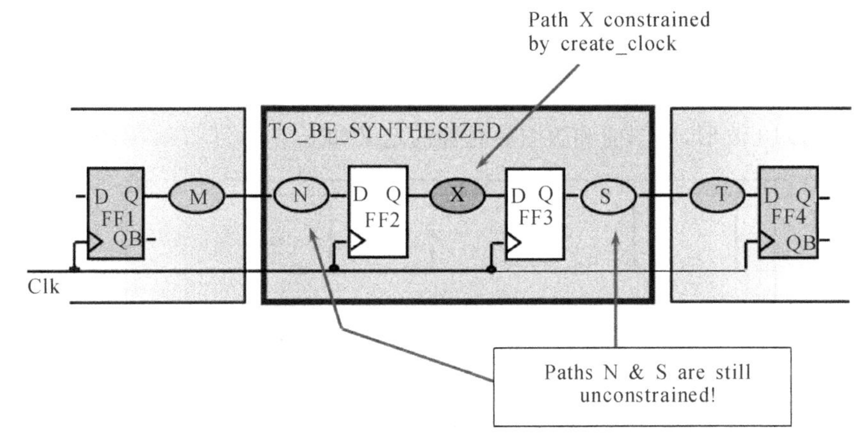

图 4.1.19

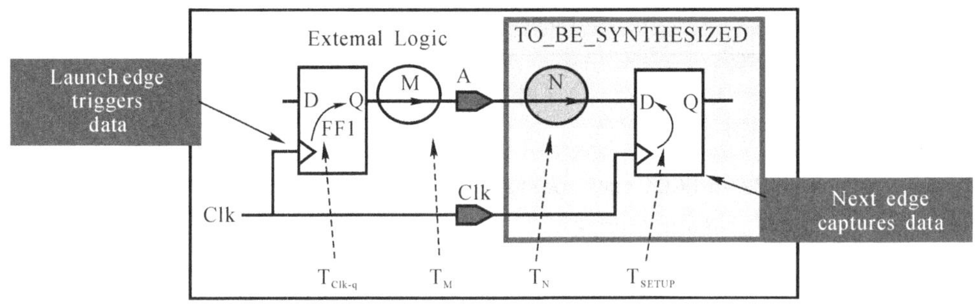

图 4.1.20

先介绍定义输入端口的时序约束。图4.1.20中，在Clk时钟上升沿，通过外部电路的寄存器FF1发送数据经过输入端口A传输到要综合的电路，在下一个时钟的上升沿被内部寄存器FF2接收。它们之间的时序关系见图4.1.21。

图中可见，如果我们已知输入端口的外部电路的延迟(本例中假设为4 ns)，就可以很容易地计算出留给综合电路输入端到寄存器N的最大允许延迟，见图4.1.22。

DC中，用set_input_delay命令约束输入路径的延迟：

```
set_input_delay -max 4 -clock Clk [get_ports A]
```

我们指定外部逻辑用了多少时间，DC计算还有多少时间留给内部逻辑。上例中，外部

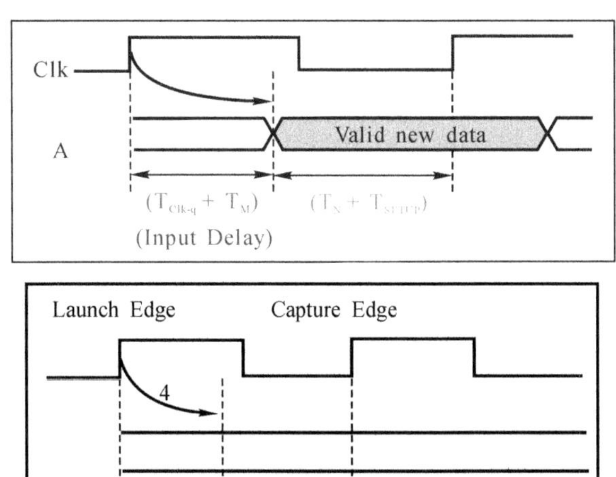

图 4.1.21

逻辑用了 4 ns，对于时钟周期为 10 ns 的电路，内部逻辑的最大延迟为 10-4-Tsetup = 6-Tsetup。

下面举例说明设置输入端口的约束。

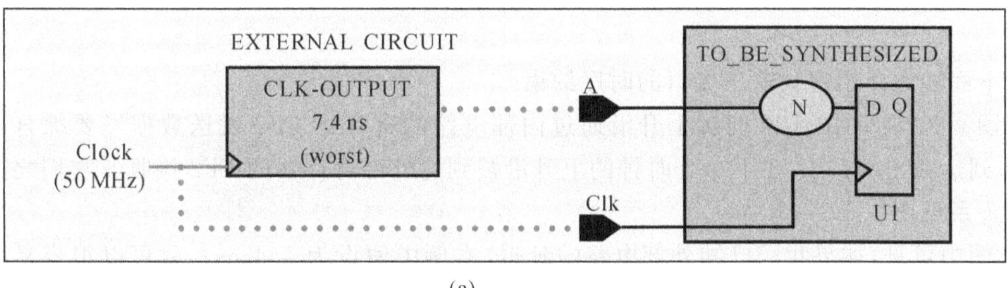

(a)

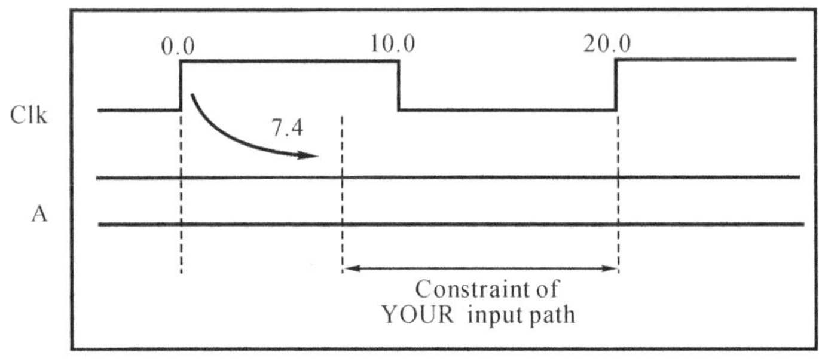

(b)

图 4.1.22

图 4.1.22(a)所示的电路，输入端口的约束如下：

```
create_clock -period 20 [get_ports Clk]
set_input_delay -max 7.4 -clock Clk [get_ports A]
```

时序关系见图 4.1.22(b)。

如果 U1 的建立时间为 1 ns，则 N 逻辑允许的最大延迟为

20－7.4－1 ＝ 11.6 ns。

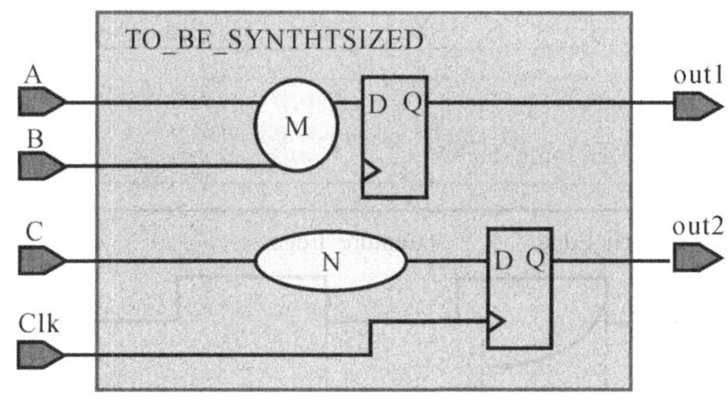

图 4.1.23

图 4.1.23 所示的电路，用下面命令对除时钟以外的所有输入端口设置约束：

```
set_input_delay 3.5 -clock Clk -max \
[remove_from_collection [all_inputs] [get_ports Clk]]
```

“remove_from_collection [all_inputs] [get_ports Clk]”命令表示从所有的输入端口中除掉时钟 Clk。如果要移掉多个时钟，用下面的命令：

```
remove_from_collection [all_inputs] [get_ports “Clk1 Clk2”]
```

下面继续介绍定义输出端口的时序约束.

图 4.1.24(a)中，Clk 时钟上升沿通过内部电路的寄存器 FF2 发送数据经要综合的电路 S，到达输出端口 B，在下一个时钟的上升沿被到达外部寄存器的 FF2 接收。它们之间的时序关系见图 4.1.24(b)。

图中可见，如果我们已知外部电路的延迟(本例中假设为 5.4 ns)，就可以很容易地计算出留给要综合电路输出端口的最大延迟，见图 4.1.25。

DC 中，用 set_output_delay 命令约束输出路径的延迟。

```
set_output_delay -max 5.4 -clock Clk [get_ports B]
```

我们指定外部逻辑用了多少时间，DC 将会计算还有多少时间留给内部逻辑。

下面举例说明设置输出端口的约束。图 4.1.26(a)的输出端约束为：

```
create_clock -period 20 [get_ports Clk]
set_output_delay -max 7.0 -clock Clk [get_ports B]
```

时序关系见图 4.1.26(b)。

如果 U3 的 $T_{clk\text{-}Q}$＝ 1.0 ns，则 S 逻辑允许的最大延迟为

20－7.0－1 ＝ 12 ns。

进行 SOC 设计时，由于电路比较大，需要对设计进行划分，在一个设计团队中，每个设计者负责一个或几个模块。设计者往往并不知道每个模块的外部输入延迟和/或外部输出的建立要求。这时候该怎么办呢？见图 4.1.27。这时，我们可以通过建立时间预算(Time

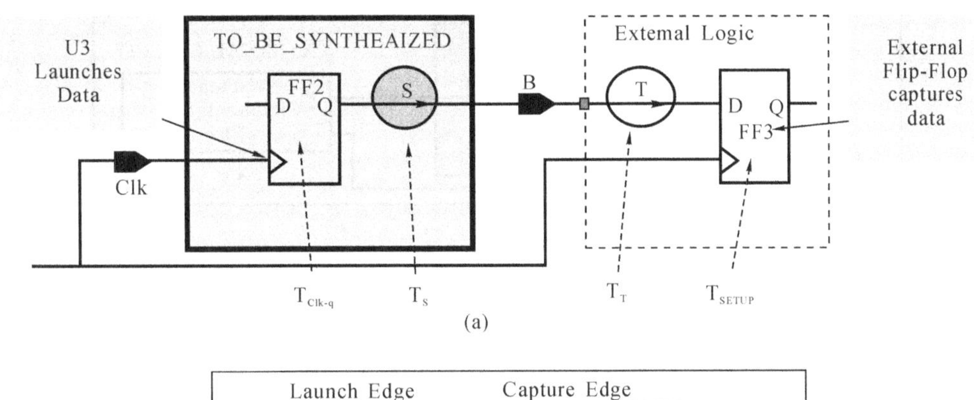

(a)

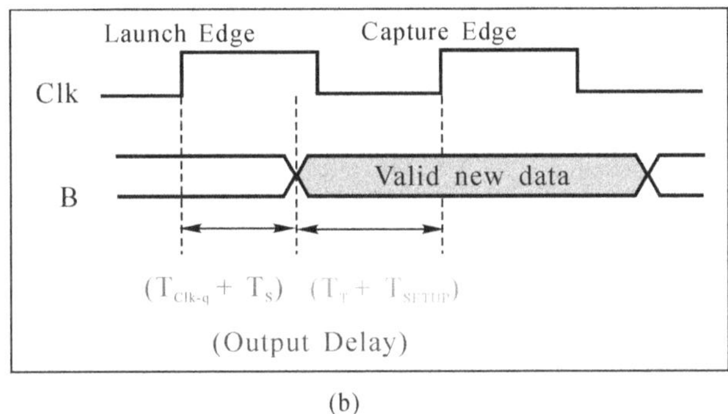

(b)

图 4.1.24

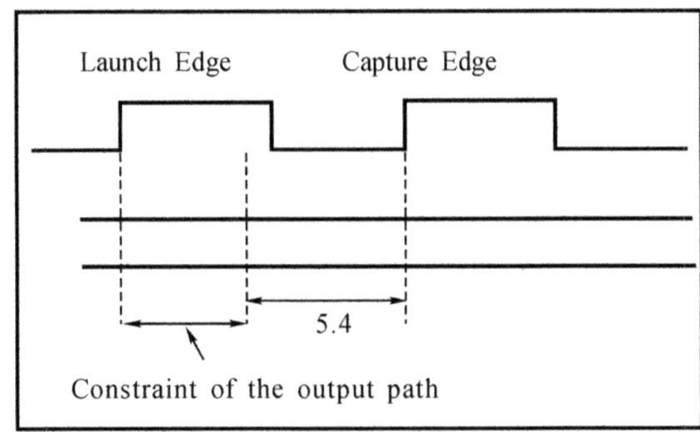

图 4.1.25

Budget)，为输入/输出端口设置时序的约束。

DC 要求我们对所有的时间路径作约束，而不应该在综合时还留有未加约束的路径。我们可以假设输入和输出的内部电路仅仅用了时钟周期的 40%。如果设计中所有的模块都按这种假定设置对输入/输出进行约束，将还有 20% 时钟周期的时间作为富余量(Margin)，富余量中包括寄存器 FF1 的延迟和 FF2 的建立时间，即：富余量 = 20%时钟周期－Tclk-q －Tsetup。见图 4.1.28。

下面脚本(timing_budget.tcl)是图 4.1.29 的时间预算。

例 4.1.1

```
# A generic Time Budgeting script file
# for MY_BLOCK, X_BLOCK and Y_BLOCK
```

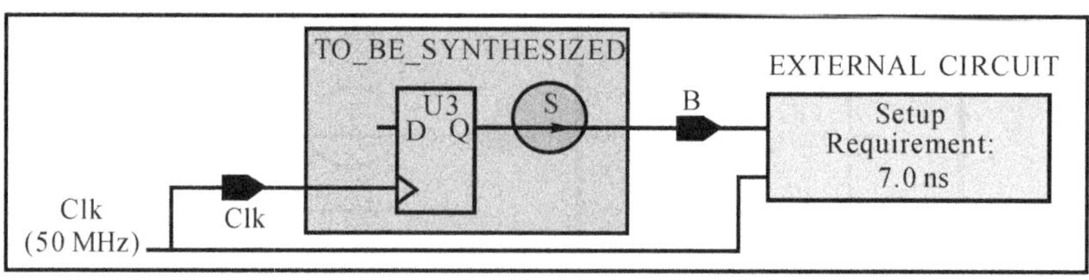

(a)

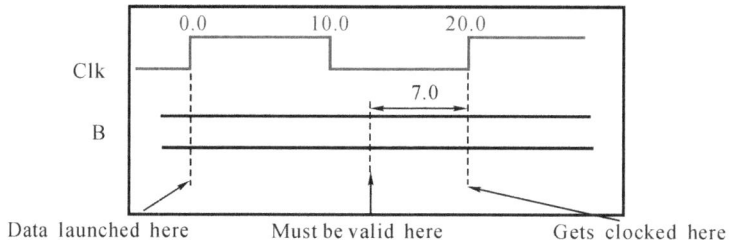

图 4.1.26

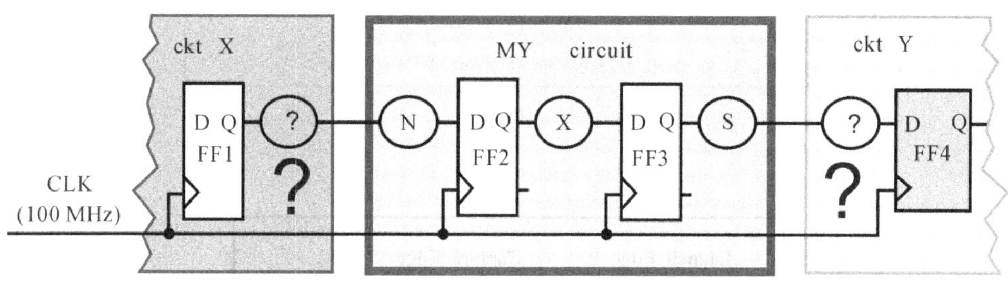

图 4.1.27

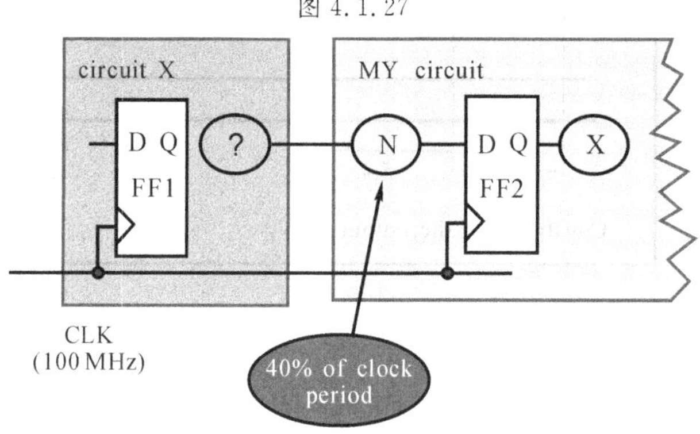

图 4.1.28

```
create_clock -period 10 [get_ports CLK]


set_input_delay -max 6 -clock CLK [all_inputs]
remove_input_delay [get_ports CLK]
set_output_delay -max 6 -clock CLK [all_outputs]
```

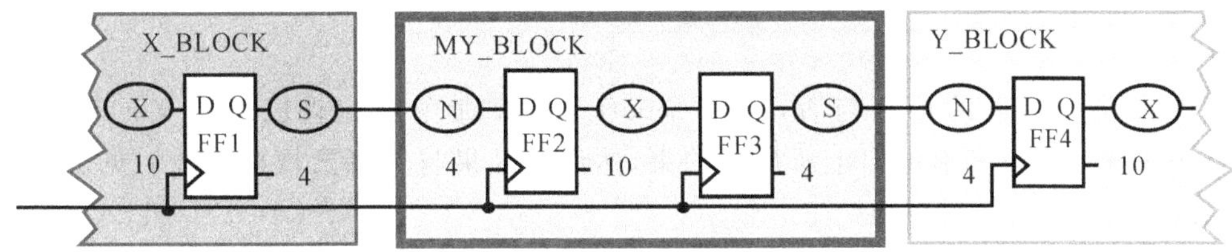

图 4.1.29

从上面的脚本可以看出，如果设计中的模块以寄存器的输出进行划分，时间预算将变得较简单。见图 4.1.30。

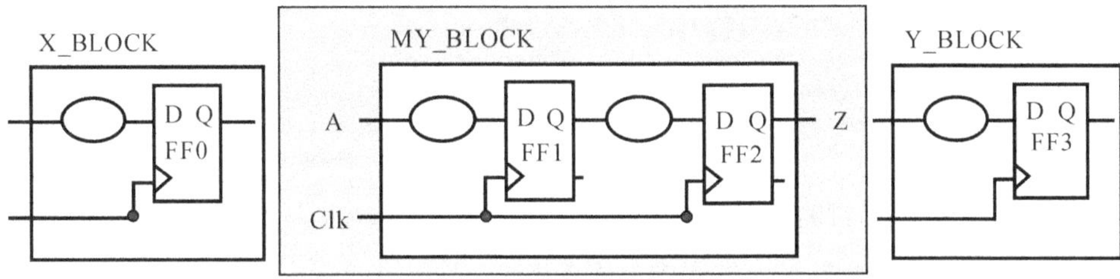

图 4.1.30

其时间预算如下：

例 4.1.2。

```
# Assume every block has registered outputs, 10ns clock:
create_clock -period 10 [get_ports CLK]

set all_in_ex_clk [remove_from_collection \
[all_inputs] [get_ports Clk]]
set_input_delay -max $clk_to_q -clock CLK $all_in_ex_clk
set_output_delay -max [expr 10 - $clk_to_q] -clock CLK [all_outputs]
```

为了使综合的结果最优化，达到设计目标，DC 要求对电路中所有的路径都加约束。用 create_clock、set_input_delay 和 set_output_delay 给设计加了约束后，我们要验证电路中还有没有未加约束的路径。用 check_timing 命令在电路中寻找未加约束的路径。如设计中有未加约束的路径，该命令会报告警告信息，并把这些路径列出来，见下例。

```
dc_shell-xg-t> check_timing
Warning: The following end-points are not constrained for maximum delay.
End point
-----------------------------------
OUT_VALID
PSW[0]
PSW[1]
PSW[2]
```

...

如果要验证约束的正确与否，可用 report_clock 命令来检查已经定义的时钟。用 report_port来检查在所有端口上所加的约束，然后将结果与你自己规格比较。见例 4.1.3 和 4.1.4。

例 4.1.3

```
dc_shell-xg-t> report_clock -attr -skew
Information: Updating design information... (UID-85)

* * * * * * * * * * * * * * * * * * * * 
Report : clocks
Design : RISC_CORE
Version: X-2005.09
Date : Tue Jan 3 20:29:06 2006
* * * * * * * * * * * * * * * * * * * * 

Attributes:
    d- dont_touch_network
    f- fix_hold
    p- propagated_clock
    G- generated_clock

Clock      Period    Waveform       Attrs      Sources
----------------------------------------------------------
my_clk     10.00     {0 5}          d          {Clk}
----------------------------------------------------------

* * * * * * * * * * * * * * * * * * * * 
Report : clock_skew
Design : RISC_CORE
Version: X-2005.09
Date : Tue Jan 3 20:29:21 2006
* * * * * * * * * * * * * * * * * * * * 

            Rise     Fall     Min Rise     Min fall       Uncertainty
Object      Delay    Delay    Delay        Delay        Plus      Minus
---------------------------------------------------------------------------
my_clk      —        —        —            —            0.25      0.25
1
```

```
dc_shell-xg-t>
```

例 4.1.4

```
dc_shell-xg-t> report_port -verbose

* * * * * * * * * * * * * * * * * * * * 
Report : port
        -verbose
Design : RISC_CORE
Version: X-2005.09
Date : Tue Jan 3 20:39:37 2006
* * * * * * * * * * * * * * * * * * * * 

Attributes:
d- dont_touch_network

                         Pin     Wire     Max     Max     Connection
Port                 Dir Load    Load     Trans   Cap     Class      Attrs
---------------------------------------------------------------------------
Clk                  in  0.0000  0.0000   --      --      --          d
Instrn[0]            in  0.0000  0.0000   2.00    0.35    --
......

                     Input Delay
                    Min             Max          Related    Max
Input Port       Rise     Fall     Rise    Fall      Clock      Fanout
---------------------------------------------------------------------------
Clk              --       --       --      --        --         --
Instrn[0]        --       --       1.00    1.00      my_clk     35.00
......

......

                     Output Delay
                    Min             Max          Related    Fanout
Output Port      Rise     Fall     Rise    Fall      Clock      Load
---------------------------------------------------------------------------
EndOfInstrn      --       --       1.00    1.00      my_clk     0.00
OUT_VALID        --       --       1.00    1.00      my_clk     0.00
```

```
PSW[0]          --      --      1.00      1.00      my_clk     0.00
......

1
dc_shell-xg-t>
```

在给设计添加约束的过程中，如果要删除已经加上的约束，可以用 reset_design 命令把它们删除。reset_design 命令会把当前设计中所有的属性和约束删除，执行完该命令后，当前设计没有任何的约束。我们一般使用脚本为设计设置约束。建议在给设计添加约束前，先执行 reset_design 命令，去掉所有的约束，然后添加新的约束。值得提醒的是，如果设计中用到多个约束脚本，只能在开始时用 reset_design 命令；否则，reset_design 命令将删除前面约束脚本已经加上的约束。

4.1.4　设计环境的约束

前一节，我们用 create_clock、set_input_delay 和 set_output_delay 命令为电路设置时序约束，见图 4.1.31。如果只用这三个命令为设计作约束，还遗漏了什么呢？

为了精确地描述每一条路径的延迟，还需要提供哪些物理信息呢？

为了保证 S 逻辑满足时序的要求，除了提供外部建立时间外，DC 还需要什么信息？

为了保证 N 逻辑满足时序的要求，除了提供外部输入延迟外，DC 还需要什么信息？

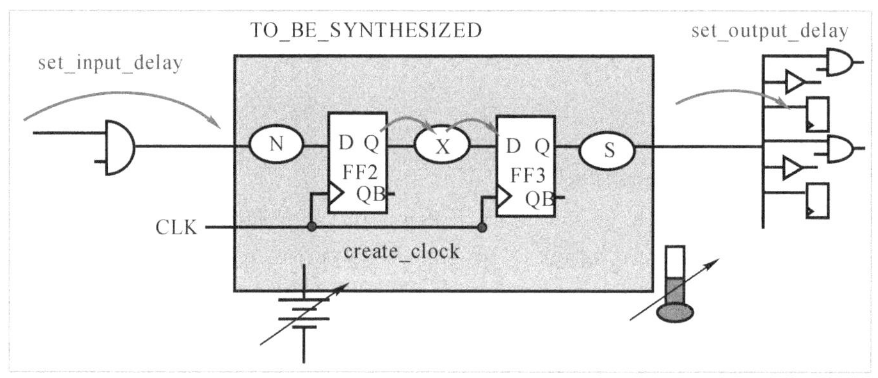

图 4.1.31

为了保证电路的每一条时序路径，特别是输入/输出路径延迟约束的精确性，我们还应该提供设计的环境属性，见图 4.1.32。

对于输出端，为了精确地计算输出电路的时间，DC 需要知道输出单元所驱动的总负载电容，见图 4.1.33。在 DC 中用 set_load 命令明确说明端口（输入或输出）上的外部电容负载。

在默认的情况下，DC 假设端口上的外部电容负载为 0。我们可以指定电容负载为某些常数值，也可以用 load_of 命令明确说明电容负载的值为工艺库中某一单元引脚的负载。

图 4.1.34 是用 set_load 命令的两个例子。

对于输入端，为了精确地计算输入电路的时间，DC 需要知道到达输入端口的转换

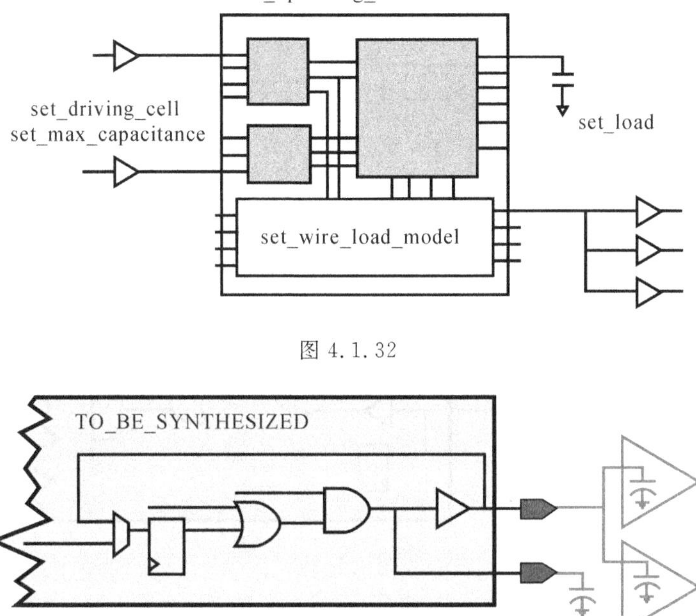
set_operating_conditions
set_driving_cell
set_max_capacitance
set_load
set_wire_load_model
TO_BE_SYNTHESIZED

图 4.1.32

图 4.1.33

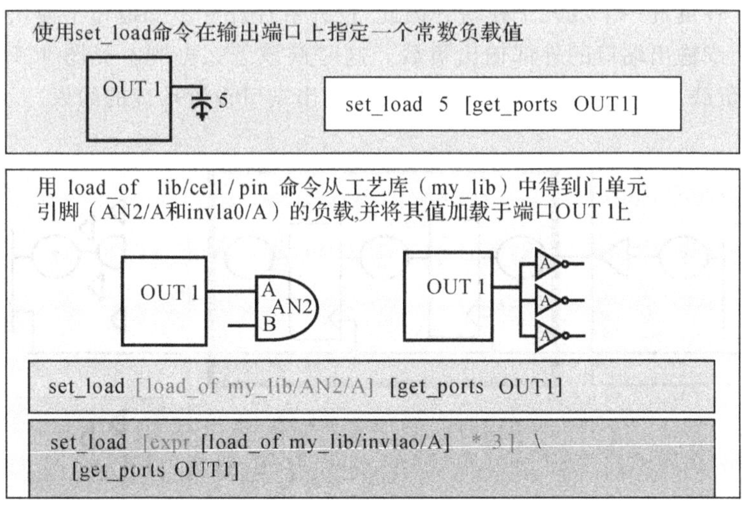
使用set_load命令在输出端口上指定一个常数负载值
OUT 1
5
set_load 5 [get_ports OUT1]
用 load_of lib/cell/pin 命令从工艺库（my_lib）中得到门单元引脚（AN2/A和invla0/A）的负载,并将其值加载于端口OUT 1上
OUT 1
A
AN2
B
OUT 1
A
A
A
set_load [load_of my_lib/AN2/A] [get_ports OUT1]
set_load [expr [load_of my_lib/invlao/A] * 3] \
[get_ports OUT1]

图 4.1.34

(transition)时间，见图 4.1.35。

在 DC 中用 set_driving_cell 命令明确说明输入端口是由一个真实的外部单元驱动。

在默认的情况下，DC 假设输入端口上的外部信号转换时间为 0。但是，如果我们用 set_driving_cell命令在输入端加上一个驱动单元，DC 将计算输入信号的实际转换时间，仿佛指定某一个库单元正在驱动它(输入端)。下面是使用 set_driving_cell 命令的例子。在图 4.1.36 中，输入端 IN1 由 FD1 的输出引脚 Q 驱动。

命令如下：

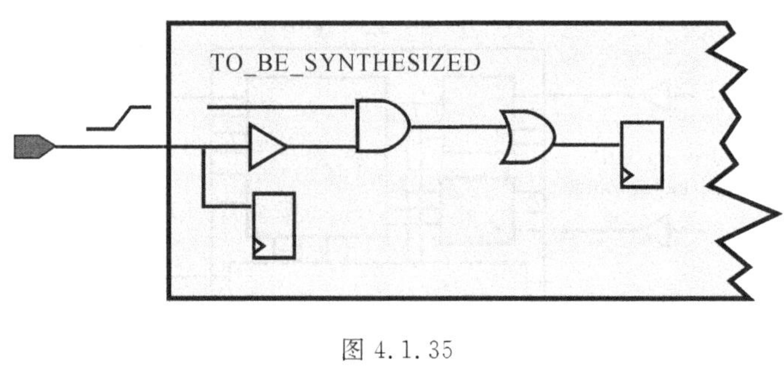

图 4.1.35

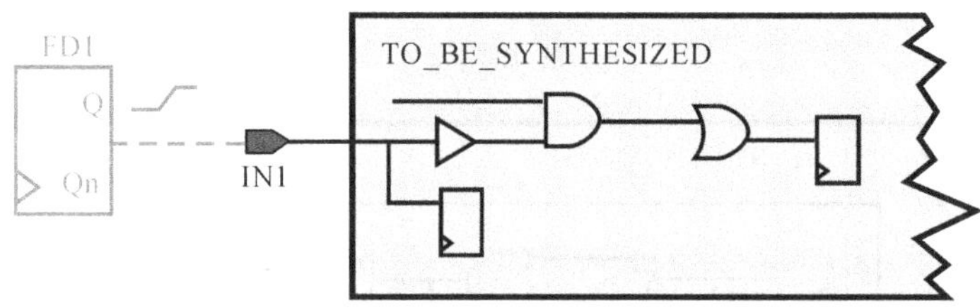

图 4.1.36

set_driving_cell -lib_cell FD1 -pin Q [get_ports IN1]

如果不用开关选项"-pin",DC 将使用所找到的第一只引脚。

如前节所述,进行 SOC 设计时,由于电路比较大,需要对设计进行划分。在一个设计团队中,每个设计者负责一个或几个模块。因此,设计者往往并不知道每个模块输入端口的外部驱动单元和/或输出端口的外部输出负载。这时候该怎么办呢?见图 4.1.37。这时,设计者可以通过负载预算(Load Budget),为输入/输出端口设置环境的约束。

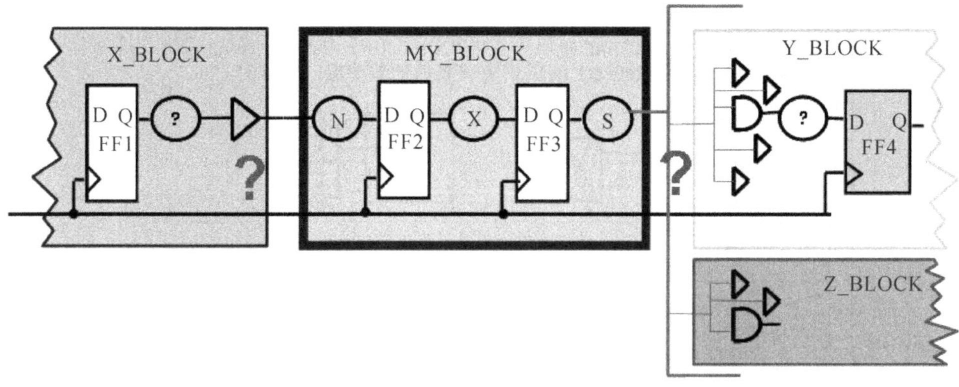

图 4.1.37

产生负载预算可用下面的规则:

1. 保守起见,假设输入端口由驱动能力弱的单元驱动;

2. 限制每一个输入端口的输入电容(负载);

3. 估算输出端口的驱动模块数目。

规则 1 和 3 前面已介绍,对于规则 2,我们可以通过在输入端口加限制性的设计规则做到。设计规则(design rule)一般是由半导体供应商提供,在设计者使用库单元时所强加的限制。工艺库中包含的设计规则,分别是"max_capacitance"、"max_transition"和"max_ fanout”。设计规则在下节再详细介绍。

下面脚本(load_budget.tcl)是图4.1.38负载预算的一个例子。原图的规格如下：

· 模块输入端口驱动的负载不大于10个“AND2”门的输入引脚的负载

· 模块输出端口最多允许连接3模块，如果某个输出端需要连接多于3个模块，我们要在代码中复制该输出端口

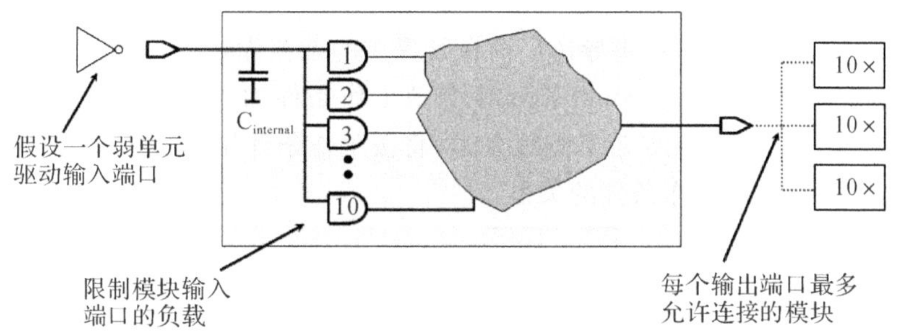

图4.1.38

脚本load_budget.tcl，见例4.1.5。

例4.1.5

```
current_design myblock
link
reset_design
source timing_budget.tcl ; #一上节的脚本!

set all_in_ex_clk [remove_from_collection \
[all_inputs] [get_ports Clk]]

# Assume a weak driving buffer on the inputs
set_driving_cell -lib_cell inv1a1 $all_in_ex_clk

# Limit the input load
set MAX_INPUT_LOAD [expr \
[load_of ssc_core_slow/and2a1/A] * 10]
set_max_capacitance $MAX_INPUT_LOAD $all_in_ex_clk

# Model the max possible load on the outputs, assuming
# outputs will only be tied to 3 subsequent blocks
set_load [expr $MAX_INPUT_LOAD * 3] [all_outputs]
```

脚本中set_max_capacitance命令限制附加在输入端口的电容负载值。

周围环境对电路的延迟也有很大的影响。工艺库单元通常用“nominal”电压和温度来

描述其特性，例如：

```
nom_process : 1.0;
nom_temperature : 25.0;
nom_voltage : 1.8;
```

如果电路在不同于"nominal"电压和/或温度的条件下工作，我们需要为设计设置工作条件(Operating Conditions)。半导体厂商在其提供的工艺库中，一般会放入不同的工作条件，我们可以用 set_operating_conditions 命令把工作条件加入到设计上。综合时，原来按"nominal"环境计算出的单元延迟和连线延迟，将按工作条件作适当的比例调整。

图 4.1.39 为延迟与工作条件的关系。

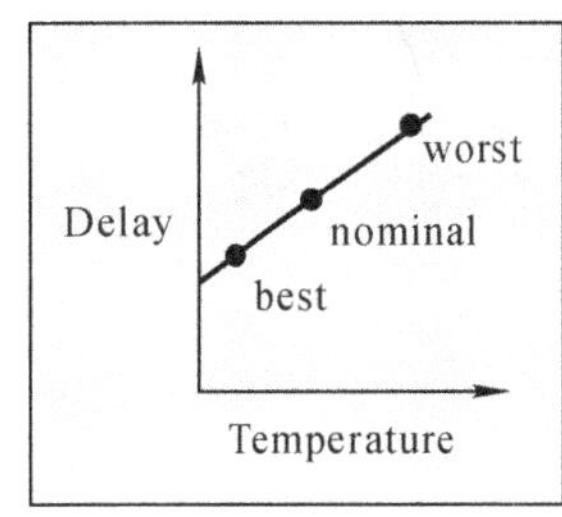

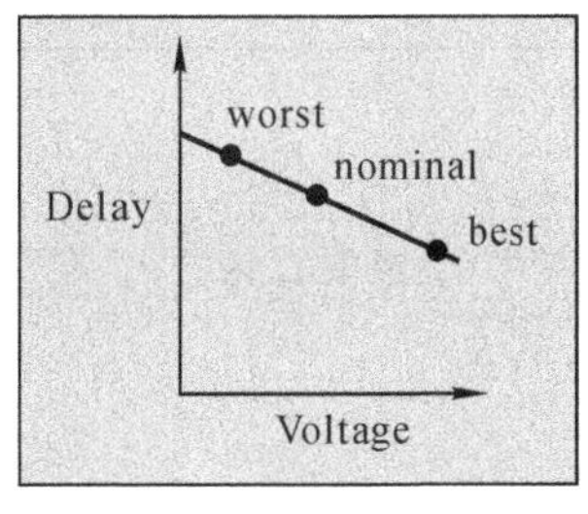

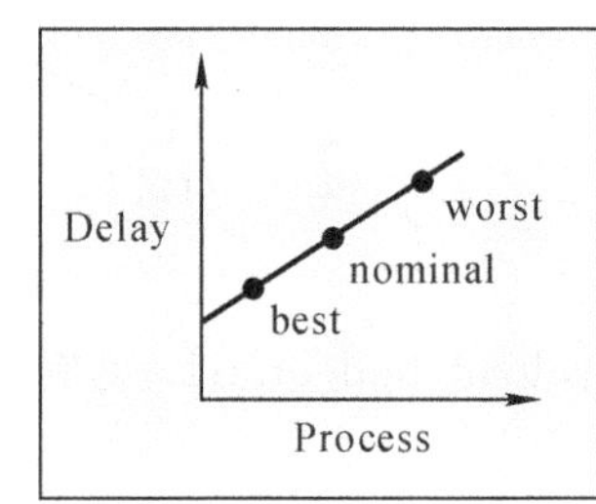

图 4.1.39

工艺库中通常指定一个默认的工作条件，我们可以用 report_lib libname 命令把厂商提供的所有工作条件列出来，例如：

Operating Conditions:

Name	Library	Process	Temp	Volt
typ_25_1.80	my_lib	1.00	25.00	1.80
slow_125_1.62	my_lib	1.05	125.00	1.62
fast_0_1.98	my_lib	0.93	0.00	1.98

设置工作条件可用下面命令：

```
set_operating_conditions -max "slow_125_1.62"
```

在计算时序路径延迟时，除了需要知道门单元延迟外，还需要知道连线的延迟。见图 4.1.40。

门单元的延迟一般用非线性延迟模型(non-linear delay model)算出。半导体厂商提供的工艺库中，有两个二维表格，根据门单元的输入转换时间和输出负载在表中找出门单元的延迟以及其输出转换时间。输出转换时间又作为下一级电路的输入转换时间。门单元的延迟下章再详细介绍。连线的延迟目前一般用(连)线负载模型(Wire Load Model，简称 WLM)估算，半导体厂商提供的工艺库中，包括了线负载模型。WLM 是厂商根据多种已经生产出来芯片的统计结果。在同样的工艺下，计算出在某个设计规模范围内(例如门数为 0～43478.00，门数为 43478.00～86956.00，等等)负载扇出为 1 的连线的平均长度，负载扇

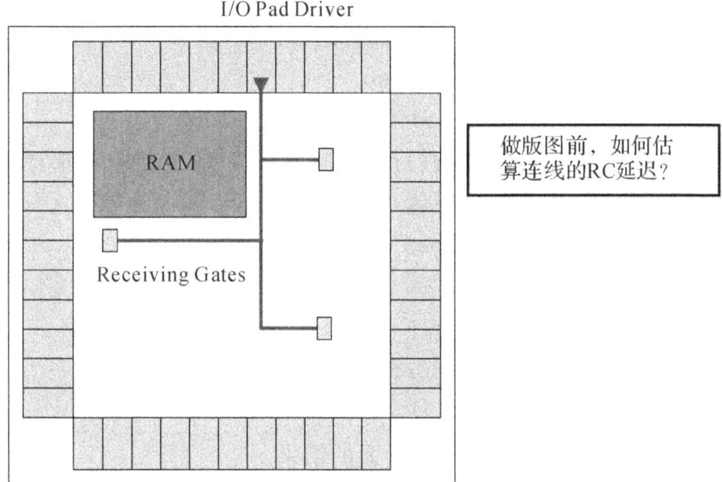

图 4.1.40

出为 2 的连线的平均长度，负载扇出为 3 的连线的平均长度，等等。库中，还提供了连线单位长度的电阻值、电容值和面积。根据这些数值，DC 计算负载扇出为 1 的连线的延迟，负载扇出为 2 的连线的延迟等等。

WLM 是根据连线的扇出来估算连线的 RC 寄生参数，一般情况下，由半导体厂商建立，厂商根据已生产出来的其他设计统计出该工艺的连线寄生参数。当然用户也可以建立自己的线负载模型（Custom WLM）。本文不介绍自建的 WLM。

连线负载模型的格式如图 4.1.41 所示。

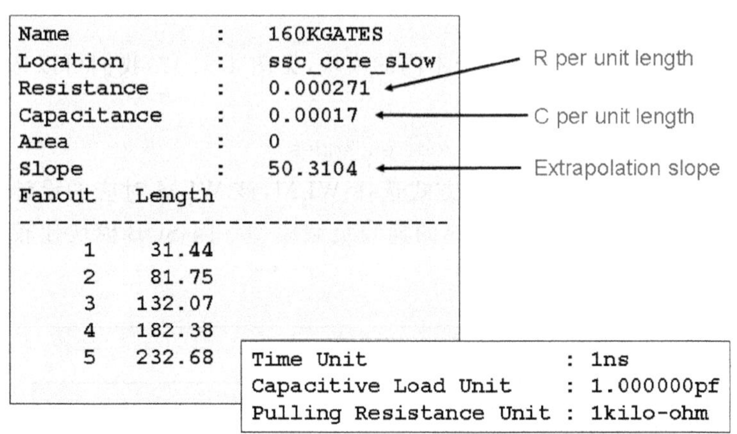
```
Name          :  160KGATES
Location      :  ssc_core_slow
Resistance    :  0.000271
Capacitance   :  0.00017
Area          :  0
Slope         :  50.3104
Fanout   Length
-----------------------------------
     1     31.44
     2     81.75
     3    132.07
     4    182.38
     5    232.68

Time Unit                  : 1ns
Capacitive Load Unit       : 1.000000pf
Pulling Resistance Unit    : 1kilo-ohm
```


图 4.1.41

如 DC 遇到连线的扇出大于模型中列出的最大扇出值，它将使用外推斜率（Extrapolation slope）来计算连线的长度。上例中，如果连线的扇出为 7，而连线负载模型中最大扇出是 5，连线的其长度计算如下：

232.68 ＋ 50.3104 ＊ （7－5） ＝ 333.3008

这条连线的电容和电阻分别是：

333.3008 ＊ 0.00017 ＝ 0.0566 pF

333.3008 * 0.000271 = 0.0903 kΩ

DC 中，我们可以用手工的方式选择 WLM，例如：

```
dc_shell-xg-t> current_design addtwo
dc_shell-xg-t> set_wire_load_model -name 160KGATES
```

也可以让 DC 自动地选择 WLM。进行综合时，默认的方式是自动选择 WLM。如果要关掉自动选择 WLM，在 DC 中作如下设置：

```
dc_shell-xg-t> set auto_wire_load_selection false
```

如果要查看工艺库中的 WLM，可用下面命令：

```
dc_shell-xg-t> report_lib ssc_core_slow
```

DC 将列出指定库中的所有 WLM，见下面的结果。

```
        Selection            Wire load name
min     area        max area
------------------------------------------------------------
        0.00        43478.00            5KGATES
43478.00            86956.00            10KGATES
86956.00            173913.00           20KGATES
173913.00           347826.00           40KGATES
347826.00           695652.00           80KGATES
```

如果连线穿越层次边界，连接两个不同的模块，见图 4.1.42，我们可以选择比较不悲观的方式，即用命令：

```
dc_shell-xg-t> set_wire_load_mode enclodes
```

来计算该连线的延迟。用 enclosed 的方式选择 WLM，该 WLM 对应的设计完全地包住这条连线，这时 DC 将选择 SUB 模块对应的连线负载模型。因 SUB 模块比较 TOP 设计小，所以连线的延迟比较短(较 top 的模式)。

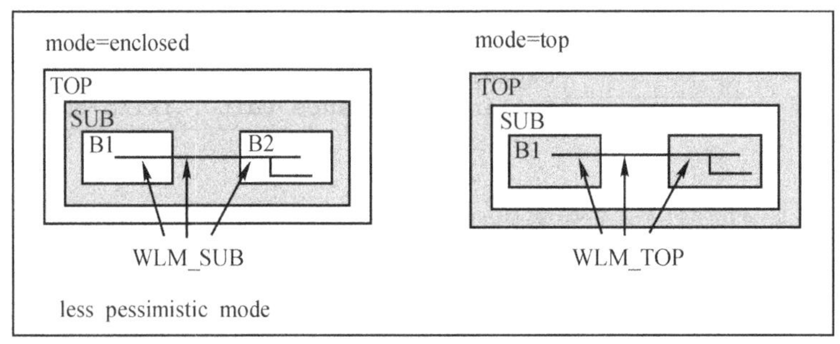

图 4.1.42

我们也可以选择比较悲观的形式，即用命令：

```
dc_shell-xg-t> set_wire_load_mode top
```

来计算该连线的延迟。这时,top 为顶层设计,电路的规模比 SUB 模块大,连线负载模型最悲观。因此,连线的延迟最大。

根据这两节介绍的约束,按照表 4.1.1 提供的规格,写出设计的约束脚本。该脚本要适用于一个较大规模 ASIC 的每个子模块,见例 4.1.6。

表 4.1.1

Clock Speed	125 MHz
Input logic uses 40% of clock period	3.2 ns
Output logic uses 40% of clock period	3.2 ns
Operating at 125℃ and 1.62 volts	slow_125_1.62
Wire load Model	40KGATES
Cell driving inputs	inv1a1
Maximum input capacitance at input ports	10x pin "A" of buf1a1
Number of blocks driven by outputs	4

例 4.1.6.

```
reset_design
set all_in_ex_clk [remove_from_collection \
    [all_inputs] [get_ports Clk]]

create_clock -period 8 [get_ports Clk]
set_input_delay -max 4.8 -clock Clk $all_in_ex_clk
set_output_delay -max 4.8 -clock Clk [all_outputs]

set_operating_condition -max slow_125_1.62
set_wire_load_model -name 40KGATES
set_driving_cell -lib_cell inv1a1 $all_in_ex_clk

set MAX_LOAD [expr [load_of ssc_core_slow/buf1a1/A] * 10]
set_max_capacitance $MAX_LOAD $all_in_ex_clk
set_load [expr $MAX_LOAD * 4] [all_outputs]
```

4.1.5　多时钟同步设计的时序约束

我们先看一下图 4.1.43,设计中有多个时钟信号。

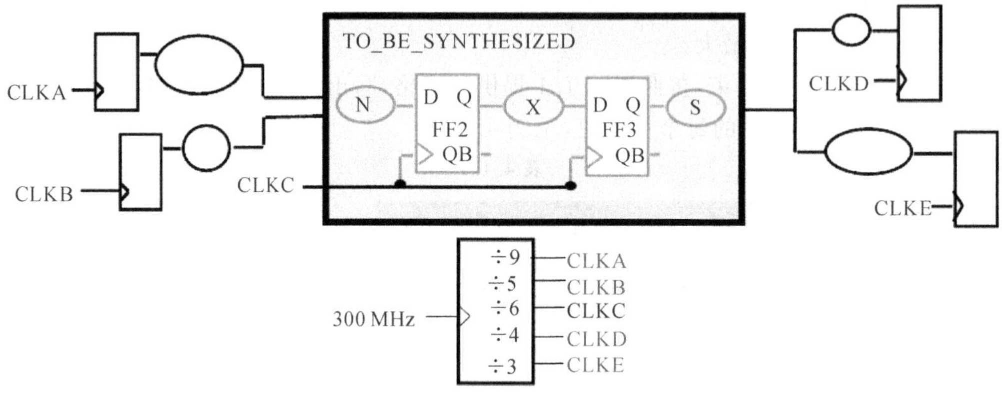

图 4.1.43

所有的时钟信号来自同一个时钟源，分别由 300MHz 的时钟源经 9 分频、5 分频、6 分频、4 分频和 3 分频得到，因此设计为同步电路。在我们要综合的电路中，只有一个时钟端口 CLKC，即只有 CLKC 时钟驱动要综合电路中的寄存器。其他的时钟 CLKA、CLKB、CLKD 和 CLKE 在我们要综合的电路中并没有对应的时钟端口。因此，它们并不驱动要综合电路中的任何寄存器。它们主要用于为输入/输出端口作约束，可能会出现一个端口有多个约束的情况。

那么如何为多时钟的同步设计作约束呢？

我们看图 4.1.44。

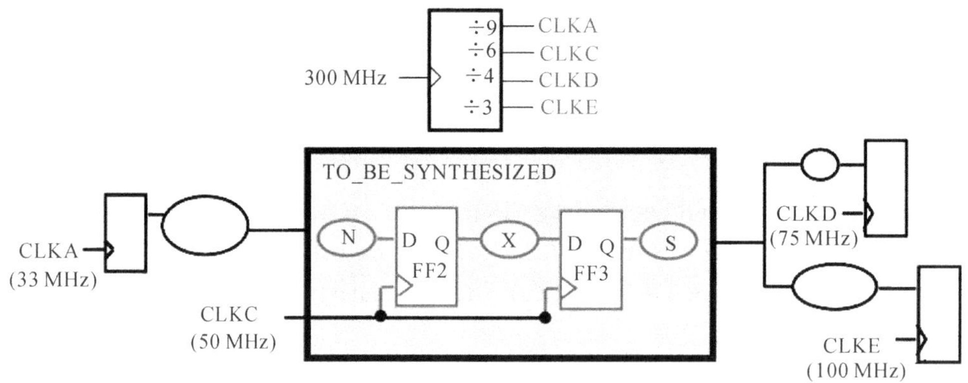

图 4.1.44

设计中所有的时钟由 300MHz 的时钟源分频而得到，因此是同步电路。CLKC 在要综合的设计中有对应的输入端口，其定义与单时钟时一样，即：

```
create_clock -p 20 [get_ports CLKC]
```

由于 CLKA、CLKD 和 CLKE 在要综合的设计中没有对应的输入端口，因此需要使用虚拟(virtual)时钟。虚拟时钟在设计里并不驱动触发任何的寄存器，它主要用于说明相对于时钟的 I/O 端口延迟。DC 将根据这些约束，决定设计中最严格的约束。

例 4.1.7

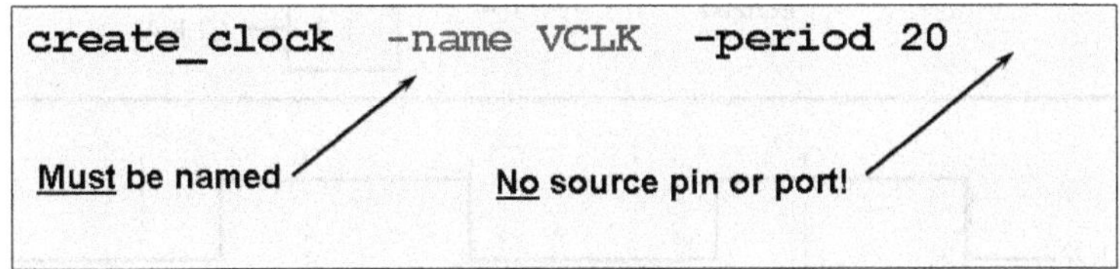

例 4.1.7 定义了虚拟时钟，因为虚拟时钟不驱动设计中的任何寄存器，设计中没有其对应的输入端口，所以定义中没有源端口或引脚。由于虚拟时钟没有对应的时钟端口，我们必须给它一个名字。与一般时钟一样，虚拟时钟是 DC 的内存里已定义的时钟物体，它(们)不驱动(触发)当前设计中的任何寄存器，用作为输入/输出端口设置延迟。

例 4.1.8

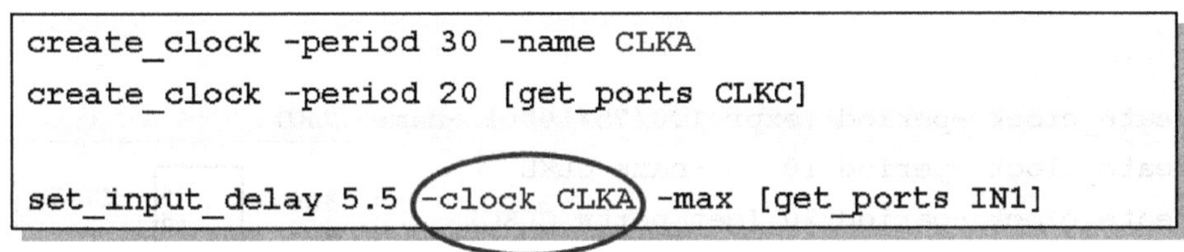

create_clock -period 30 -name CLKA
create_clock -period 20 [get_ports CLKC]
set_input_delay 5.5 -clock CLKA -max [get_ports IN1]

例 4.1.8 是图 4.1.45 输入端口的约束。

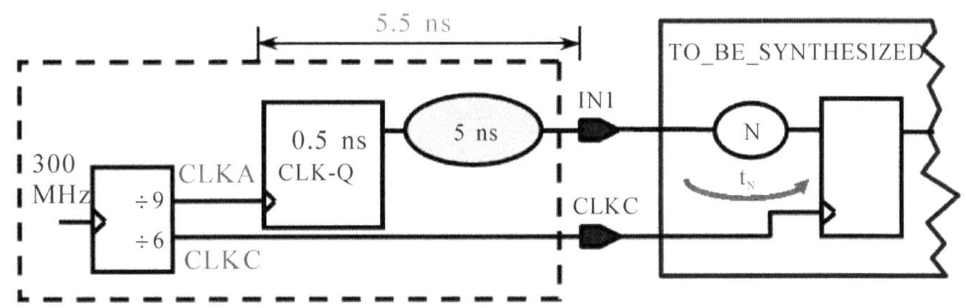

图 4.1.45

其输入端口的时序关系如图 4.1.46 所示。

如波形图所示，要综合电路的输入部分 N 必须满足

$20-5.5-t_{setup}$和 $10-5.5-t_{setup}$两个等式中最严格的情况，即：

$t_N < 10-5.5-t_{setup}$

对于输出电路，我们用同样的方法定义虚拟时钟和施加约束，见例 4.1.9 和图 4.1.47。

在例 4.1.9 中，第二个“set_output_delay”命令里，使用了选项“-add_delay”，意思是输出端口 OUT 有两个约束。如果不加选项“-add_delay”，第二个“set_output_delay”命令将覆盖(取代)第一个“set_output_delay”命令，这时，输出端口 OUT 只有一个约束。

时钟 CLKD 的频率为 75MHz(300MHz/4)。为了计算时钟周期，我们需要用实数来得到时钟的周期。要注意[expr 1/75 * 1000]与[expr 1.0/75 * 1000]的结果是不同的，前者为 0，后者为一个不为 0 的实数。

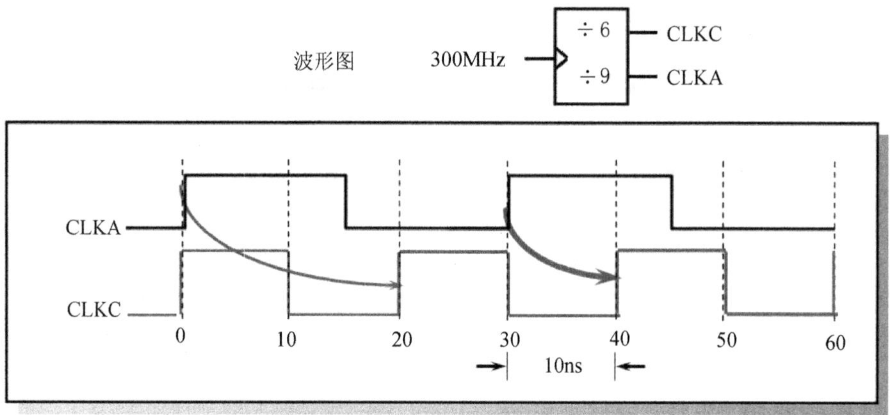

图 4.1.46

例 4.1.9

```
create_clock -period [expr 1.0/75*1000] -name CLKD
create_clock -period 10     -name CLKE
create_clock -period 20 [get_ports CLKC]

set_output_delay -max 2.5 -clock CLKD [get_ports OUT1]
set_output_delay -max 4.5 -clock CLKE -add_delay [get_ports OUT1]
```

300 MHz ÷4 CLKD ÷6 CLKC ÷3 CLKE

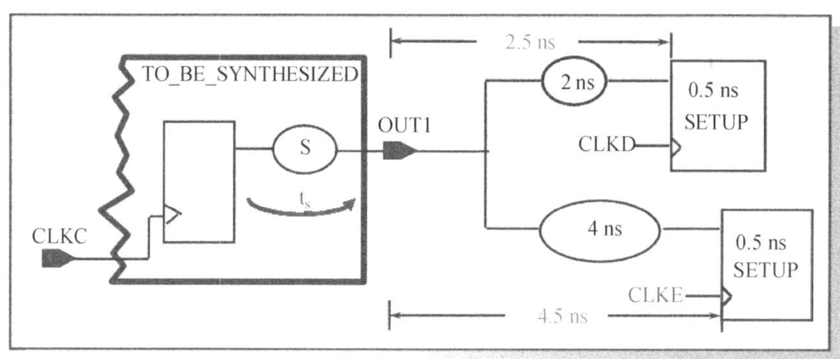

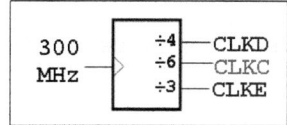

图 4.1.47

例 4.1.9 和图 4.1.47 的输出端口的时序关系如图 4.1.48 所示。如波形图所示，要综合电路的输出部分 S 必须满足

$t_S < 10-4.5$ 和 $t_S < 6.7-2.5$

两个等式中最严格的情况，即：

$t_S < 6.7-2.5$

综合时，DC 计算出所有时钟的公共基本周期(common base period)，计算出每个可能的数据发送/数据接收时间，按最严格的情况对电路进行综合。这样可以保证得到的结果能满足所有的要求(约束)，达到设计目标。

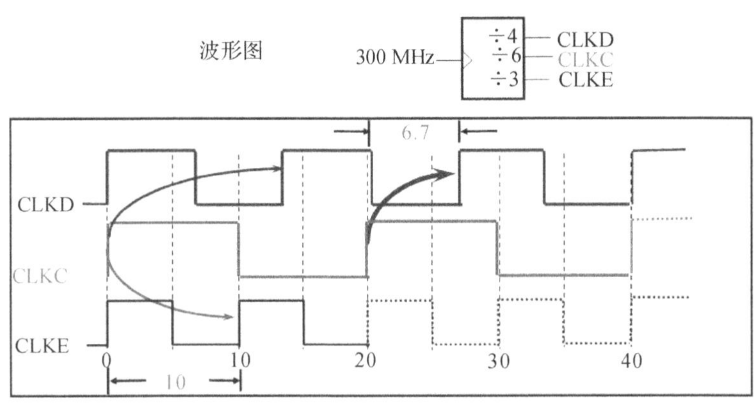

图 4.1.48

4.1.6　异步设计的时序约束

异步电路见图 4.1.49。

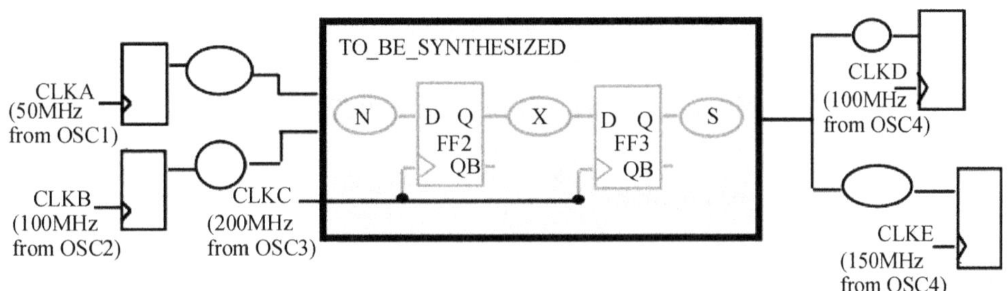

图 4.1.49

电路中，所有时钟来自不同的时钟源。时钟之间是不同频率或同频不同相的关系。一些时钟在我们的设计里没有对应的端口。进行异步电路设计时，设计者要注意会产生亚稳态，导致某些寄存器的输出为不定态。

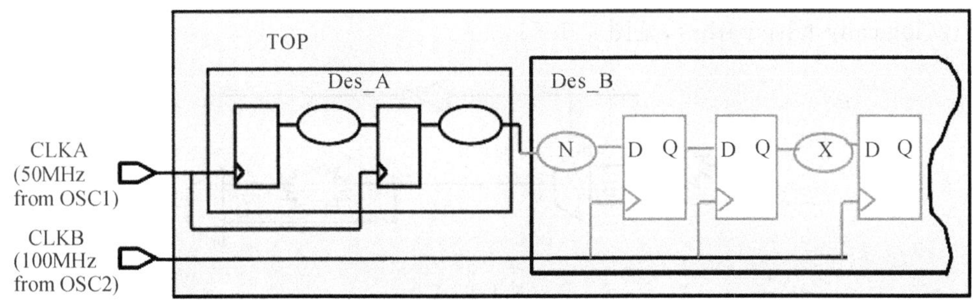

图 4.1.50

为了避免产生亚稳态问题，可以考虑在设计中使用双时钟、不易到亚稳态的触发器(double-clocking、metastable-hard Flip-Flops)或使用双端口(dual-port)的 FIFO 等等。对于穿越异步边界的任何路径，我们必须禁止对这些路径做时序综合。由于不同时钟源的时钟之间相位关系是不确定的，一直在变，对跨时钟域的路径作时间约束是毫无意义的。因此我们不要浪费 DC 的时间，试图使异步路径“满足时序要求”。

对于图 4.1.50 所示的电路，我们可用 set_false_path 命令为跨时钟域的路径作约束(其实是解除时间约束)。见例 4.1.10。

例 4.1.10

```
current_design TOP

# Make sure register-register paths meet timing
create_clock -period 10 [get_ports CLKA]
create_clock -period 10 [get_ports CLKB]

# Don't optimize logic crossing clock domains
set_false_path -from [get_clocks CLKA] -to [get_clocks CLKB]
set_false_path -from [get_clocks CLKB] -to [get_clocks CLKA]

compile -scan
```

如果设计中的所有时钟都是异步的，可用下面命令为跨时钟域的路径做约束。

```
set DESIGN_CLOCKS [all_clocks]
foreach_in_collection T_CLK $DESIGN_CLOCKS {
set_false_path -from $T_CLK -to \
[remove_from_collection [all_clocks] $T_CLK]
}
```

用 set_false_path 命令对路径作时序约束后，DC 做综合时，将中止对这些路径做时间的优化。set_false_path 命令除了可以用于约束异步电路外，还可以用于约束逻辑上不存在的路径(logically false paths)，见图 4.1.51。

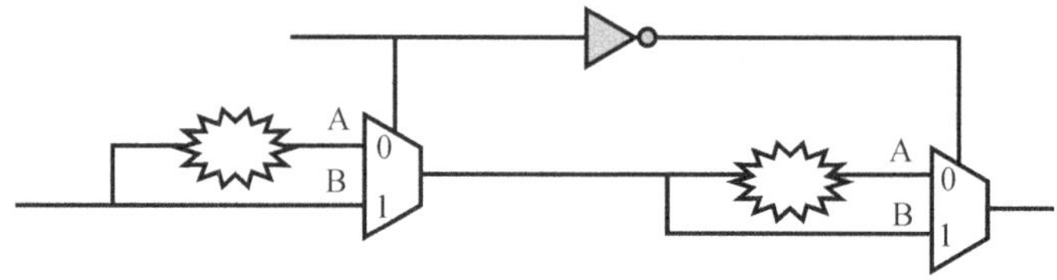

图 4.1.51

图中，前面的 MUX 的 A1 引脚和后面的 MUX 的 A2 引脚之间的逻辑通路并不存在。同样，前面的 MUX 的 B1 引脚和后面的 MUX 的 B2 引脚之间的逻辑通路也不存在。

在 DC 中，伪路径“false path”称为时序例外(timing exceptions)。逻辑伪路径(logically false path)是一条物理上存在的路径。从点 A1 到点 A2 之间有一条物理上的连接路径，但是点 A1 输入信号并不通过这条路径传输到 A2。

我们可以用 report_timing_requirements 命令报告设计中所有的例外(包括有效的例外和无效的例外)。在 report_timing_requirements 命令加选项“-ignored”,将把无效的例外报告出来。见例 4.1.11。

例 4.1.11

```
dc_shell-xg-t> report_timing_requirements -ignored

Description                                   Setup         Hold
-----------------------------------------------------------------------

NONEXISTENT PATH                              FALSE         FALSE
      -from { IO_PCI_CLK\pclk }\
      -to { IO_SDRAM_CLK\SDRAM_CLK}
INVALID FROM OBJECT                           FALSE         FALSE
      -from FF1/Q
```

上面的报告中,我们可以知道,从引脚{IO_PCI_CLK\pclk}到引脚{IO_SDRAM_CLK\SDRAM_CLK}并不存在时序路径。引脚{IO_SDRAM_CLK\SDRAM_CLK}不是时序路径的终点(根据定义,时序路径的终点必须是输出端口或寄存器的数据输入引脚);引脚 FF1/Q 不是时序路径的起点(根据定义,时序路径的起点必须是输入端口或寄存器的时钟引脚)。

注意:report_timing_requirements 命令无“-valid”选项。该命令的所有选项如下:

```
dc_shell-xg-t> report_timing_requirements -help
Usage: report_timing_requirements # report timing_requirements
    [-attributes] (path timing attributes)
    [-ignored] (ignored path timing attributes)
    [-from <from_list>] (from clocks, cells, pins, or ports)
    [-through <through_list>] (list of path through points)
    [-to <to_list>] (to clocks, cells, pins, or ports)
    [-expanded] (report exceptions in expanded format)
    [-nosplit] (do not split lines when column fields overflow)
```

要去掉任何不要的例外,可使用 reset_path 命令,例如:

```
dc_shell-xg-t> reset_path -from FF1/Q
```

4.1.7　保持时间(Hold Time)

我们再看寄存器之间的最小延迟。图 4.1.52(a)中,保持时间的波形关系见图 4.1.52(b)。

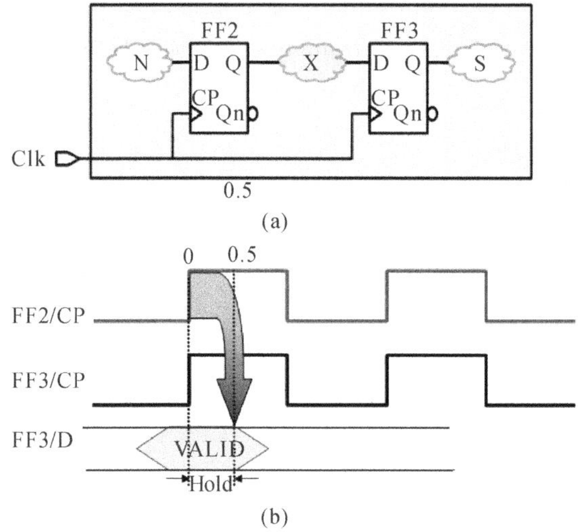

图 4.1.52

在时钟上升沿，时钟信号 FF3/CP 把 FF3 的引脚 D 信号采样到寄存器的输出引脚。此外，前级寄存器 FF2 的输出也可能发生变化。因此，为了使寄存器 FF3 不进入亚稳态，除了寄存器之间的逻辑 X 的最大延迟要小于 $T_{cycle}-T_{setup}-T_{clk\text{-}q}$ 外，FF2/Q 信号的变化传输到 FF3/D 的时间应大于 T_{hold}，即 X 逻辑的最小延迟要大于 T_{hold}，见图 4.1.53。

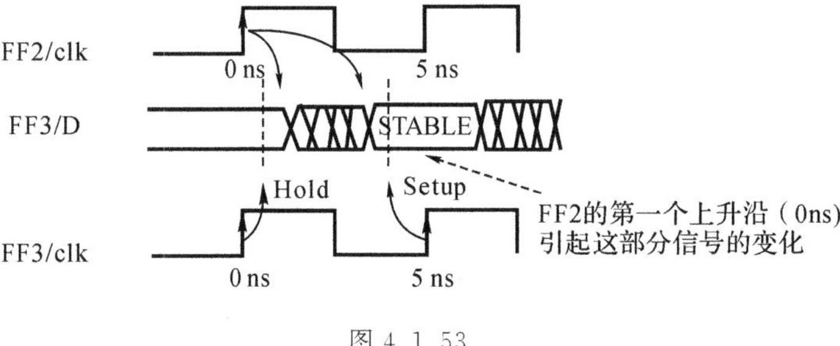

图 4.1.53

如果要同时考虑时钟的偏差（uncertainty），见图 4.1.54(a)，时序关系的波形为图4.1.54(b)。

这时，寄存器之间逻辑 X 的最小延迟要大于 $T_{skew}+T_{hold}$。本例中 $T_{skew}=0.5$。保持时间受下面因素影响：

- 时钟树网络的时间偏差（clock skew）
- 工作条件
- 寄存器的保持参数

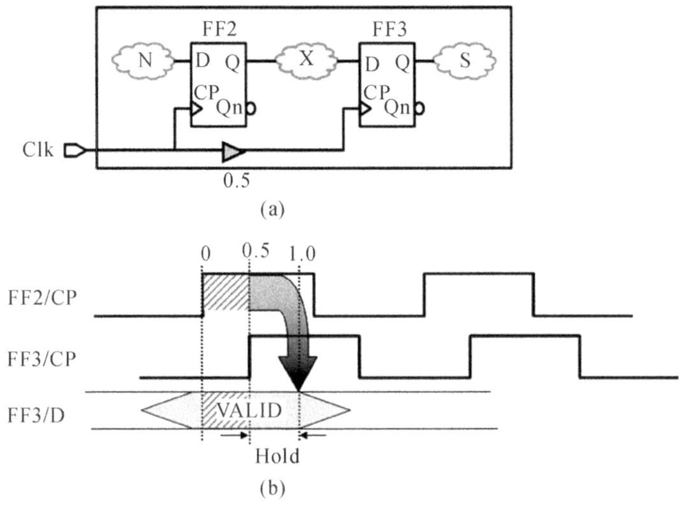

图 4.1.54

4.2　复杂时序约束

前面介绍的设计约束中，我们使用时钟的默认行为作为电路约束，即信号的变化要在一个时钟周期内完成，并达到稳定值，以满足寄存器的建立和保持的要求。但是在有些设计中，某些特别的路径并不能或不需要在一个时钟内完成，只需在规定的数个时钟周期内完成信号的变化就可以了。一些设计中，为了降低电路的功耗，加入门控时钟（Gated Clock）。一般的设计中，往往有多个时钟。对于同步电路，多个时钟常常用分频电路实现。作可测性设计（design for test）时，为了提高测试的覆盖率，我们经常使用多路（multiplex，简称 mux）传输电路的控制时钟，使电路的时钟信号可以由输入端直接控制。

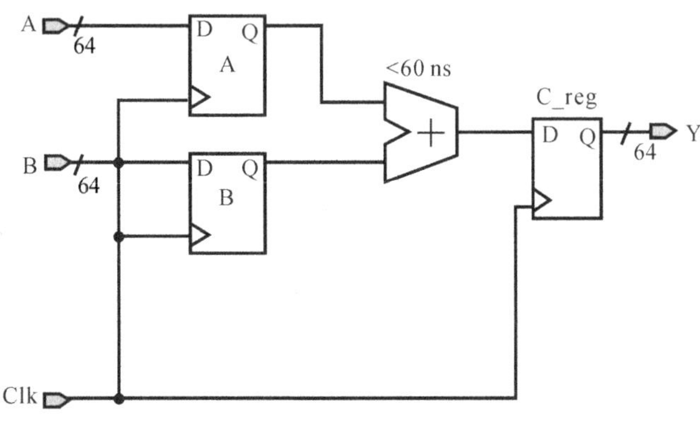

图 4.2.1

4.2.1　多时钟周期（Multi-Cycle）的时序约束

图 4.2.1 中，时钟 clk 的周期定义为 10 ns，按设计规格，加法器的延迟约为 6 个时钟周期。该如何约束设计呢？

例 4.2.1 是多时钟周期的时序约束。

例 4.2.1

```
create_clock -period 10 [get_ports CLK]
set_multicycle_path 6 -setup -to [get_pins C_reg[ * ]/D]
```

其相应的时序关系如图 4.2.2 所示。

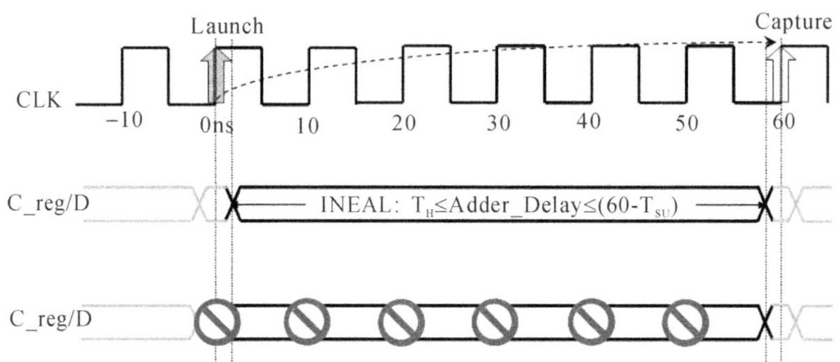

图 4.2.2

默认的时序约束是，在时钟触发沿，如果寄存器的数据输入引脚 D 信号变化，不满足建立(setup)和保持(hold)时间的要求，将产生亚稳态，寄存器的输出为不定态。

加了例 4.2.1 的约束后，DC 将仅仅在第 6 个上升沿，即 60 ns 作建立的分析。这时，加法器的最大允许延迟是：

$60 - T_{setup\_time} - T_{uncertainty} - T_{clk\text{-}Q}$

那么，DC 何时做保持分析呢？

上节介绍过，默认的保持分析时间在建立分析的前一周期，见图 4.1.53。在多时钟周期的设计里，DC 将在 50 ns 分析电路有无违反保持要求，见图 4.2.3。即要求加法器的最小允许延迟是：

$50 + T_{hold\_time} + T_{uncertainty}$

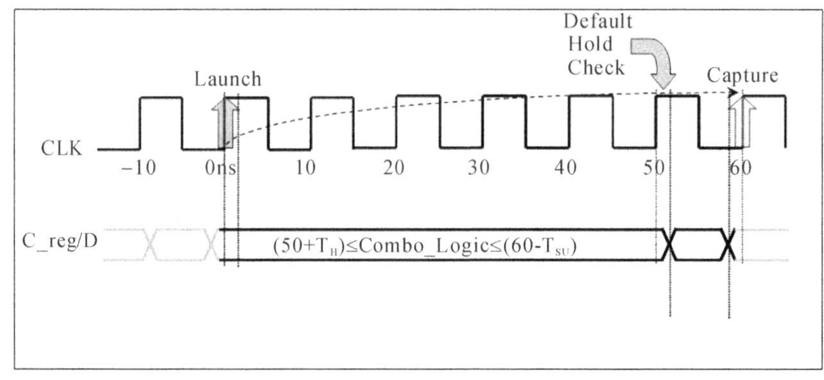

图 4.2.3

要用 DC 综合出一条路径使其建立时间满足 60 ns 的要求，并且同时满足保持时间 50 ns 的要求实际上是没有必要的，这样做会增加电路的复杂度。在时间为 60 ns 的时刻，引起寄存器 C_reg 的 D 引脚信号变化的是时钟 CLK 在 0 ns 时刻的触发沿。此刻(在 0ns 时),时钟 CLK 把寄存器 A_reg 和 B_reg 的 D 引脚信号采样到它们的输出端,再通过加法器,把信号传输到寄存器 C_reg 的 D 引脚。由此可见,需要对保持时间作调整,应在 0ns 时做保持时间的检查。正确的保持约束脚本见例 4.2.2。

例 4.2.2

```
create_clock -period 10 [get_ports CLK]
set_multicycle_path -setup 6 -to [get_pins C_reg[*]/D]
set_multicycle_path -hold 5 -to [get_pins C_reg[*]/D]
```

第三行命令中使用了选项"-hold 5",它代替了默认值"-hold 0"。

这时候,设计的约束关系见图 4.2.4。

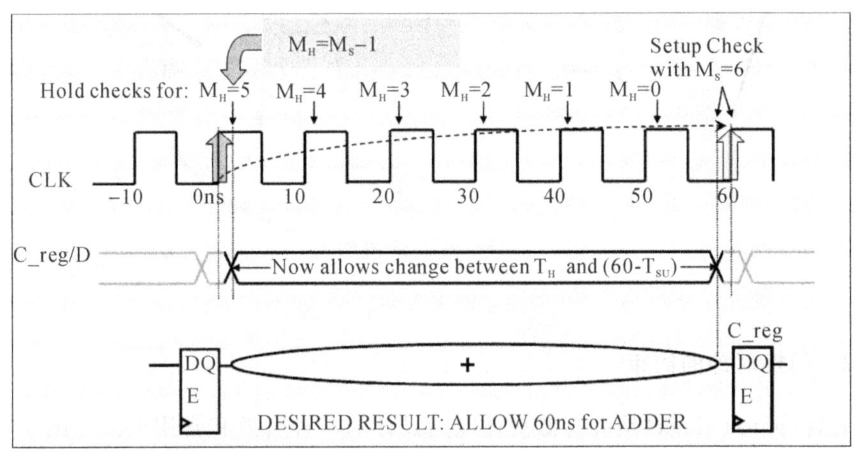

图 4.2.4

保持时间的分析提早了 5 个周期。加法器的允许延迟是:

$T_{hold_time}+T_{uncertainty}<$加法器的允许延迟$<60-T_{setup_time}-T_{uncertainty}-T_{clk\text{-}Q}$

电路可用图 4.2.5 所示的电路来实现。

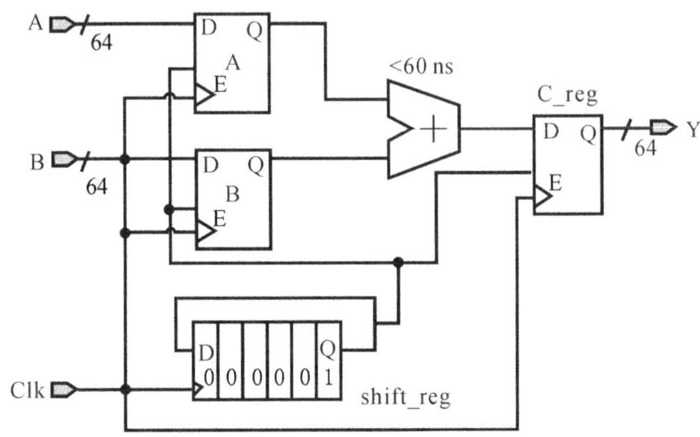

图 4.2.5

图中的使能信号允许数据变化,并且仅在期望的时钟沿接收数据。设计者必须在设计时考虑如何在电路中加入使能电路。

图 4.2.6 是另一个多时钟周期的例子，图中要求寄存器间的乘法运算为两个时钟周期，加法运算为默认的一个时钟周期。其约束为：

```
create_clock -period 10 [get_ports clk]
set_multicycle_path -setup 2 -from FFA/CP \
-through Multiply/Out -to FFB/D
set_multicycle_path -hold 1 -from FFA/CP \
-through Multiply/Out -to FFB/D
```

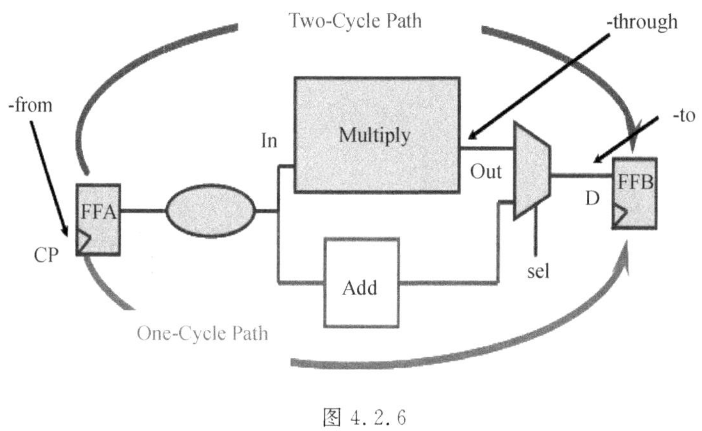

图 4.2.6

4.2.2 门控时钟的约束

门控时钟(gated clock)是进行低功耗电路设计的一种有效和常用方法。图 4.2.7(a)是使用门控时钟的一个例子。

理想的和有问题的门控时钟电路输出波形见图 4.2.7(b)。图中，时钟的控制边沿为上升沿，门控使能信号在逻辑高电平起作用(被激活)。

图中可见，如果门控使能信号 Cgate 在时钟信号 CLK 的控制边沿(上升沿)前不被激活(0→1)，而是在时钟信号的控制边沿后被激活。这时，门控电路的输出会产生毛刺(glitches)。同样，如果门控使能信号 Cgate 在时钟信号 CLK 的非控制边沿(下降沿)前被灭活(1－>0)，这时，门控电路的输出也会产生毛刺。门控时钟电路对使能信号的约束如图 4.2.8 所示。其约束脚本见例 4.2.3。

例 4.2.3

```
create_clock -period 10 [get_ports CLK]
set_dont_touch_network [get_clocks CLK]
set_clock_gating_check -setup 0.5 -hold 0.5 [current_design]
```

DC 能自动辨认门控时钟电路。综合时，DC 将根据上述的约束在门控时钟电路中增加/删除逻辑以满足门控使能信号的建立和保持时间要求。

有两种门控时钟单元，一种是无锁存器(latch free)门控时钟单元，另一种是基于锁存器(latch based)门控时钟单元。图 4.2.7 电路中的门控时钟单元是无锁存器的门控单元。基

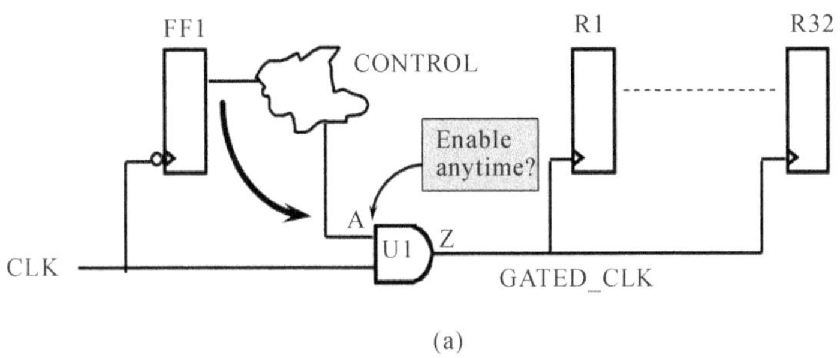

(a)

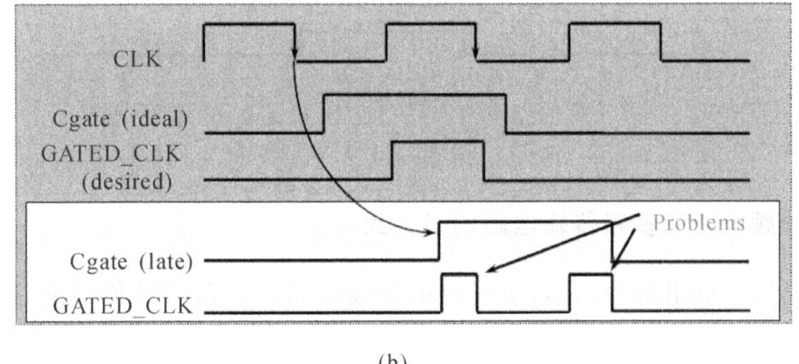

(b)

图 4.2.7

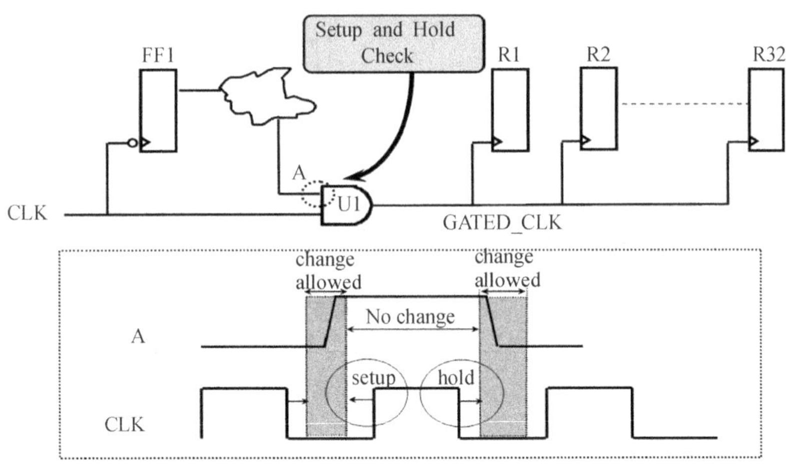

图 4.2.8

于锁存器门控时钟单元见图 4.2.9(a)，其波形图见 4.2.9(b)。图中可见，门控电路的输出没有毛刺。这种电路结构的行为表现好像一个主从(master-slave)寄存器，它在时钟的上升沿捕获门控使能信号。

由于基于锁存器门控时钟单元不产生毛刺，我们建议大家使用这种门控时钟电路。使用门控时钟会使其驱动的寄存器时钟引脚信号不能由输入端直接控制，从而降低了电路的测试覆盖率。如何提高含门控时钟设计的测试覆盖率，使设计即有低功耗又有高的测试覆盖率，我们将在第八章和第九章介绍。

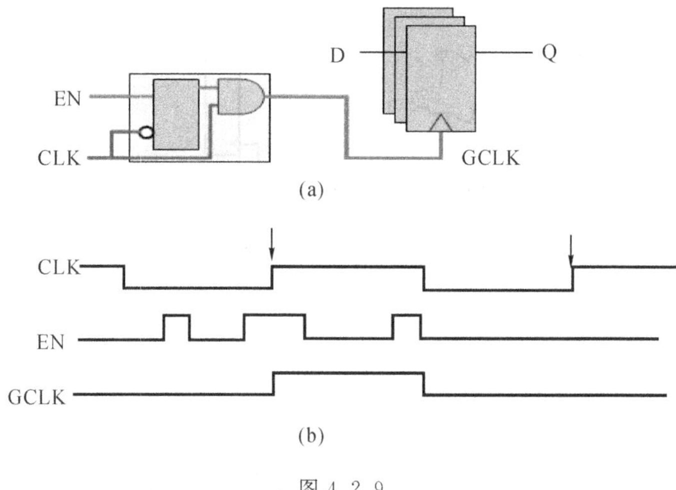

图 4.2.9

4.2.3 分频电路和多路传输电路的时钟约束

图 4.2.10 所示的电路中，包含了时钟的分频电路和多路时钟传输电路。在 3.2 节中，我们曾介绍过一般的设计，设计至少划分为 3 层的层次结构，见图 3.2.10。

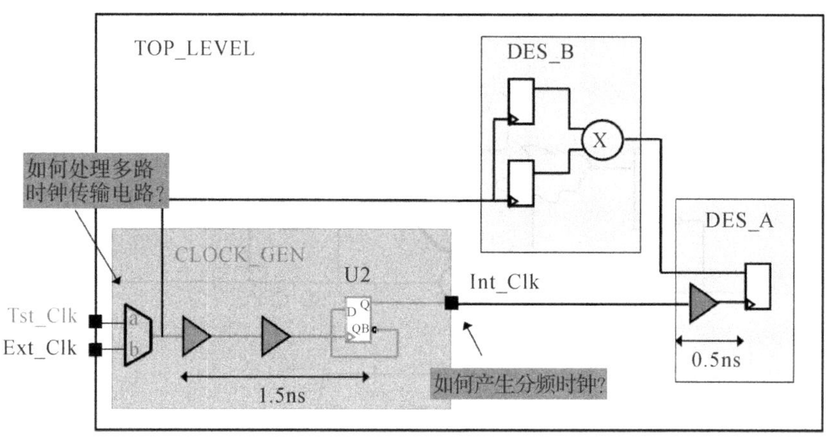

图 4.2.10

1. 顶层(Top-level)
2. 中间层(Mid-level)
3. 核心功能(Functional Core)

在中间层，把时钟电路和核心功能分开到不同的模块，见图 4.2.11。

这样做的好处是：

· 所有的时钟产生电路在同一个模块中，对时钟逻辑可以有更好的控制并且易于分析结果。

· 简化了对其他模块的约束，它们的时钟约束只需附加在输入端口上，加约束很方便。

· 增加时钟的可控制性，易于提高测试覆盖率。

对于图 4.2.12 所示的电路，其内部时钟连接到多路传输电路的输出，如果我们不告诉

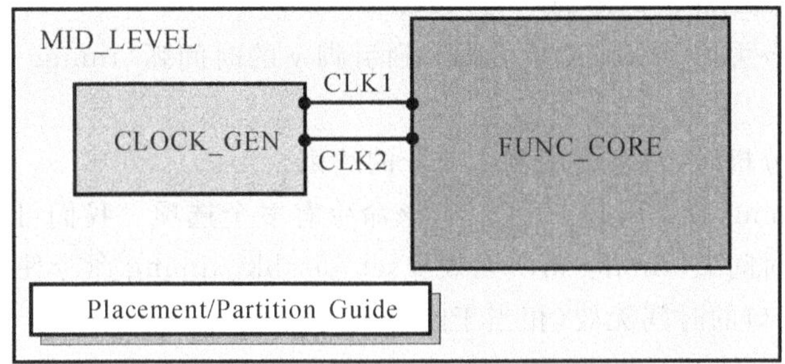

图 4.2.11

DC 要用哪个时钟，DC 会自己选择一个。可能会出现 DC 选择不同的时钟做建立和保持的分析。因此我们必须指定要用哪个时钟进行约束和分析。

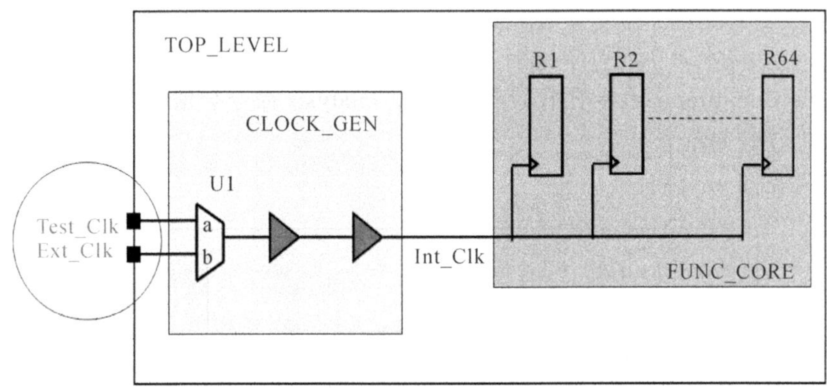

图 4.2.12

图 4.2.13 的电路，我们可用例 4.2.4 的脚本为其做约束。

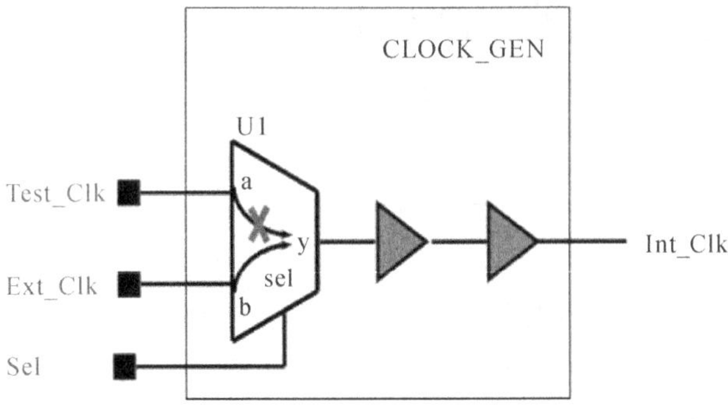

图 4.2.13

例 4.2.4

```
create_clock Ext_Clk -period 10
create_clock Test_Clk -period 100
set_dont_touch_network [get_clocks Ext_Clk]
set_dont_touch_network [get_clocks Test_Clk]
# Allow DesignTime to use Ext_Clk for timing analysis
```

```
set_disable_timing CLOCK_GEN/U1 -from a -to y
```

最后一行的命令去掉了 MUX 从引脚 a 到引脚 y 的时间弧(timing arc),这时 DC 认为它们没有时间关系。

在做顶层时序分析时,常常要用例 4.2.4 的约束。

set_disable_timing 命令用起来很灵活,该命令有多个选项。我们可以用该命令使设计中用到的库单元的时间弧(timing arc)无效。set_disable_timing 命令使当前设计中的通过指定单元,引脚或端口的时间无效(相当于断开)。

set_false_path 在这里不起作用。我们已经定义了 Test_Clk 和 Ext_Clk 为时钟,从引脚 a 和 b 到引脚 y 是一条理想的时钟路径,不受约束,因此 set_false_path 命令不起作用。我们也可以用模式分析特征(case analysis feature)对图 4.2.14 电路进行约束,即:

```
set_case_analysis 0 [get_pins U1/sel]
```

或

```
set_case_analysis 0 [get_ports Sel]
```

与 set_disable_timing 命令比较,用 set_case_analysis 命令会增加 DC 的运行时间,但使用模式分析命令较简单。

分频电路见图 4.2.14。

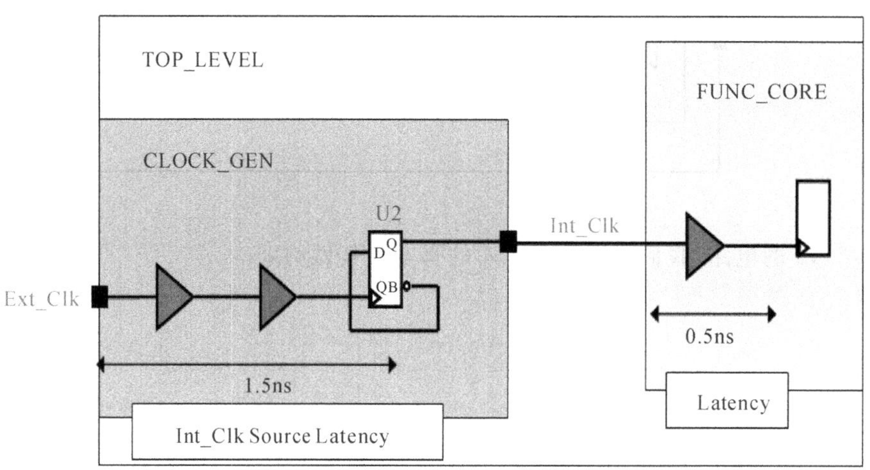

图 4.2.14

Design Compiler 不能推导出分频时钟的波形。时钟信号可以通过任何的组合电路,但中止于寄存器。DC 并不知道寄存器的输出端为时钟信号或非时钟信号。图 4.2.14 的电路,其时钟寄存器的输出时钟可用 create_clock 命令定义,见例 4.2.5。例中由于在寄存器上加了 create_clock 命令,这时寄存器上自动地附加了 size-only dont_touch 的属性。综合时,DC 只能对寄存器的驱动能力作修改,寄存器的类型不变。

例 4.2.5

```
create_clock -period 50 [get_ports Ext_Clk]
create_clock -name Int_Clk -per 100 [get_pins CLOCK_GEN/U2/Q]
set_clock_latency -source 1.5 [get_clocks Int_Clk]
set_clock_latency 0.5 [get_clocks Int_Clk]
```

定义分频时钟的推荐方法如例 4.2.6 所示。

例 4.2.6

```
create_clock -period 50 [get_ports Ext_Clk]
create_generated_clock -name Int_Clk \
    -source [get_pins CLOCK_GEN/U2/CP] -divide_by 2 \
    [get_pins CLOCK_GEN/U2/Q]
set_clock_latency -source 1.5 [get_clocks Int_Clk]
set_clock_latency 0.5 [get_clocks Int_Clk]
```

这时，时钟源的任何变化都会在产生的时钟自动反映出来。

做完版图后的设计已经加入了时钟树，连线的寄生参数也被反标(back-annotated)到时钟树上。这时候，DC 用 set_propagated_clock 命令和时钟树的实际寄生参数自动地计算所有时钟引脚的延迟。我们不需用 set_clock_latency 命令为时钟建模。

做完版图后设计的分频时钟约束见例 4.2.7。

例 4.2.7

```
create_clock -period 50 [get_ports Ext_Clk]
create_generated_clock -name Int_Clk \
    -source [get_pins CLOCK_GEN/U2/CP] -divide_by 2 \
    [get_pins CLOCK_GEN/U2/Q]
set_propagated_clock [list [all_clocks] [get_generated_clock * ]]
```

接下来我们介绍图 4.2.10 电路的多时钟发送/接收(launch/capture)问题。

如果我们以如下的方式定义时钟：

```
create_clock -period 50 -waveform {0 25} Ext_Clk
create_clock -period 100 -waveform {2 52} Int_Clk
```

DC 将按图 4.2.15(a)的波形选择最严格的约束。此时，模块 DES_B 中寄存器与模块 DES_A 中寄存器之间时序路径的建立时间约束为 2 ns。

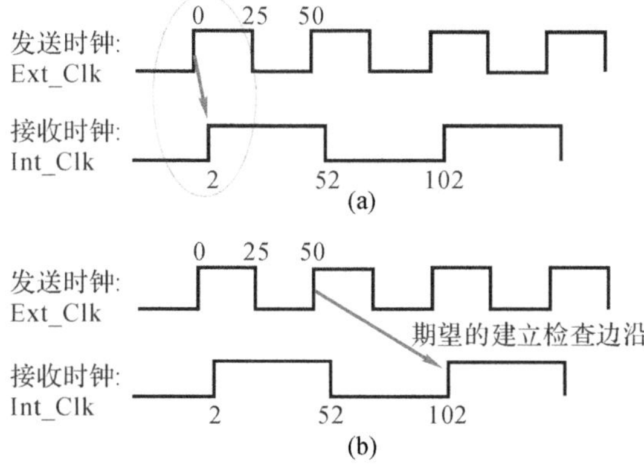

图 4.2.15

显然这不是我们期望的约束，期望的约束为图 4.2.15(b)。

正确的约束如下：

```
create_clock -period 50 -waveform {0 25} Ext_Clk
create_clock -period 100 -waveform {0 50} Int_Clk
set_clock_latency 1.5 -source Int_Clk
set_clock_latency 0.5 Int_Clk
```

Design Compiler 在同步时钟域先使用理想的波形。然后，根据实际情况为时钟建模，见 4.1.3 节。

4.3 面积约束

我们用 set_max_area 命令为设计作面积的约束。例如：

```
current_design PRGRM_CNT_TOP
set_max_area 10000
```

面积的单位由工艺库定义，可以是：

- 2 输入与非门(2-input-NAND-gate)
- 晶体管数目(Transistors)
- 平方微米(Square microns)

用 report_lib 命令不可显示面积的单位，我们要询问半导体厂商面积的单位是什么。

如果不设置面积的约束，Design Compiler 将做最小限度的面积优化。设置了面积的约束后，DC 将在达到面积约束目标时退出的面积优化。如果设置面积的约束为"0"，DC 将为面积做优化直到再继续优化也不能有大的效果。这时，DC 将中止优化。注意，对于很大(如百万门电路)的设计，如将面积的约束设置为"0"，DC 可能要花很长的时间为设计做面积优化。综合时，运行的时间很长。

在超深亚微米(deep sub-micro)工艺中，一般说来，面积并不是设计的主要目标，对设计的成本影响不大。因此，我们在初次优化时，可以不设置面积的约束。优化后，检查得到的设计面积，然后将其乘上一个百分数(例如 85%)，将其结果作为设计的面积约束。再为设计做增量编辑，运行"compile -inc"命令，为面积做较快的优化。这样做，既可以优化面积，又可以缩短运行时间。

在本章结束前，我们为已经介绍过的 DC 约束命令作个简单的总结。

设置面积目标用命令：

```
set_max_area
```

设置时间目标用命令：

```
create_clock
set_input_delay
set_output_delay
```

create_generated_clock

设置环境属性用命令：
set_driving_cell
set_load
set_wire_load_model
set_operating_conditions
set_wire_load_mode

设置设计规则用命令：
set_max_capacitance

报告命令有：
report_clock
report_port -verbose
report_design

清除约束用命令：
reset_path
reset_design

第五章

综合库和静态时序分析

如前所述，电路的逻辑综合包括三个步骤，即

综合 = 转化 + 逻辑优化 + 映射

当 Design Compiler 映射线路图的时候，使用 target_library 变量指定的综合库（Synthesis Library，简称库）。综合库是由半导体厂商提供，包含工艺技术参数和单元的功能。DC 使用库里的单元构成电路。综合库不仅包括单元的功能和延时，还包括了引脚的电容和设计规则等。

5.1 综合库和设计规则

DC 使用综合库里的单元构成功能正确的电路。综合时，DC 要检查所构成的电路是否满足设计规则和其他约束的要求。

5.1.1 综合库

如第二章所述，半导体厂商给我们提供 DC 兼容的工艺技术库 — 综合库，我们使用这些综合库进行逻辑综合。半导体厂商提供的综合库包括如下信息：

- 单元（Cell）
  - 功能
  - 时间（包括时序器件的约束，如建立和保持）
  - 面积（面积单位不在库中定义，可询问半导体厂商）
  - 功耗
  - 测试
  - ……
- 连线负载模型（Wire Load Models）
  - 电阻
  - 电容
  - 面积
- 工作条件（Operating Conditions）

o 制程(process),电压和温度的比例因数

- 设计规则约束(Design Rule constraints)

  o 最大电容和最小电容

  o 最大转换时间和最小转换时间

  o 最大扇出和最小扇出

大多数情况下,半导体厂商提供二进制格式的 .db 文件,也有可能只提供文本(ASCII)格式的 .lib 文件,或两者。DC 使用的综合库必须是 .db 格式的库。因此,如果我们只有 .lib 文件,需要用 Library Compiler 将其转换为 .db 文件。

技术库的结构如下:

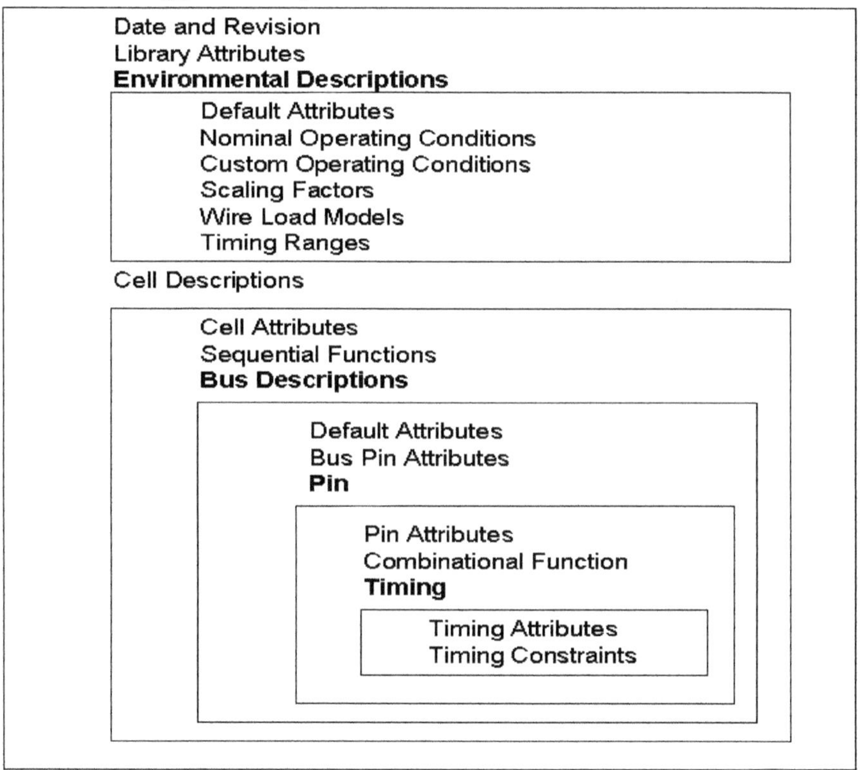

例 5.1.1 是用文本格式描述工艺库的一般语法文件。

例 5.1.1

```
library ( name ) {
technology ( name ) ;/* library-level attributes */
delay_model : generic_cmos | table_lookup |
cmos2 | piecewise_cmos | dcm ;
bus_naming_style : string ;
date : string ;
```

```
revision : float_or_string ;
comment : "string" ;
time_unit : unit ;
voltage_unit : unit ;
current_unit : unit ;
pulling_resistance_unit : unit ;
capacitive_load_unit(value,unit);
leakage_power_unit : unit ;
......

default values/* environment definitions */
operating_conditions (name){
operating conditions
}
wire_load (name) {
wire load information
}
power_lut_template (name) {
power lookup table template information
}
cell (name1) {/* cell definitions */
cell information
}
cell (name2) {
cell information
}
......
type (name) {
bus type name
}
input_voltage (name) {
input voltage information
}
output_voltage (name) {
output voltage information
}
}
```

由例 5.1.1 可见，库文件包括下面信息：

1. 库组(library Group)

库组指令定义工艺库名。这个指令必须是在库文件中的第一个可执行行。例如:

```
library (my_library) {
...
}
```

2. 工艺库的一般属性

这些属性广泛地适用于技术库,包括工艺类型、延迟模型、总线命名方式等,例如:

- technology
- delay_model
- bus_naming_style
- ......

工艺属性识别库中使用的工艺类型:

- CMOS(预设值)
- FPGA

工艺类型必须先定义,放在属性清单的顶部。如果库中没有技术属性,Library Compiler 预设其为 cmos。例如:

```
Example
library (my_library) {
technology (cmos);
...
}
```

延迟模型指明在计算延迟时用那个模型。有

- generic_cmos(默认值)
- table_lookup(非线性模型)
- piecewise_cmos(optional)
- dcm(Delay Calculation Module)
- polynomial

延迟模型必须放在工艺属性后。如果库中没有工艺属性,延迟模型放在属性清单的顶部。其预设值是 generic_cmos。例如:

```
library (my_library) {
delay_model : table_lookup;
...
}
```

总线命名方式属性定义库中总线命名规则。例如

```
bus_naming_style : "Bus%sPin%d";
```

库文档资料

使用这些库级属性为库做文档，包括

- 日期(date)
- 修正版(revision)
- 注释(comment)

例如

Date:"June 1,2006";

用库报告命令 report_lib 可显示日期。

修正版属性定义库的版本号码，例如

Revision:2006.07;

注释属性用于报告 report_lib 命令所显示的信息，如版权或其他产品信息。例如

Comment:"Copyright 2006,General Silicon,Inc。"

定义单位

Design Compiler 工具本身是没有单位的。然而在建立工艺库和产生报告时，必须要有单位。库中有 6 个库级属性定义单位：

- time_unit(时间单位)
- voltage_unit(电压单位)
- current_unit(电流单位)
- pulling_resistance_unit(上/下拉电阻单位)
- capacitive_load_unit(电容负载单位)
- leakage_power_unit(漏电功耗单位)

单位属性确定测量的单位，例如可在库中用毫微秒(nanoseconds)或皮法拉(picofarads)作为时间和电容负载的单位。

3. 环境属性

环境属性用来对制程，电压和温度的变化建模。环境属性中包括比例缩放因子(Scaling_factors)，根据不同的工作环境和条件计算单元的延迟等。

由于一般库中只有单元"nominal delay"的值，为了计算不同的制程、电压和温度下单元的延迟，库中提供了比例缩放因子，DC 按下面的公式计算不同的制程，电压和温度的单元延迟。

Delay derated=(nominal delay) * (1+(DP * KfactorP)) * (1 + (DV * KfactorV)) * (1+(DT * KfactorT))

其中 delta = current－nominal。DP = CP－NP，CP 为 current process，NP 为 nominal process；DV = CV－NV，CV 为 current voltage，NP 为 nominal voltage；DT = CT－NT，CT 为 current temperature，NT 为 nominal temperature。

非线性延迟模型的比例缩放因子的例子如下。

k_volt_rise_transition : －0.209;

k_volt_fall_transition : －0.209;

```
k_volt_rise_propagation : -0.209;
k_volt_fall_propagation : -0.209;
k_temp_rise_transition : 0.00245;
k_temp_fall_transition : 0.00245;
k_temp_rise_propagation : 0.00245;
k_temp_fall_propagation : 0.00245;
k_process_rise_transition : 1.0;
k_process_fall_transition : 1.0;
k_process_rise_propagation : 1.0;
k_process_fall_propagation : 1.0;
```

在工艺库中，用操作条件设置了制程、电压和温度与RC树模型。在综合和静态时序分析时，DC要用到这些信息来计算电路的延迟。库中用一组操作条件为基础来描述单元的延迟和线延迟。如果使用不同的操作条件，则要用比例缩放因子来计算在该操作条件的延迟，见下例。

```
/* This is the default operating conditions(TYPICAL) */
nom_process : 1.0;
nom_temperature : 25.0;
nom_voltage : 1.8;
/* These are the operating conditions */

operating_conditions(BEST) {
process : 0.73;
temperature : -40.0;
voltage : 1.95;
tree_type : " best_case_tree";
}
operating_conditions(TYPICAL) {
process : 1.0;
temperature : 25.0;
voltage : 1.8;
tree_type : " balanced_tree";
}
operating_conditions(WORST) {
process : 1.37;
temperature : 85.0;
voltage : 1.65;
tree_type : "worst_case_tree";
}
```

如第四章所述，线负载模型(WLM)是根据连线的扇出来估算连线的 RC 寄生参数。那么 RC 是如何分配呢？

操作条件中有“tree-type”的属性，该属性决定 R 和 C 的分配以计算时间延迟，见图5.1.1。

连线延迟(DC)是指从驱动引脚的状态变化到每个接受单元输入引脚的状态变化，WLM 假设每个分枝的延迟是一样的。

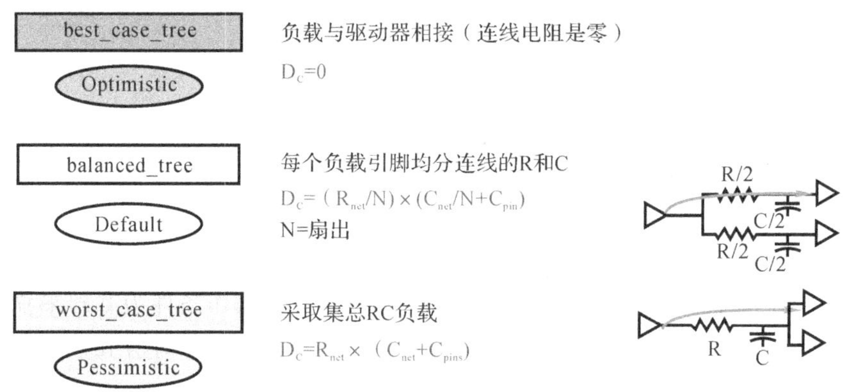

图 5.1.1

4. 功耗属性

工艺库的功耗属性将在第 9 章介绍。

5. 单元描述

单元描述是技术库的一个主要的部分。单元描述为 ASIC 工艺库中的每一个逻辑单元提供面积、功能、时间和功耗等信息。目前半导体厂商常用非线性延迟模型(Nonlinear Delay Model)来计算单元的延迟。在二维非线性模型中，单元的延迟与单元的输出负载和输入转换时间相关；单元的输出转换时间与单元的输出负载和输入转换时间相关。即：

Cell_Delay = f(Input_Trans, Output_Load)

Output_Tran = f(Input_Trans, Output_Load)

单元的输出转换时间又成为其驱动的下级单元的输入转换时间。库中每个单元有两个 NLDM。表 5.1.1 是二维非线性延迟模型的例子。

表 5.1.1

SPICE	Output Load (pF)			
Input Trans (ns)	.005	.05	.10	.15
0.0	.1	.15	.2	.25
0.5	.15	.23	.3	.38
1.0	.25	.4	.55	.75

Cell Delay (ns)

SPICE	Output Load (pF)			
Input Trans (ns)	.005	.05	.10	.15
0.0	0.10	0.20	0.37	.60
0.5	0.18	0.30	0.49	.80
1.0	0.25	0.40	0.62	1.00

Output Transition (ns)

当输出负载和输入转换时间为 0.05 pF 和 0.5 ns 时，从表中可查出单元的延迟为 0.23 ns，输出转换时间为 0.30 ns。

非线性模型在几个不同的输入转换时间点和几个不同的输出负载，使用 Spice 程序产生单元的延迟和输出转换时间。没有在表中的点，用线性的内插法计算，见图 5.1.2。

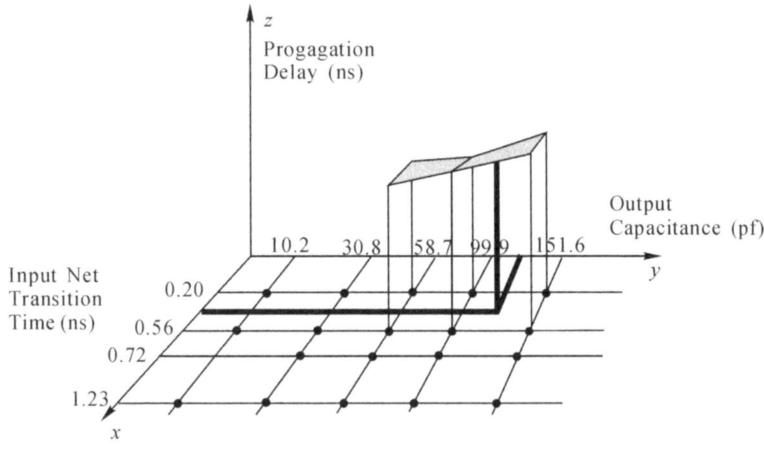

图 5.1.2

单元延迟 Z 用下面的公式计算：

$z = f(xy) = a + bx + cy + dxy$

系数 a、b、c 和 d 可用普通的数学方法得到。例如本例中，我们可以在表里查出输入转换时间和输出负载为(0.20, 99.9)、(0.20, 151.6)、(0.56, 99.9)和(0.56, 151.6)的延迟 z1、z2、z3 和 z4，代入公式中，得到如下方程式：

$z1 = a + b \times 0.20 + c \times 99.9 + d \times 0.20 \times 99.9$

$z2 = a + b \times 0.20 + c \times 151.6 + d \times 0.20 \times 151.6$

$z3 = a + b \times 0.56 + c \times 99.9 + d \times 0.56 \times 99.9$

$z4 = a + b \times 0.56 + c \times 151.6 + d \times 0.56 \times 151.6$

从上面的方程式我们可以计算出系数 a、b、c 和 d 的值。

例 5.1.2 是一个单元描述的库例子。

例 5.1.2

```
lu_table_template(delay_template_7x7) {
  variable_1 : input_net_transition;
  variable_2 : total_output_net_capacitance;
  index_1 ("1000.0, 1001.0, 1002.0, 1003.0, 1004.0, 1005.0, 1006.0");
  index_2 ("1000.0, 1001.0, 1002.0, 1003.0, 1004.0, 1005.0, 1006.0");
}

......
```

```
/* ---------------------- *
  * Design : INV0 *
  * ---------------------- */
cell (INV0) {
  ......
area : 35 ;
cell_footprint : "inv1"
pin(I) {
  direction : input;
  capacitance : 0.0107;
  rise_capacitance : 0.0107;
  fall_capacitance : 0.0107;
}
pin(ZN) {
  direction : output;
  max_capacitance : 0.4537;
  function : "(! I)";
  timing() {
    related_pin : "I";
    timing_sense : negative_unate;
    cell_fall(delay_template_7x7) {
      index_1 ("0.1500, 0.1950, 0.2850, 0.4650, 0.8250, 1.5450, 3.0000");
      index_2 ("0.0275, 0.0358, 0.0524, 0.0856, 0.1520, 0.2848, 0.5500");
    values("0.1548, 0.1795, 0.2287, 0.3269, 0.5234, 0.9155, 1.6986", \
           "0.1642, 0.1889, 0.2380, 0.3363, 0.5324, 0.9244, 1.7073", \
           "0.1838, 0.2082, 0.2572, 0.3553, 0.5510, 0.9433, 1.7259", \
           "0.2150, 0.2445, 0.2966, 0.3940, 0.5893, 0.9808, 1.7633", \
           "0.2554, 0.2922, 0.3586, 0.4722, 0.6678, 1.0571, 1.8382", \
           "0.3019, 0.3492, 0.4341, 0.5801, 0.8207, 1.2157, 1.9920", \
           "0.3422, 0.4044, 0.5160, 0.7067, 1.0197, 1.5186, 2.3133");
  }
  fall_transition(delay_template_7x7) {
      index_1 ("0.1500, 0.1950, 0.2850, 0.4650, 0.8250, 1.5450, 3.0000");
      index_2 ("0.0275, 0.0358, 0.0524, 0.0856, 0.1520, 0.2848, 0.5500");
    values("0.1906, 0.2338, 0.3198, 0.4920, 0.8366, 1.5258, 2.9030", \
           "0.1908, 0.2338, 0.3198, 0.4922, 0.8364, 1.5256, 2.9024", \
           "0.2008, 0.2380, 0.3200, 0.4924, 0.8362, 1.5262, 2.9028", \
           "0.2406, 0.2714, 0.3376, 0.4932, 0.8358, 1.5256, 2.9030", \
           "0.3118, 0.3494, 0.4186, 0.5436, 0.8412, 1.5258, 2.9028", \
```

```
            "0.4362, 0.4810, 0.5624, 0.7082, 0.9612, 1.5368, 2.9008", \
            "0.6492, 0.7088, 0.8120, 0.9874, 1.2888, 1.8028, 2.9310");
    }
    cell_rise(delay_template_7x7) {
      index_1 ("0.1500, 0.1950, 0.2850, 0.4650, 0.8250, 1.5450, 3.0000");
      index_2 ("0.0275, 0.0358, 0.0524, 0.0856, 0.1520, 0.2848, 0.5500");
    values("0.1772, 0.2071, 0.2667, 0.3858, 0.6243, 1.1003, 2.0502", \
            "0.1882, 0.2180, 0.2774, 0.3965, 0.6348, 1.1109, 2.0613", \
            "0.2112, 0.2406, 0.2996, 0.4183, 0.6561, 1.1315, 2.0817", \
            "0.2556, 0.2873, 0.3458, 0.4634, 0.7000, 1.1744, 2.1235", \
            "0.3248, 0.3638, 0.4347, 0.5571, 0.7909, 1.2626, 2.2097", \
            "0.4355, 0.4834, 0.5703, 0.7236, 0.9801, 1.4460, 2.3872", \
            "0.6109, 0.6735, 0.7856, 0.9779, 1.3005, 1.8287, 2.7584");
    }
    rise_transition(delay_template_7x7) {
      index_1 ("0.1500, 0.1950, 0.2850, 0.4650, 0.8250, 1.5450, 3.0000");
      index_2 ("0.0275, 0.0358, 0.0524, 0.0856, 0.1520, 0.2848, 0.5500");
    values("0.2578, 0.3146, 0.4278, 0.6540, 1.1062, 2.0122, 3.8192", \
            "0.2578, 0.3144, 0.4276, 0.6538, 1.1066, 2.0116, 3.8204", \
            "0.2630, 0.3152, 0.4276, 0.6542, 1.1070, 2.0120, 3.8202", \
            "0.2936, 0.3382, 0.4350, 0.6534, 1.1064, 2.0116, 3.8192", \
            "0.3638, 0.4106, 0.4958, 0.6788, 1.1064, 2.0118, 3.8190", \
            "0.4772, 0.5302, 0.6316, 0.8170, 1.1688, 2.0120, 3.8198", \
            "0.6790, 0.7432, 0.8592, 1.0706, 1.4550, 2.1534, 3.8204");
      }
    }
  }
}
```

例中，单元 INV0 的面积为 35，输入引脚是 I，输出引脚是 ZN。其功能为 ZN =！I。单元的延迟和输出转换时间由非线性模型查出。非线性模型为 7x7 二维数组，第一个变量是输入转换时间，第二个变量是输出负载。它们的值分别为：

(0.1500, 0.1950, 0.2850, 0.4650, 0.8250, 1.5450, 3.0000)和

(0.0275, 0.0358, 0.0524, 0.0856, 0.1520, 0.2848, 0.5500)

5.1.2　设计规则

半导体厂商在工艺库强加了设计规则。这些规则根据电容、转换时间和扇出(capacitance、transition 和 fanout)来约束有多少个单元可以相互联结。设计规则一般由半导体厂商提供，在使用工艺库中的逻辑单元时对其联结所强加的限制。例如，如果设计中一个逻辑

单元的负载(其驱动的负载)大于库中给定的其最大负载电容(max_capacitance)值,半导体厂商将不能保证该电路能正常工作。我们只可以按照设计规则的约束或按照更严格的设计规则约束来设计电路,而不可以放松约束。Design Compiler 在综合时使用加入缓冲器(buffering)和改变门单元的驱动能力(cell sizing)技术来满足设计规则的目标。

我们可以在设计中加进更严格的设计规则,其好处有:

· 预见模块的接口环境

· 防止设计中的门单元以接近其极限的约束工作,因为极限时其性能会迅速地降低

DC 在做综合时,把设计规则的优先级设置为最高。优先级的次序如下:

最大电容(max_capacitance)

最大转换时间(max_transition)

最大扇出(max_fanout)

我们举例说明设计规则的约束。

例 5.1.3 为图 5.1.3 电路的最大电容的设计约束。

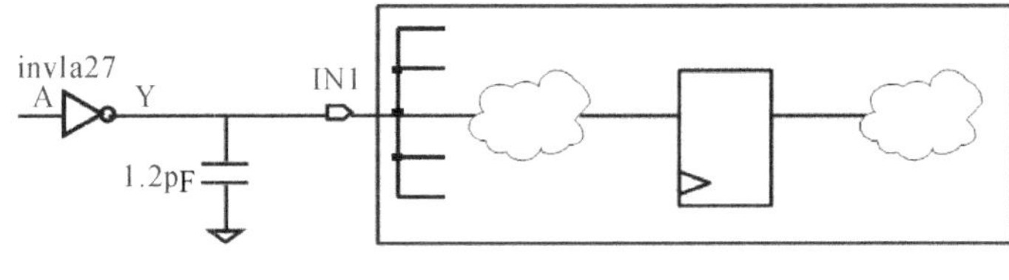

图 5.1.3

例 5.1.3

```
# 从工艺库找出设计中预期驱动器的最大允许电容负载
set DRIVE_PIN TECH_LIB/invla27/Y
set MAX_CAP [get_attribute $DRIVE_PIN max_capacitance]
# 其值为 3.60
# 在驱动器增加一些富余量使 DC 不会给它加满载
set CONSERVATIVE_MAX_CAP [expr $MAX_CAP / 2.0]
# 其值为 1.80
set_max_capacitance $CONSERVATIVE_MAX_CAP [get_ports IN1]
set_load 1.2 [get_ports IN1]
# DC 可以给输入端 IN1 施加的最大内部负载是:
# [1.8-1.2 = 0.6pF]
```

我们可以用"set_max_capacitance 3.0 $current_design"命令为整个设计中加入最大电容的设计规则。此处,用了 3.0 为最大的电容值,设计时我们可以根据工艺库和电路的具体情况,选用合适的数值。要注意不要施加过度保守的约束,以免严重地限制 DC 对设计的优化。

例 5.1.4 为图 5.1.3 电路的最大转换时间的设计约束。

例 5.1.4

```
# 从工艺库找出设计中预期驱动器的最大允许转换时间
set DRIVE_PIN TECH_LIB/inv1a27/Y
set MAX_TRANS [get_attribute $DRIVE_PIN max_transition]
# 其值为 0.400
# 在驱动器增加一些富余量使 DC 不会给它加满载
set CONSERVATIVE_MAX_TRANS [expr $MAX_TRANS / 2.0]
# 其值为 0.200
set_max_transition $CONSERVATIVE_MAX_TRANS \
[get_ports IN1]
# DC 考虑驱动单元的类型和它的外部负载
# DC 限制端口 IN1 的内部负载来满足你的设计规则
```

有时候我们可以在整个设计上施加最大转换时间的设计约束，以帮助防止可能在长连线上出现的慢(长)的转换时间，从而导致设计中出现特别长的延迟。施加最大转换时间的设计约束也可以约束单元输出端的转换时间以减少其功耗。我们在第 9 章将介绍单元的功耗与输入的转换时间和输出的负载有关。

我们可以用“set_max_transition 0.4 $current_design”命令在整个设计中加入最大转换时间的设计规则。此处，用了 0.4 为最大转换时间值，设计时我们可以根据工艺库和电路的具体情况，选用合适的数值。

要注意不要人为地加紧对整个设计的约束，以免限制 DC 对设计中真正关键器件的适当优化。

用 set_max_fanout 命令为设计设置最大扇出的设计规则的约束，例如：

```
set_max_fanout 6 [get_ports IN1]
```

要注意，set_max_fanout 命令使用的是扇出负载(fanout_load)，而不是绝对的扇出数目。端口的扇出负载之和必须小于最大扇出的设计规则的约束。

如果把“set_max_fanout 6 [get_ports IN1]”的约束施加到图 5.1.4 所示的电路，我们检查电路有无违反设计规则的约束。

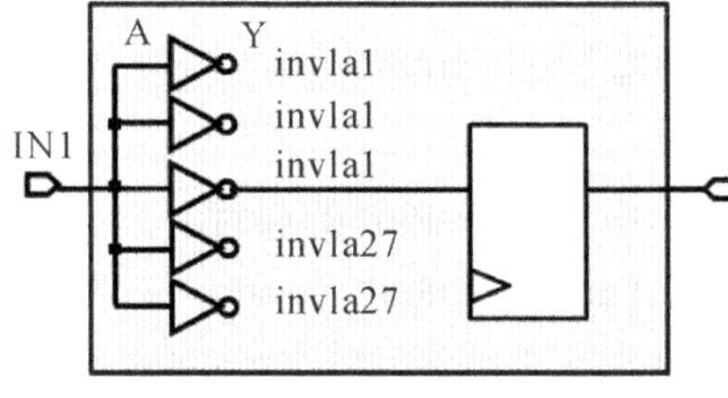

图 5.1.4

用下面命令可以得到单元 inv1a 和 inv1a27 的扇出负载

```
get_attribute TECH_LIB/inv1a1/A fanout_load
0.25
get_attribute TECH_LIB/inv1a27/A fanout_load
```

3.00

由此可见，DC 可以在端口 IN1 连接 6 / 0.25 = 24 个 inv1a1 单元，或在端口 IN1 连接 6 / 3.00 = 2 个 inv1a27 单元。但对于图 5.1.2，其 IN1 端口的扇出负载之和为

3 * fanout_load(inv1a1/A) + 2 * fanout_load(inv1a27/A)

= (3 x 0.25) + (2 x 3.0) = 6.75

因此，电路违反了最大扇出负载的设计规则约束。

上一章我们介绍过，线负载模型根据连线的扇出数目来估算连线电阻和电容值。连线的扇出数目定义为单元输出引脚与其他单元的输入引脚之间连接的数目。与连线的扇出数目不同。扇出负载属性是附加在单元的输入端口。不同单元可以有不同的扇出负载属性。我们可以用如下的命令限制整个设计的扇出负载。

set_max_fanout 6 $current_design

在对 FPGA 做综合，常常使用此命令。它也适用于 ASIC 的综合，特别是线负载模型和单元的输入负载不大精确时使用。

一些工艺库中，某些单元的引脚没有扇出负载属性。这时，DC 会检查库中默认的扇出负载属性(default_fanout_load)。

如果库中没有默认的扇出负载属性，DC 假设其值为“0”，即这些单元的引脚不受扇出负载的设计规则约束。

我们可以强制使端口的扇出数目为 1，即只与一个单元连接，见下例。

如果库中单元的扇出负载最小值为 1.0，用下面的命令加上扇出负载的设计规则约束：

```
# Easiest case
set_max_fanout 1.0 [all_inputs]
```

如果库中单元的扇出负载最小值不为 1.0，我们需要先找出扇出负载最小的单元(下例中为 buf1a1)，计算出其扇出负载值，然后加上扇出负载的设计规则约束。

```
# Trickier case
set SMALL_CELL TECH_LIB/buf1a1/A
set SMALL_FOL [get_attribute $SMALL_CELL fanout_load]
# 库中单元的扇出负载最小值为 0.5000
set_max_fanout $SMALL_FOL [all_inputs]
```

下面的命令用来检查工艺库中是否有必需的属性。

```
get_attribute TECH_LIB default_fanout_load
--> 0.0000 ;# Uh-oh!
```

如果默认的扇出负载属性为“0”，我们可以为其设置一个值，例如：

```
set_attribute TECH_LIB \
default_fanout_load 1.0 -type float
1.00
```

扇出负载值是用来表示单元输入引脚相对负载的数目，它并不表示真正的电容负载，而

是个无量纲的数字。

如果我们所用的所有库单元扇出负载为“1”，那么 set_max_fanout 1.0 [all_inputs] 约束将强制所有的输入端口扇出数目为 1，即它们只能与一个单元连接。否则，为了使输入端口只能与一个单元连接，我们要找出库中哪一个单元的扇出负载最小，在 set_max_fanout 命令中使用这个值来保证在这个端口上只连接一个单元。如果单元上没有扇出负载属性并且库中本身也没有(默认)预设的扇出负载属性，那么把它设为 1.0 是有意义和效用的。我们也可以在输出端口上指定扇出负载值。例如，假设一个内部单元驱动几个其他的单元并且也同时驱动一个输出端口。我们可以用 set_load 命令来指定那个输出端口的实际电容负载。set_load 命令帮助 DC 在综合时遵从驱动单元的最大电容设计规则，但该命令并没有为驱动单元的扇出提供独立的约束。在输出端口使用 set_fanout_load 命令时，我们可以为输出端口建立额外的预期扇出负载模型，综合时 DC 同时也会使内部驱动单元的最大扇出遵守设计规则的要求。

用 report_constraint 命令来查看电路是否违反设计规则的要求，见例 5.1.5。

例 5.1.5

```
dc_shell-xg-t> report_constraint -all_violators
...
max_transition
                         Required           Actual
Net                     Transition        Transition         Slack
-----------------------------------------------------------------------
I_PRGRM_CNT/n184            0.50              0.69           -0.19 (VIOLATED)
I_PRGRM_DECODE/n945         0.50              0.63           -0.13 (VIOLATED)
Ld_Rtn_Addr                 0.50              0.61           -0.11 (VIOLATED)

max_capacitance
                         Required           Actual
Net                     Capacitance        Capacitance         Slack
-----------------------------------------------------------------------
CurrentState[0]             0.20              0.24           -0.04 (VIOLATED)
PC[0]                       0.20              0.24           -0.04 (VIOLATED)
CurrentState[1]             0.20              0.24           -0.04 (VIOLATED)
```

5.2　静态时序分析

在进行综合时，Design Compiler 用内建的静态时序分析工具 Design Time 来估算路径的延迟以指导优化的决定。综合 DC 时，用 Design Time 来产生时间的报告，见图 5.2.1。

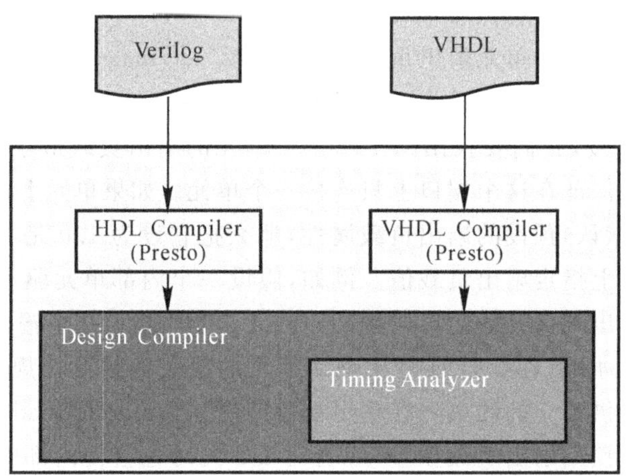

图 5.2.1

5.2.1 时序路径和分组

静态时序分析可以不进行动态仿真就决定电路是否满足时间的约束。静态时序分析包括三个主要步骤：

1. 把设计分解成时间路径的集合；
2. 计算每一条路径的延迟；
3. 所有的路径延迟都要作检查(与时间的约束比较)，看它们是否满足时间的要求。

Design Compiler 以下面的方法把设计分解成时序路径的集合。每条时序路径有一个起点(Startpoint)和一个终点(Endpoint)。

起点定义为：

- 输入端口
- 触发器或寄存器的时钟引脚

终点定义为：

- 输出端口
- 时序器件的除时钟引脚外的所有输入引脚

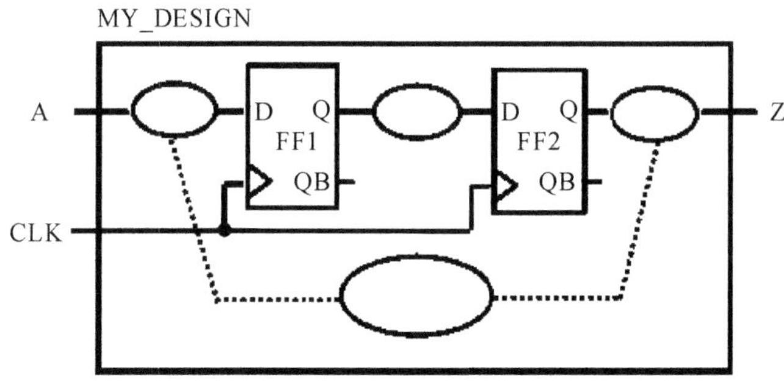

图 5.2.2

图 5.2.2 中，时序路径的起点有 A、FF1/CLK 和 FF2/CLK；时序路径的终点有 FF1/D、FF2/D 和 Z。

为了便于分析电路的时间，时序路径又被分组。路径按照控制它们终点的时钟进行分组。如果路径不被时钟控制，这些路径被归类于默认（Default）的路径组。我们可以用 report_path_group 命令来报告当前设计中的路径分组情况。

我们来看图 5.2.3 中有多少条路径及它们的分组。

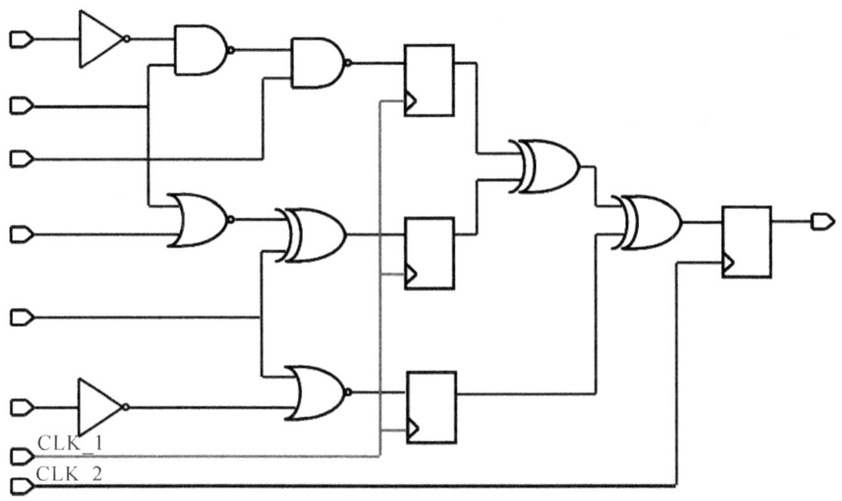

图 5.2.3

如图 5.2.4 所示，图中共有 5 个终点，时钟 CLK1 控制 3 个终点，共有 8 条路径。时钟 CLK2 控制一个终点，共有 3 条路径。输出端口为一终点，它不受任何时钟控制，其起点为第二级寄存器的时钟引脚，只有一条路径，这条路径被归类于默认的路径组。因此，本设计中共有 12 条路径和 3 个路径组。该 3 个路径组分别为 CLK1、CLK2 和默认（Default）路径组。

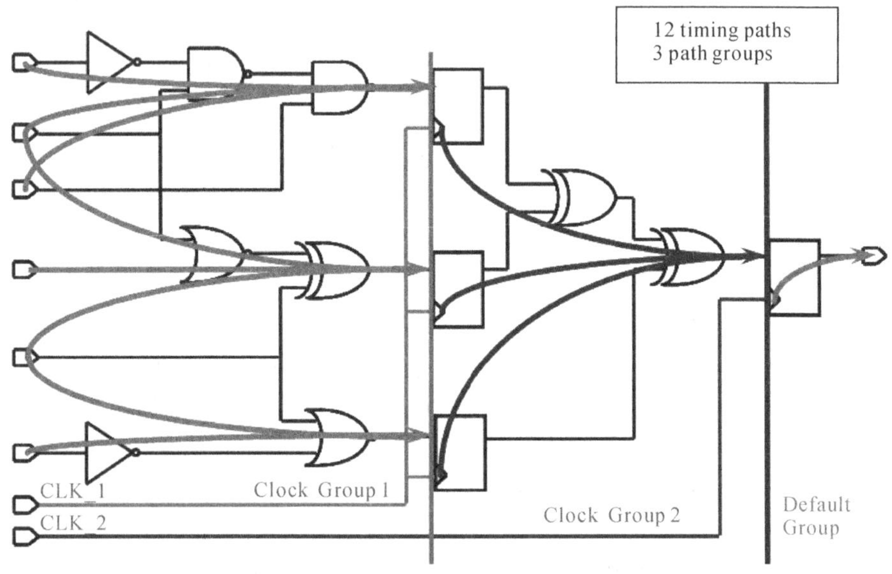

图 5.2.4

5.2.2　时间路径的延迟

在计算路径的延迟时，Design Compiler 把每一条路径分成时间弧(timing arcs)，见图 5.2.5。

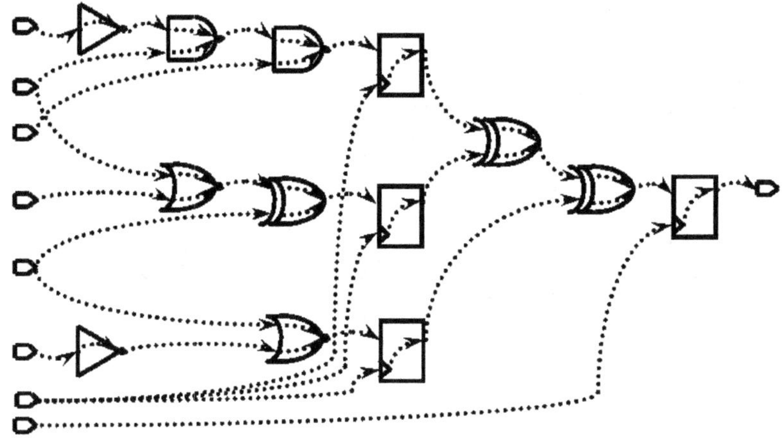

图 5.2.5

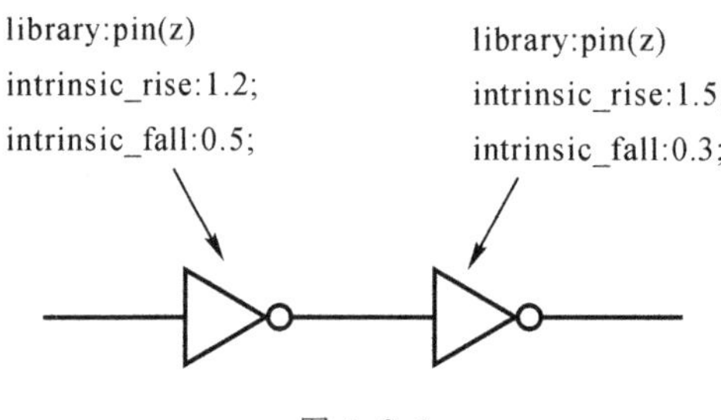
library:pin(z)
intrinsic_rise:1.2;
intrinsic_fall:0.5;
library:pin(z)
intrinsic_rise:1.5;
intrinsic_fall:0.3;

图 5.2.6

时间弧描述单元或/和连线的时序特性。单元的时间弧由工艺库定义，包括：

- 单元的延迟
- 时序检查(如寄存器的 setup/hold 检查，clk－＞q 的延迟等)

连线的时间弧由网表定义。

上例中，时间弧有连线的延迟，单元的延迟和寄存器的 clk－＞q 延迟。

我们前面介绍过，单元延迟常用非线性模型计算；连线延迟在版图前用线负载模型计算；RC 寄生参数的分配用操作条件中的“Tree-type”属性决定；工作条件又决定制程、电压和温度对连线及单元延迟的影响。

路径的延迟与起点的边沿有关，图 5.2.6 中，假设连线延迟为 0，如果起点为上升沿，则该条路径的延迟等于 1.5 ns。如果起点为下降沿，则该条路径的延迟等于 2.0 ns。

由此可见，单元的时间弧是边沿敏感的。Design Compiler 说明了每一条路径延迟的边沿敏感性。

第四章我们介绍过，Design Compiler 默认的行为是假设寄存器之间的最大延迟约束为：

```
TCLK - FF2libSetup
```

即数据从发送边沿到接收边沿的最大延迟时间要小于一个时钟周期，见图 5.2.7。

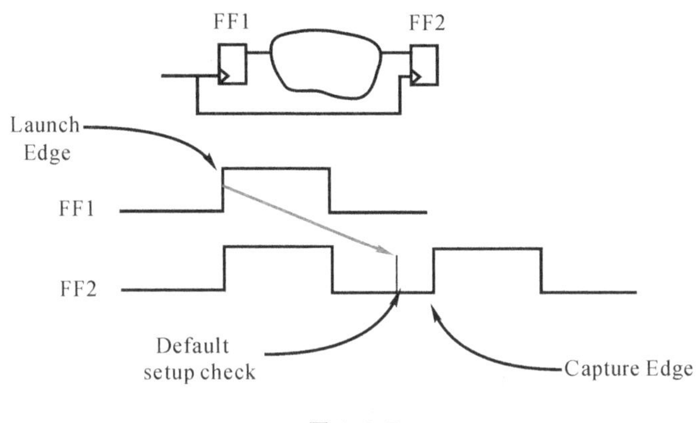

图 5.2.7

5.2.3　时序报告和时序问题的诊断

Design Compiler 中，常用 report_timing 命令来报告设计的时序是否满足目标。执行 report_timing 命令时，DC 做 4 个步骤：

1. 把设计分解成单独的时间组；
2. 每条路径计算两次延迟，一次起点为上升沿，另一次起点为下降沿；
3. 在每个路径组里找出关键路径(critical path)，即延迟最大的路径；
4. 显示每个时间组的时间报告。

时间报告有四个主要部分。

第一部分是路径信息部分，见例 5.2.1。

例 5.2.1

```
****************************************
Report : timing
        -path full
        -delay max
        -max_paths 1
Design : TT
Version: 2002.05
Date   : Fri Jun 28 16:48:52 2002
****************************************

Operating Conditions: slow_125_1.62   Library: ssc_core_slow
Wire Load Model Mode: enclosed

  Startpoint: data1 (input port clocked by clk)
  Endpoint: u4 (rising edge-triggered flip-flop clocked by clk)
  Path Group: clk
  Path Type: max

  Des/Clust/Port     Wire Load Model       Library
  ------------------------------------------------
  TT                 5KGATES               ssc_core_slow
```

例 5.2.1 中报告了工作条件，使用的工艺库，时序路径的起点和终点，路径所属的时钟组，报告的信息是作建立或保持的检查，以及所用的线负载模型。

第二部分是路径延迟部分，见例 5.2.2。

例 5.2.2

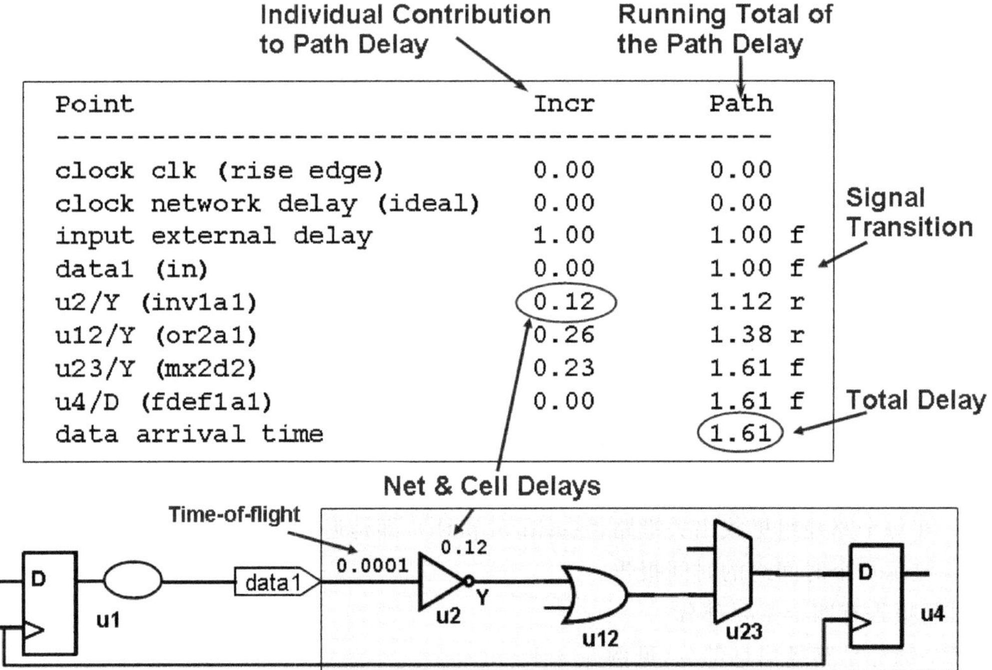

```
Point                              Incr       Path
----------------------------------------------------
clock clk (rise edge)              0.00       0.00
clock network delay (ideal)        0.00       0.00
input external delay               1.00       1.00 f
data1 (in)                         0.00       1.00 f
u2/Y (inv1a1)                      0.12       1.12 r
u12/Y (or2a1)                      0.26       1.38 r
u23/Y (mx2d2)                      0.23       1.61 f
u4/D (fdef1a1)                     0.00       1.61 f
data arrival time                             1.61
```


报告中，小数点后默认的位数是二，如果要增加有效数(字)，在用 report_timing 命令时，加上命令选项“-significant_digits”。报告中，Incr 是连线延迟和其后面的单元延迟相加的结果。如要分别报告连线延迟和单元延迟，在使用 report_timing 命令时，加上命令选项“-input_pins”。

第三部分是路径要求部分，见例 5.2.3。

例 5.2.3

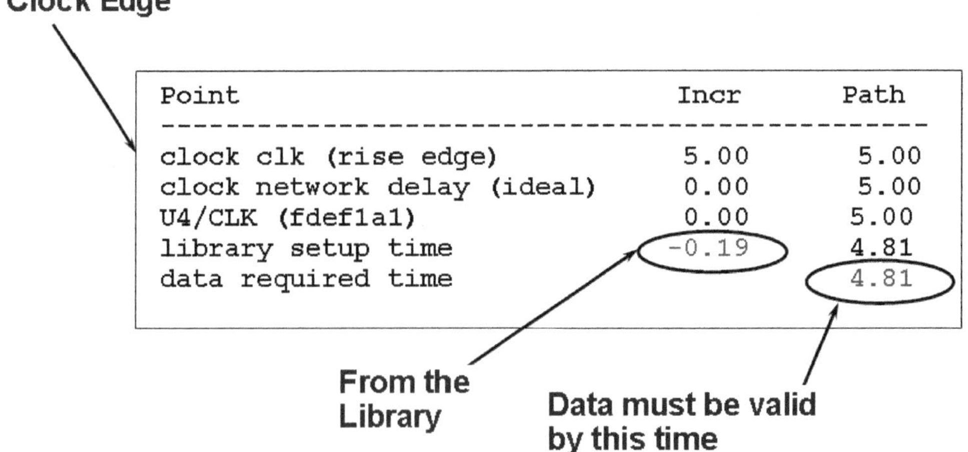

```
Point                              Incr       Path
----------------------------------------------------
clock clk (rise edge)              5.00       5.00
clock network delay (ideal)        0.00       5.00
U4/CLK (fdef1a1)                   0.00       5.00
library setup time                -0.19       4.81
data required time                            4.81
```

例 5.2.3 中，－0.19 从库中查出，其绝对值是寄存器的建立时间。值 4.81 为时间周期减寄存器的建立时间(假设本例中的时钟周期是 5 ns)。

例 5.2.4

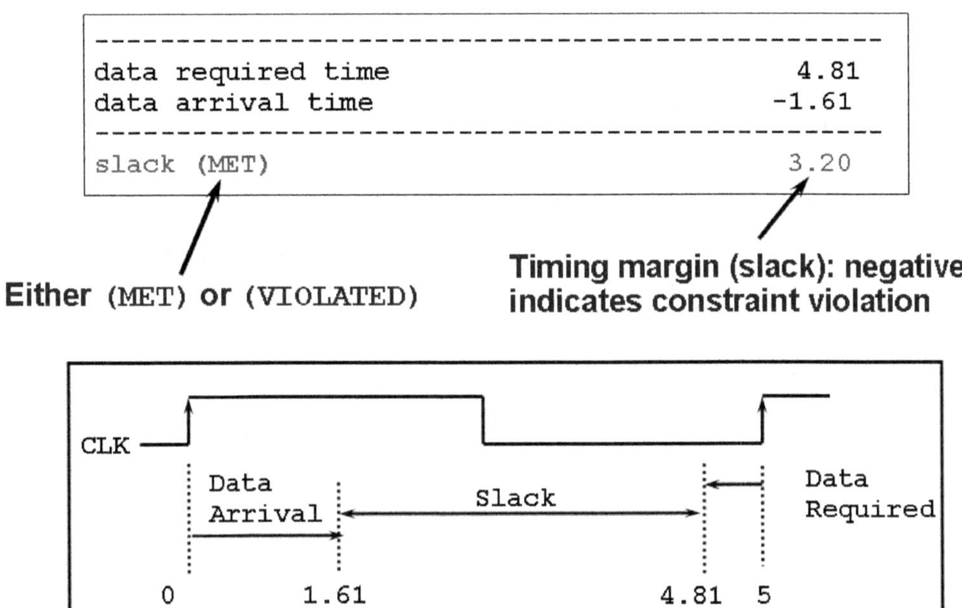

第四部分是时间总结部分，见例 5.2.4。

时间冗余(Timing margin)，又称 slack，如果为正数或'0'，表示满足时间目标。如果为负数，表示没有满足时间目标。这时，设计违反了约束(constraint violation)。

在进行静态时序分析时，report_timing 是常用的一个命令，该命令有很多选项，见下例。

```
report_timing
[-delay max/min ]
[-to name_list ]
[-from name_list ]
[-through name_list ]
[-input_pins ]
[-max_paths path_count ]
[-nets ]
[-capacitance ]
[-path full_clock ]
...
```

要记住，report_timing 命令的默认行为是报告每个时序路径组里的关键路径。有关 report_timing 命令的具体使用方法，大家可以在 DC 里，通过执行 man report_timing 命令查看。其所有选项可使用 report_timing -help 命令查看。

我们可用 report_timing 的结果来查看设计的时序是否收敛，即设计能否满足时序的要求。我们也可以用其结果来诊断设计中的时序问题，见例 5.2.5。

例 5.2.5

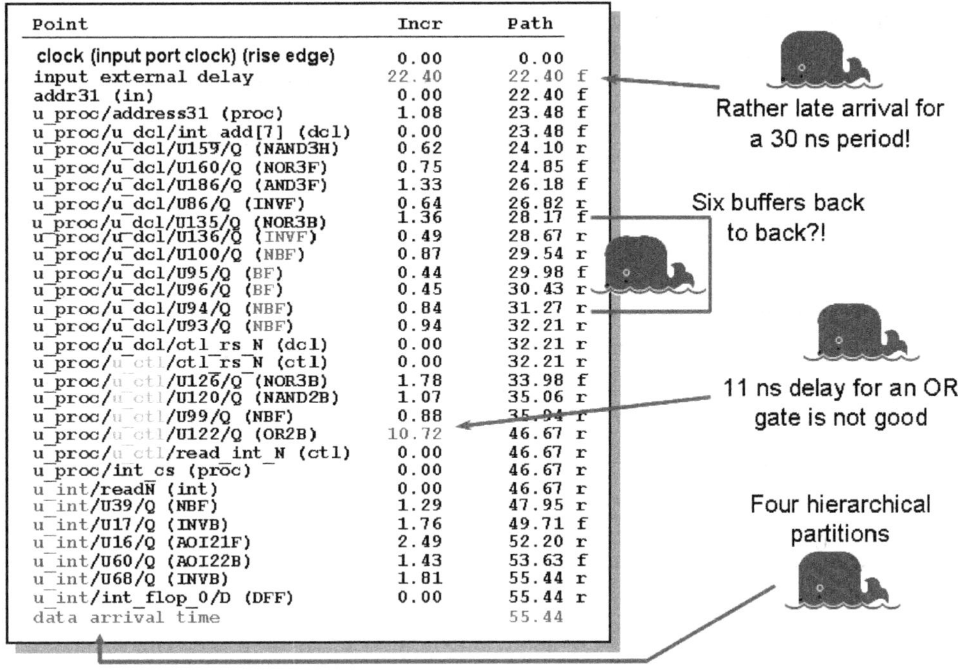

Point	Incr	Path	
clock (input port clock) (rise edge)	0.00	0.00	
input external delay	22.40	22.40	f
addr31 (in)	0.00	22.40	f
u_proc/address31 (proc)	1.08	23.48	f
u_proc/u_dcl/int_add[7] (dcl)	0.00	23.48	f
u_proc/u_dcl/U159/Q (NAND3H)	0.62	24.10	r
u_proc/u_dcl/U160/Q (NOR3F)	0.75	24.85	f
u_proc/u_dcl/U186/Q (AND3F)	1.33	26.18	f
u_proc/u_dcl/U86/Q (INVF)	0.64	26.82	r
u_proc/u_dcl/U135/Q (NOR3B)	1.36	28.17	f
u_proc/u_dcl/U136/Q (INVF)	0.49	28.67	r
u_proc/u_dcl/U100/Q (NBF)	0.87	29.54	r
u_proc/u_dcl/U95/Q (BF)	0.44	29.98	f
u_proc/u_dcl/U96/Q (BF)	0.45	30.43	r
u_proc/u_dcl/U94/Q (NBF)	0.84	31.27	r
u_proc/u_dcl/U93/Q (NBF)	0.94	32.21	r
u_proc/u_dcl/ctl_rs_N (dcl)	0.00	32.21	r
u_proc/u_ctl/ctl_rs_N (ctl)	0.00	32.21	r
u_proc/u_ctl/U126/Q (NOR3B)	1.78	33.98	f
u_proc/u_ctl/U120/Q (NAND2B)	1.07	35.06	r
u_proc/u_ctl/U99/Q (NBF)	0.88	35.94	r
u_proc/u_ctl/U122/Q (OR2B)	10.72	46.67	r
u_proc/u_ctl/read_int_N (ctl)	0.00	46.67	r
u_proc/int_cs (proc)	0.00	46.67	r
u_int/readN (int)	0.00	46.67	r
u_int/U39/Q (NBF)	1.29	47.95	r
u_int/U17/Q (INVB)	1.76	49.71	f
u_int/U16/Q (AOI21F)	2.49	52.20	r
u_int/U60/Q (AOI22B)	1.43	53.63	f
u_int/U68/Q (INVB)	1.81	55.44	r
u_int/int_flop_0/D (DFF)	0.00	55.44	r
data arrival time		55.44	

Rather late arrival for a 30 ns period!
Six buffers back to back?!
11 ns delay for an OR gate is not good
Four hierarchical partitions

例 5.2.5 中，外部的输入延迟为 22 ns，对于时钟周期为 30 ns 的设计，显然是太大了。设计中，关键路径通过 6 个缓冲器，这些缓冲器是否真的需要？OR 单元的延迟为 10.72 ns，似乎有问题。关键路径通过四个层次划分模块，从模块 u_proc，经模块 u_proc/u_dcl，经模块 u_proc/u_ctl，到模块 u_int。第三章我们介绍过，DC 在对整个电路做综合时，必须保留每个模块的端口。因此，逻辑综合不能穿越模块边界，相邻模块的组合逻辑并不能合并。

例 5.2.5 中 4 个层次划分模块使得 DC 不能充分使用组合电路的优化算法对电路进行时序优化。

除了 DC 中的 Design Time 可以作静态时序分析外，Synopsys 的 Prime Time 同样也可以作静态时序分析，而且功能更强。Prime Time 是独立的时序分析器，主要用于作整个芯片门级电路的静态时序分析。Prime Time 是 EDA 界公认的签字(Sign-Off)工具，它的时序分析结果得到各主要半导体厂商的认可。Prime Time 有如下特点：

- 运行速度比 Design Compiler 快
- 可以处理数百万门甚至数千万门的设计
- 使用和 Design Compiler 同样的工艺库和门级网表
- 使用和 Design Compiler 同样的命令，也有些其本身特有的命令，并且与 Design Compiler 时序兼容
- 使用 Tcl 工具命令语言

· 支持多时钟(multiple clocks)、多相位(multiple phases)、门控时钟(gated clocks)、多功能模式(multiple functional modes)、多周期路径(multicycle paths)、透明的锁存器(transparent latches)和借时间(time borrowing)的设计

· 支持最小时间和最大时间的分析,可以检测 false path,可以作模式分析(mode analysis),状况分析(case analysis),和在电平敏感以锁存器为主的设计(level-sensitive,latch-based designs)中进行借时间

· PrimeTime SI 支持信号完整性的分析

· PrimeTime PX 支持同时进行时序和功耗的分析

有关 PrimeTime 的更详细的资料可以参阅 PrimeTime User Guide。

第六章

电路优化和优化策略

如前所述，电路的逻辑综合由三步组成，即

综合 = 转化 + 逻辑优化 + 映射

综合前，我们必须把 RTL 源代码输入 DC，对于同样功能的电路，不同的设计者写出的 RTL 代码，代码的结构，所用的算法和描述可能是不同的，得出的结果往往也是不同的。高水平的设计师写出的代码综合后，得到的电路可能既快又小，达到设计目标。初入行的设计师写出的代码经过综合后，得到的设计可能既慢又大，不能满足设计要求。因此，综合前，我们要先检查已做的准备工作，是否满足下面的要求：

1. 好的可综合的 HDL 代码

可综合的 VHDL 或 Verilog 代码只是整个 VHDL 或 Verilog 代码的子集。

例 6.0.1 描述的加法器是可综合的代码。其测试向量(testbench)所描述的代码中，大部分是不可综合的，见例 6.0.2。

例 6.0.1

```
module add8(a, b, cin, sum, cout);
input [7:0] a, b;
input cin;
output cout;
output [7:0] sum;
wire c4, c8_0, c8_1;
wire [7:4] sum_0, sum_1;

add4 u1(a[3:0], b[3:0], cin, sum[3:0], c4);
add4 low_add(a[7:4], b[7:4], 1'b0, sum_0, c8_0);
add4 high_add(a[7:4], b[7:4], 1'b1, sum_1, c8_1);

assign sum[7:4] = c4? sum_1:sum_0;
assign cout = c4? c8_1:c8_0;

endmodule
```

```
module add4(a, b, cin, sum, cout);
input [3:0] a, b;
input cin;
output cout;
output [3:0] sum;
wire [3:1] c;

fa u1(a[0], b[0], cin, sum[0], c[1]);
fa u2(a[1], b[1], c[1], sum[1], c[2]);
fa u3(a[2], b[2], c[2], sum[2], c[3]);
fa u4(a[3], b[3], c[3], sum[3], cout);

endmodule


module fa(a, b, cin, sum, cout);
input a, b, cin;
output sum, cout;
assign {cout, sum} = a + b + cin;
endmodule
```

例 6.0.2

```
module addertb;
reg [7:0] a_test, b_test;
wire [7:0] sum_test;
reg cin_test;
wire cout_test;
reg [17:0] test;

add8 u1(a_test, b_test, cin_test, sum_test, cout_test);

initial
if (! $test$plusargs("monitoroff"))
$monitor ($time, " %h + %h = %h; cin = %h, cout = %h",
a_test, b_test, sum_test, cin_test, cout_test);

initial
```

```
begin
  for (test = 0; test <= 18'h1ffff; test = test +1) begin
    cin_test = test[16];
    a_test = test[15:8];
    b_test = test[7:0];
    #50;
    if ({cout_test, sum_test} ! == (a_test + b_test + cin_test)) begin
      $display("* * * ERROR at time = %0d * * *", $time);
      $display("a = %h, b = %h, sum = %h; cin = %h, cout = %h",
          a_test, b_test, sum_test, cin_test, cout_test);
      $finish;
    end
    #50;
  end
  $display("* * * Testbench Successfully completed! * * *");
  $finish;
end
endmodule
```

2. 好的综合模块划分

见第三章。

3. 切合实际的约束和属性

见第四章。

4. 确认设计中的 False/Multicycle Paths

见第四章。

5. 选择适当的线负载模型

见第四章。

除了要满足上述 5 点外，有时候，我们可能会加紧约束，在约束中加入富余量，要注意加紧约束不要超过 10%。

例如，假设时钟周期为 10 ns，如果我们加紧约束，可以把时钟周期设为 9.0 ns。一般情况下，不用加入太多富余量，把它设为小于 9.0 ns，例如 8.0 ns。综合时，尽量使用自顶向下(top-down)的方式作编辑(compile)。即用下面命令

compile -scan

compile 时加上开关选项"-scan"，是为了方便做可测试的设计，详见第八章。

6.1 电路优化

在编写 RTL 代码时，常常会用到算术运算，例如"+、-、* 和/"的运算。下例中用到

了加法运算。

```
if (int0)
   y <= busA + busB;
else
  y <= busC + busD;
```

代码中，究竟用那种类型的电路来完成“+”运算呢？在最终的电路中有几个加法器呢？

6.1.1 Synopsys 的知识产权库—DesignWare

DesignWare 是 Synopsys 提供的知识产权(Intellectual Property，简称 IP)库。IP 库分成可综合 IP 库(synthesizable IP)、验证 IP 库(Verification IP)和生产厂家库(foundry libraries)。IP 库中包含了各种不同类型的器件。这些器件可以用来设计和验证 ASIC、SoC 和 FPGA。库中有如下的器件：

- 积木块(Building Block)IP（数据通路、数据完整性、DSP 和测试电路等等）
- AMBA 总线构造(Bus Fabric)、外围设备(Peripherals)和相应的验证 IP
- 内存包(Memory portfolio)(内存控制器、内存 BIST 和内存模型等等)
- 通用总线和标准 I/O 接口(PCI Express、PCI-X、PCI 和 USB) 的验证模型
- 由工业界最主要的明星 IP 供应商提供的微处理器(Microprocessor)和 DSP 核心
- 生产厂家库(Foundry Libraries)
- 板级验证 IP(Board verification IP)
- 微控制器(Microcontrollers，如 8051 和 6811)
- 等等

本书主要介绍可综合库。所有的 IP 都是事先验证过的、可重复使用的、参数化的、可综合的，并且不受工艺的约束。

要使用 IP 库中的器件，我们可以用运算符号推论法(Operator Inferencing)或功能推论法(Functional Inferencing)。

运算符号推论法是直接在设计中使用“+、−、*、>、=和<”等的运算符号。

功能推论法是在设计中例化(instantiate)DesignWare 中某种算术单元，例如直接指定用库中的 DWF_mult_tc、DWF_div_uns 和 DWF_sqrt_tc 单元。

由于 DesignWare 库中的所有器件都是事先验证过的，使用该 IP 库我们可以设计得更快，设计的质量更高，增加设计的生产力和设计的可重复使用性，减少设计的风险和技术的风险。

对于每个运算符号，一般地说 DesignWare 库中会有多个结构(算法)来完成该运算。这样就允许 DC 在优化过程中评估速度/面积的折衷，选择最好的实现结果。对于一个给定的功能，如果有多个 DesignWare 的电路可以实现它，Design Compiler 将会选择能最好满足设计约束的电路。如图 6.1.1 所示，一个加法的运算可以用不同结构或算法的电路完成。

使用 DesignWare 中的 DW Foundation 库是需要许可证的(license)。DW Foundation 库提供了更好的设计质量(Quality of Result)。

行波进位加法器(Ripple Carry Adder)结构如图 6.1.2 所示。其面积和速度为：

```
Area = (bit-width) * (area of a full-adder cell) = [Order n]
```

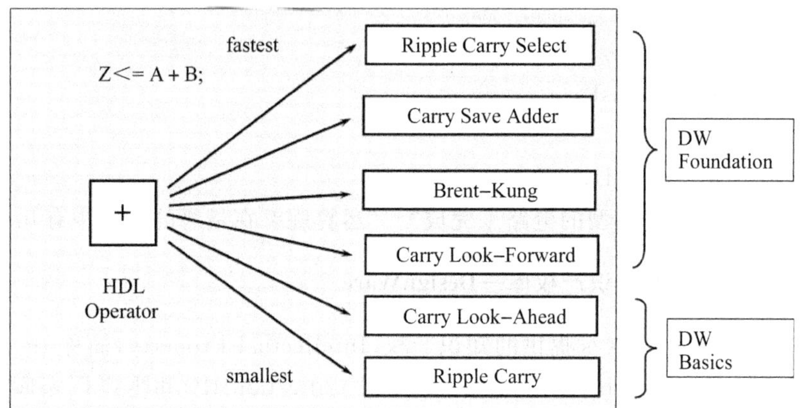

图 6.1.1

Delay = (bit-width) * (delay of a full-adder cell) = [Order n]

是面积最小但延迟最大的加法器。

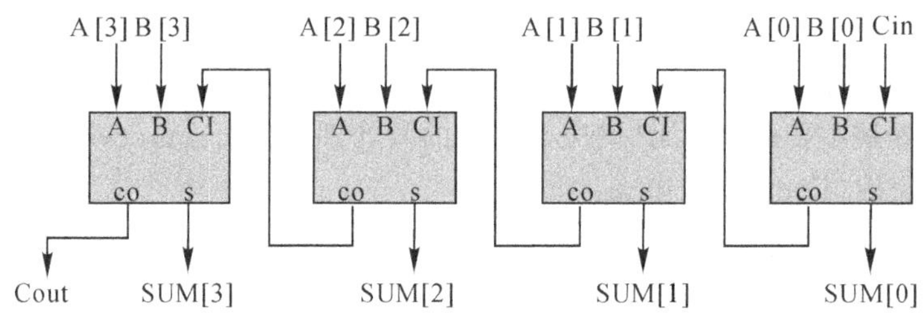

图 6.1.2

超前进位加法器(Carry Look-Ahead)的结构如图 6.1.3 所示。其面积和速度为:

Area = approximately (1 + Log2(bit-width)) * (area of a ripple adder) = [Order n * log2(n)]

Delay = delay of CLA block + delay of a full-adder cell

= approximately (1 + Log2(bit-width)) * (delay of a full-adder cell) = [Order log2(n)]

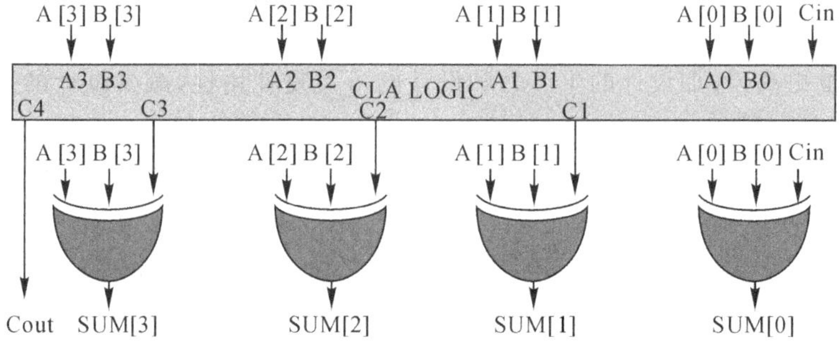

图 6.1.3

其面积比行波进位加法器大,但速度快。

进位存储加法器(Carry Save Adder)的结构如图 6.1.4 所示。

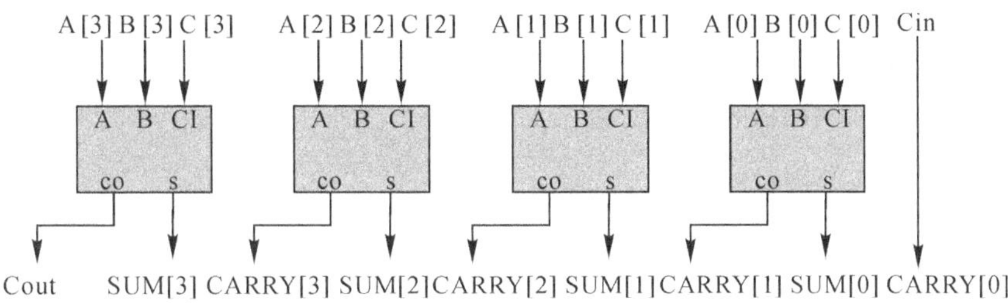

图 6.1.4

其面积和速度为：

Area = (bit-width) * (area of a one-bit full-adder cell)

Delay = (delay of a one-bit full-adder cell)

延迟与比特宽无关。

进位存储加法器是一种广泛使用的加法器，它的面积与行波进位加法器一样大，但速度要快得多。图 6.1.5 为使用 CSA 的例子。

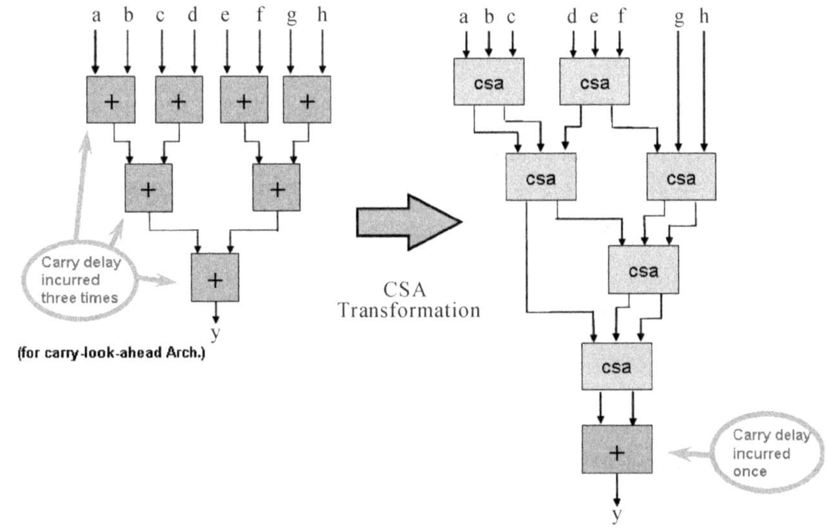

图 6.1.5

图 6.1.5 中左边为用超前进位加法器，右边为用进位存储加法器。表 6.1.1 列出了两种电路的面积和延迟比较。

表 6.1.1

输入	不用 csa	使用 csa	改进
位宽(width)	面积	面积	面积减少
8	965	438	44%
16	2310	897	61%
32	5617	1957	65%
	延迟	延迟	延迟减小
8	4.02	3.77	6%
16	4.90	4.14	16%
32	5.83	4.37	25%

可见，使用 CSA 无论在面积还是速度都有很大的改进。

使用 DesignWare 中 IP 的方法见图 6.1.6。

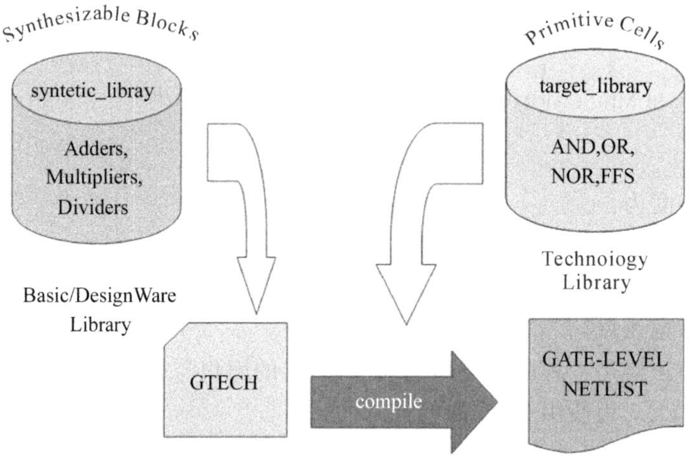

图 6.1.6

Design Compile 自动选择和优化算术器件。对于算术运算，我们并不需要在 DC 中指定标准的（基本的）综合库 standard.sldb。标准的综合库 standard.sldb 包含内置的 HDL 运算符号，综合时 DC 会自动使用这个库。如果我们要使用性能更高的额外的 IP 库，例如 DW_foundation.sldb，我们必须指定这些库，见下例。

```
# Specify for use during optimization
set synthetic_library dw_foundation.sldb
# Specify for cell resolution during link
lappend link_library $ synthetic_library
```

6.1.2 电路优化的三个阶段

电路优化包括三个阶段，在这三个阶段，都对设计作优化，见图 6.2.1。

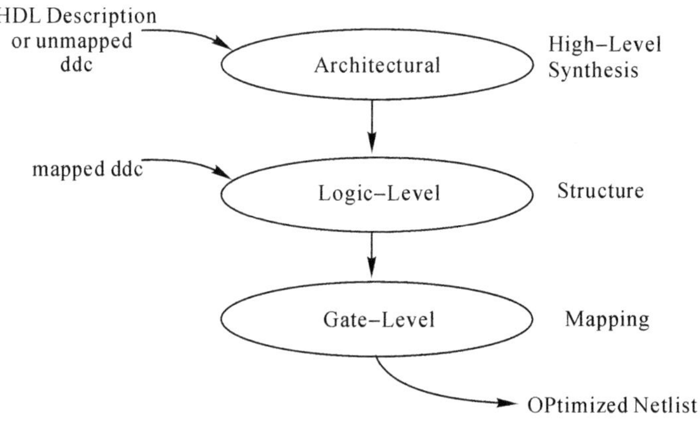

图 6.1.7

阶段 1:结构级的优化(Architectural-Level Optimization),见图 6.1.8。

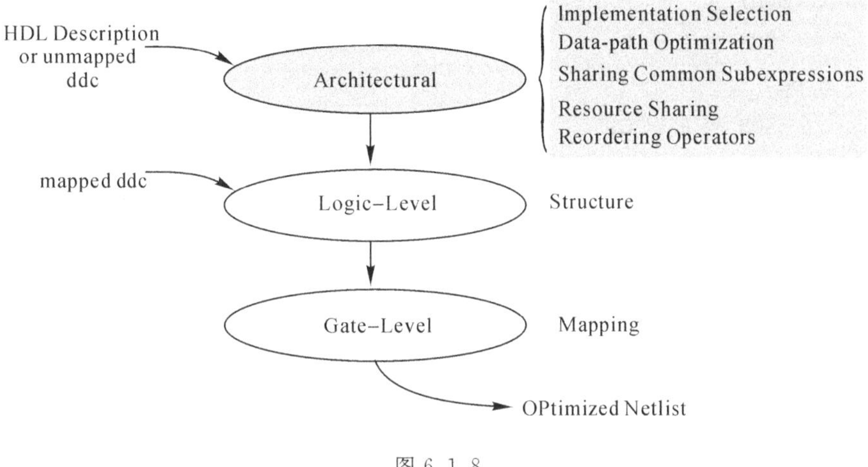

图 6.1.8

结构的优化包括:

· 设计结构的选择(Implementation Selection)

在 DesignWare 中选择最合适的结构或算法实现电路的功能

· 数据通路的优化(Data-path Optimization)

选择 CSA 等算法优化数据通路的设计

· 共享共同的子表达式(Sharing Common Subexpressions)

为了便于了解共享共同的表达式,下面举例说明其使用方法。例中有两个等式:

```
SUM1 <= A + B + C;
SUM2 <= A + B + D;
SUM3 <= A + B + E;
```

代码子表达式 A + B 可以被共用,原等式可改为:

```
Temp = A + B;
SUM1 <= Temp + C;
SUM2 <= Temp + D;
SUM3 <= Temp + E;
```

这种方法可以把比较器的数目减少,共享共同的子表达式。

· 资源共享(Resource Sharing)

例 6.1.1 的代码中,如果没有资源共享,DC 将综合出两个加法器和一个多路传输器的设计,见图 6.1.9(a)。

例 6.1.1

```
module resources(A,B,C,D,SEL,SUM);
    input A,B,C,D;
    input SEL;
    output [1:0] SUM;
    reg [1:0] SUM;
    always @(A or B or C or D or SEL)
```

```
    begin
      if(SEL)
          SUM = A + B;
      else
          SUM = A + C;
      end
endmodule
```

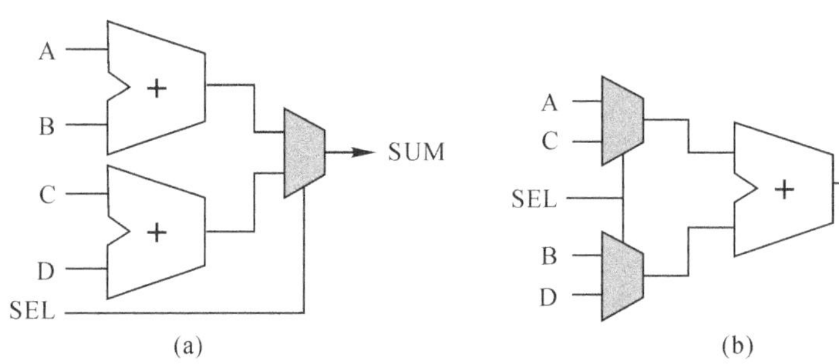

图 6.1.9

如果使用资源共享，DC 将综合出仅用一个加法器和两个多路传输器的设计，见图6.1.9(b)。

算术运算资源共享的默认策略是约束驱动的。我们也可以指示 DC 使用面积优化的策略，即将变量 hlo_resource_allocation 设置为 area。

set hlo_resource_allocation area

如果不希望资源共享，可以将即将变量 hlo_resource_allocation 设置为 none

在后者的情况下，如果我们要共享任何的算术运算，我们必须在 RTL 代码中写出，见例 6.1.2。

例 6.1.2

```
module resources(A,B,C,D,SEL,SUM);
input A,B,C,D;
input SEL;
output [1:0] SUM;
reg [1:0] SUM;
reg Op1, Op2;
always @(A or B or C or D or SEL)
if (SEL == 1'b1)
  begin
    Op1 = A;
    Op2 = B;
  end
else
  begin
```

```
      Op1 = A;
      Op2 = C;
    end
    SUM = Op1 + Op2;
Endmodule
```

· 重新排序运算符号(Reordering Operators)

RTL 代码包含有电路的拓扑结构。VHDL/HDL 编译器从左到右解析表示式。括号的优先级更高。DC 中 DesignWare 以这个次序作为排序的开始。

表达式 SUM <= A * B + C * D + E + F + G 在 DC 中的开始结构为图 6.1.10。

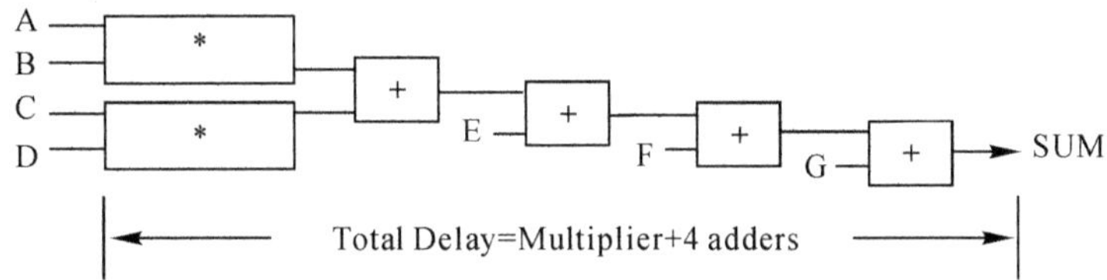

图 6.1.10

电路的总延迟等于一个乘法器的延迟加上 4 个加法器的延迟。

为了使电路的延迟减少，我们可以改变表达式的次序或用括号强制电路用不同的拓扑结构。例如：

SUM <= E + F + G + C * D + A * B

或

SUM <= (A * B) + ((C * D) + ((E + F) + G))

这时，电路的结构为图 6.1.11。

图 6.1.11

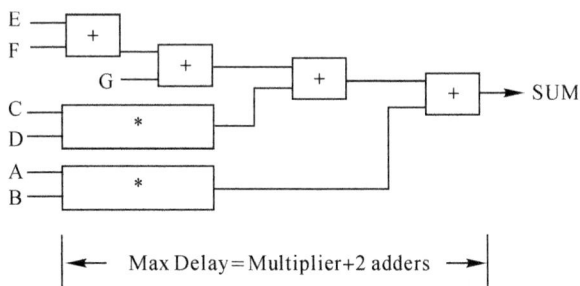

电路的总延迟等于一个乘法器的延迟加上 2 个加法器的延迟，比原来的电路少了 2 个加法器的延迟。

阶段 2：逻辑级优化(Logic-Level Optimization)，见图 6.1.12。

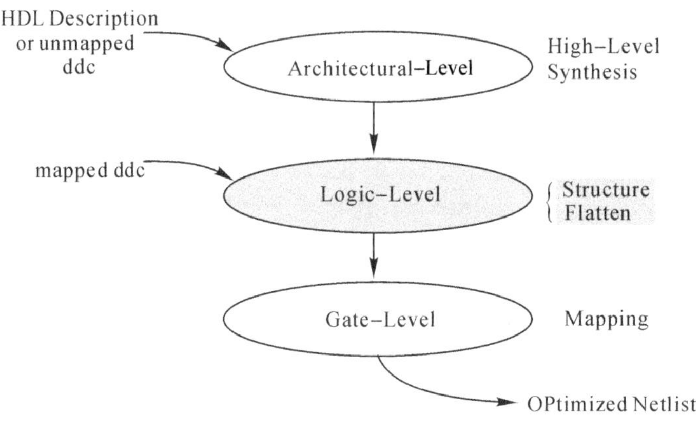

图 6.1.12

做完结构的优化后，电路的功能以 GTECH 的器件来表示。在逻辑级优化的过程中，可以作结构(Structuring)优化和展(开)平(Flattening)优化。

结构(Structuring)优化用共用子表达式来减少逻辑，这种方式既可用作速度优化又可用作面积优化。结构优化是 DC 默认的逻辑级优化策略。

结构优化在作逻辑优化时，在电路中加入中间变量和逻辑结构。DC 作结构优化时，寻找设计中的共用子表达式。

例如，图 6.1.13(a)中所示的电路，在作结构优化前，电路的功能的表达式为：

f0 = a b + a c

f1 = b + c + d

f2 = b'c'e

做完结构优化后，电路功能的表达式为：

f0 = a t0

f1 = t0 + d

f2 = t0'e

t0 = b + c

t0 是电路的共用子表达式。优化后的电路见图 6.1.13(b)。

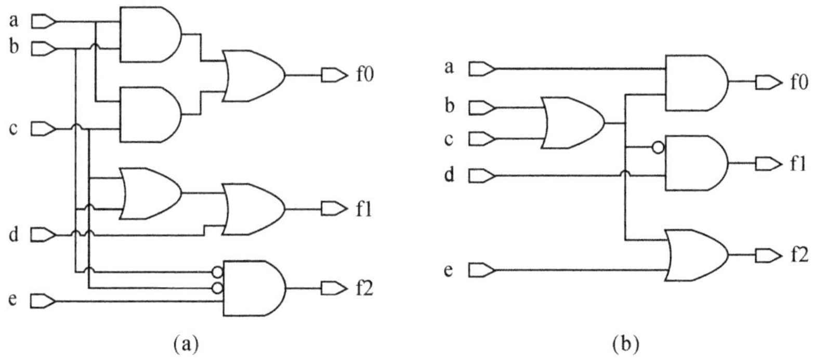

图 6.1.13

值得一提的是逻辑级的共用子表达式和结构级的共用子表达式是不同的，前者指门级电路的共用子表达式，后者指的是算术电路的共用子表达式。

结构优化并不会改变设计的层次。用下面的命令设置结构优化：

set_structure true

展平优化把组合逻辑路径减少为两级，变为乘积之和（sum-of-products，简称 SOP）的电路，即先与（and）后或（or）的电路，见图 6.1.14。

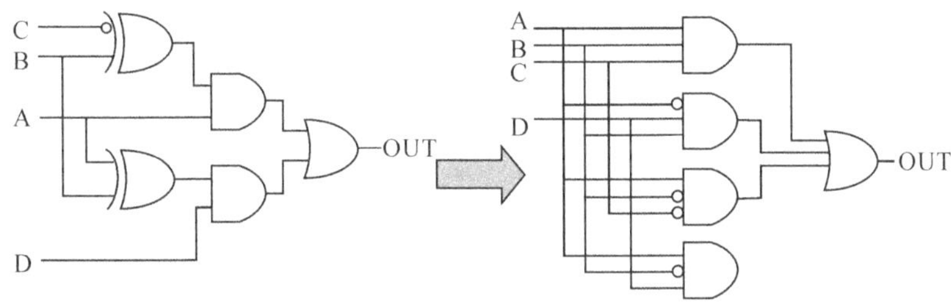

图 6.1.14

这种优化主要用作速度的优化，电路的面积可能会很大。用下面的命令设置展平优化：

set_flatten true -effort low | medium | high

命令选项"-effort"后的默认值为 low，对大部分设计来说，默认值都能收到好的效果。如果电路不易展平，优化就停止。如果把选项"-effort"后的值设为 medium，DC 将花更多的 CPU 时间来努力展平设计。如果把选项"-effort"后的值设为 high，展平的进程将继续直到完成。这时，可能要花很多时间进行展平优化。

结构（Structuring）优化和展平（Flattening）优化的比较

Structuring	Flattening
产生中间结构来完成设计	移去中间结构一把设计减少为乘积（之）和
与约束有关	与约束无关
即可以做面积的优化又可以做速度的优化	面积可能会很大
	不能保证展平的结果是两级的乘积之和 （可能受工艺库的局限）
set_structure true|false	set_flatten true|false

阶段 3. 门级优化（Gate-Level Optimization），见图 6.1.15。

门级优化时，Design Compiler 开始映射，完成实现门级电路。映射的优化过程包括 4 个阶段：

- 阶段 1：延迟优化
- 阶段 2：设计规则修整
- 阶段 3：以时序为代价的设计规则修整
- 阶段 4：面积优化

如果我们在设计上加入了面积的约束，Design Compiler 在最后阶段（阶段 4）将努力地去减少设计的面积。

门级优化时需要映射组合功能和时序功能。

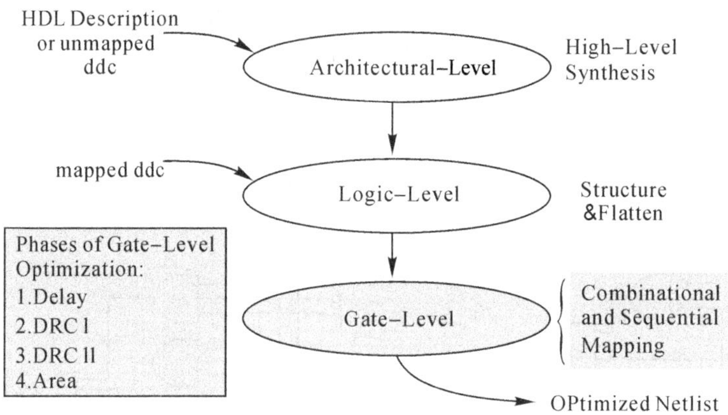

图 6.1.15

组合功能的映射是这样的过程，DC 从目标库中选择组合单元组成设计，该设计能满足时间和面积的要求，见图 6.1.16。

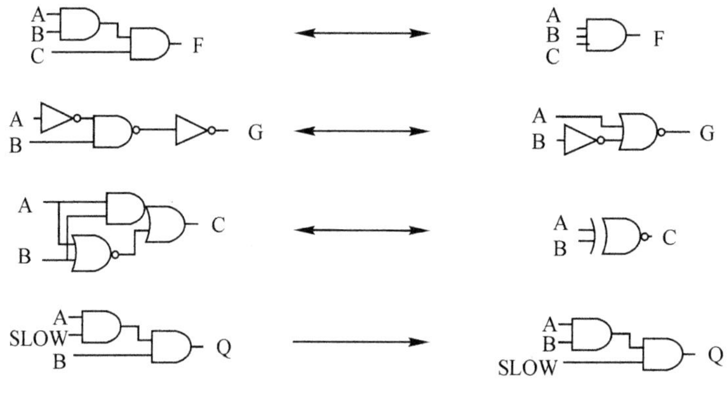

图 6.1.16

时序功能的映射是这样的过程，DC 从目标库中选择时序单元组成设计，该设计能满足时间和面积的要求，见图 6.1.17。时序映射时，为了提高速度和减少面积，DC 会选择比较复杂的时序单元。

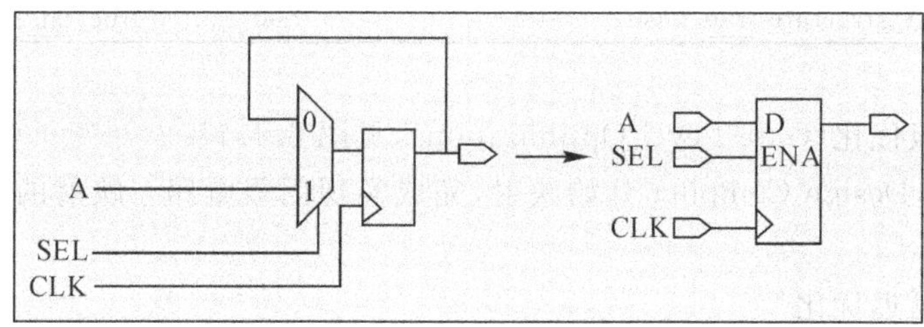

图 6.1.17

如第五章所示，工艺库中包括了厂商为每个单元指定的设计规则。设计规则有：max_capacitance、max_transition 和 max_fanout。映射过程中，DC 会检查电路是否满足设计规则的约束，如有违反之处，DC 会通过插入缓冲器(buffers)和修改单元的驱动能力(resizes cells)进行设计规则的修整。

修正设计规则的步骤，见图 6.1.18。

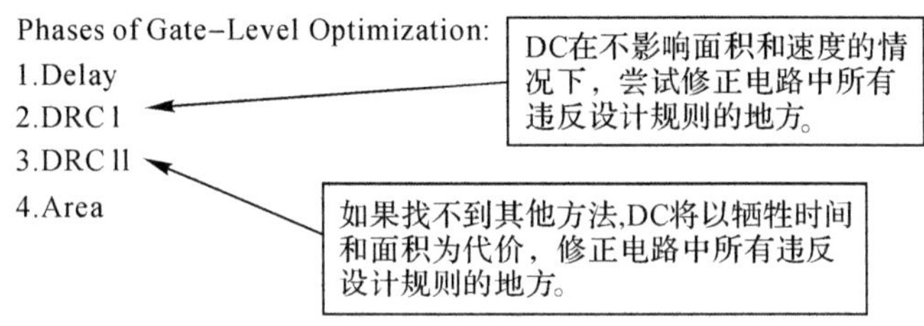
Phases of Gate-Level Optimization:
1.Delay
2.DRC I
3.DRC II
4.Area
DC在不影响面积和速度的情况下，尝试修正电路中所有违反设计规则的地方。
如果找不到其他方法,DC将以牺牲时间和面积为代价，修正电路中所有违反设计规则的地方。

图 6.1.18

DC 在下面的情况下完成优化，停止综合：

- 所有的约束都满足了
- 用户中断
- Design Compiler 到了综合结果收益递减的阶段，即再综合下去对结果也不能有多大的改善

在进行延迟优化时，键入 Ctrl-C 引起用户中断，出现下面的菜单：

```
Please type in one of the following options:
    1 To Write out the current status of the design
    2 To Abort optimization
    3 To Kill the process
    4 To Continue optimization
Please enter a number:
```

键入 Ctrl-C 三次会终止(kills)DC 的进程，回到 UNIX shell。

图 6.1.19 是编辑(综合)过程中出现的报告。

Beginning Delay Optimization Phase

ELAPSED TIME	AREA	WORST NEG SLACK	TOTAL NEG SLACK	DESLGN RULE COST	ENDPOINT
0:10:04	2761.7	1.38	3.20	18.1	NRO_Flag/D
0:10:05	2761.7	1.38	3.20	18.1	NRO_Flag/D
0:10:08	2761.7	1.28	3.10	18.1	NRO_Flag/D
0:10:12	2761.7	1.26	3.06	18.1	NRO_Flag/D

Critical Path timing violations

Sum of all timing violations

图 6.1.19

设计中常常会出现多次例化的情况，见图 6.1.20。

在这种情况下，DC 在编辑时，会复制每个例化的模块。每个模块对应一个拷贝，并且有一个独一无二的名字。这样 DC 可以根据每个模块本身特有的环境做优化和映射，见图 6.1.21。

在 DC 里，我们可以用 uniquify 命令为设计中的每一个模块产生一个名字唯一的拷贝。

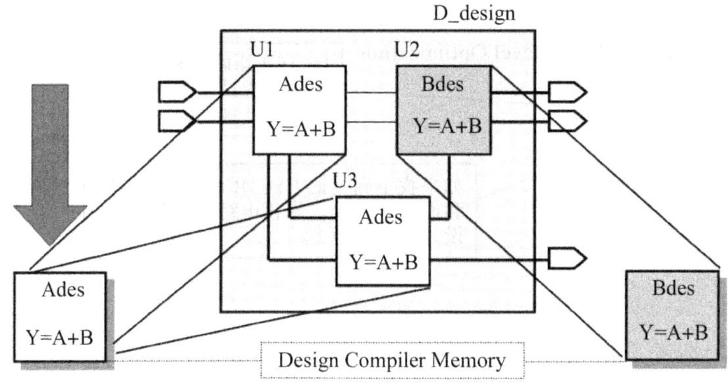

图 6.1.20

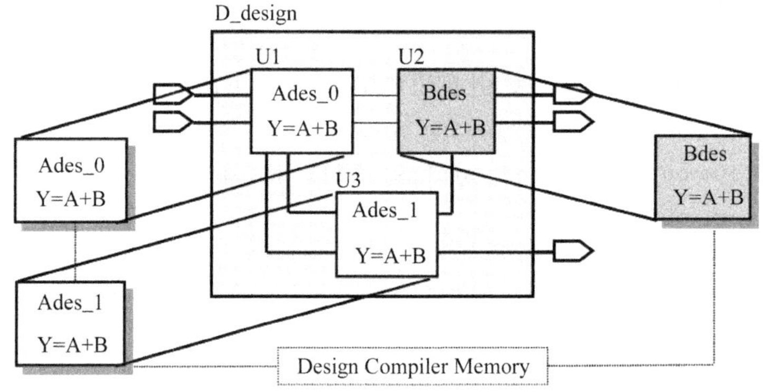

图 6.1.21

DC 在为设计做编辑(compile)时,也会自动地为每一个模块产生一个唯一的有名字的拷贝。

变量 uniquify_naming_style 可以用来控制多次例化子模块每个拷贝的命名方式。其详细的使用方法可以在 DC 中用"man uniquify_naming_style"来查看。

6.2 优化策略

对设计作综合优化时,很难做到一次成功,满足设计的目标。第一次编辑后,往往会有很多的违反设计约束和设计规则的地方。我们需要对结果进行分析,找出问题所在,对原代码或约束等进行修改,然后再做编辑或增量编辑,再检查结果。如此下去,直到设计满足目标要求。综合的设计流程见图 6.2.1。

由于设计的规模越来越大,使用的半导体工艺越来越先进,越来越多的设计使用超深亚微米工艺。在很多情况下,面积已不是设计中的主要目标。在一个规模达数百万门的设计中,增加或减少几万门电路对设计的成本可能没有多大的影响。因此,我们在一般情况下,把时序和设计规则作为设计的目标。

如图 6.2.1 所示,开始时,先将 HDL 代码和设计约束读入 Design Compiler。然后对设计进行编辑(综合)。编辑完成后,检查结果,查看电路是否满足时间和设计规则的要求。对

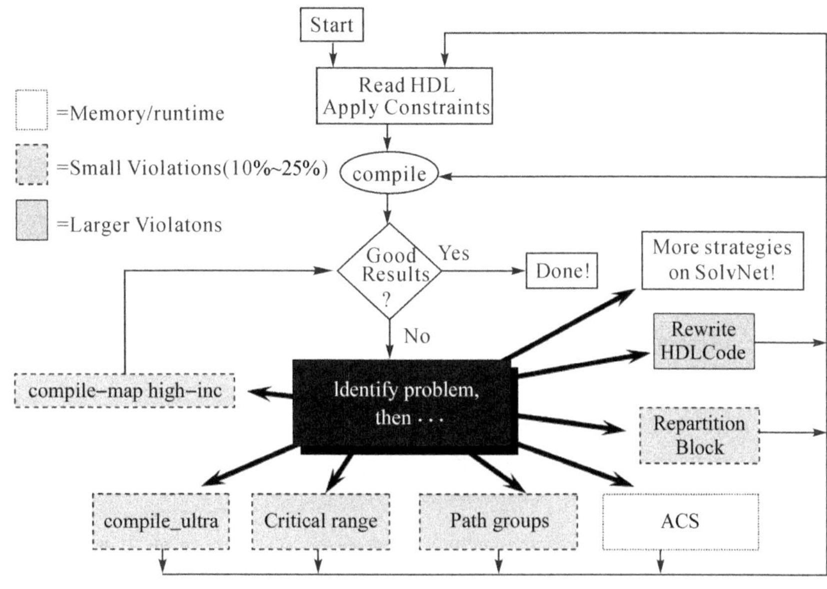

图 6.2.1

于时间的检查，可用 report_timing 命令来显示详细的时间报告。如果设计既能满足时间和面积的要求又不违犯设计规则，那么综合完成。可以把门级网表和设计约束等交给后端(backend)工具做布局(placement)、时钟树综合(clock tree synthesis)和布线(route)等，产生 GDSII 文件。如果设计不能满足时间和面积的要求或违犯设计规则等，就要分析问题所在，判断问题的大小，然后采取适当的措施解决问题。

6.2.1 编辑策略

对于比较小的问题，如时序的违规(timing violation)在时钟周期的 10%～25%或更小，可以采用如下方式：

• 使用 compile_ultra 命令

compile_ultra 命令适用于时序要求比较严格，高性能的设计。使用该命令可以得到更好的延迟质量(delay QoR)，特别适用于高性能的算术电路优化。该命令非常容易使用，它自动设置所有所需的选项和变量。

compile_ultra 命令包含了以时间为中心的优化算法，在编辑过程中使用的算法有：以时间为驱动的高级优化(Timing driven high-level optimization)；为算术运算选择适当的宏单元结构；从 DesignWare 库中选择最好的数据通路实现电路；映射宽扇入(Wide-fanin)门以减少逻辑级数；积极进取地使用逻辑复制进行负载隔离；在关键路径自动取消层次划分(Auto-ungrouping of hierarchies)。

compile_ultra 命令支持 DFT 流程。

compile_ultra 命令非常简单易用，它的开关选项有：

```
—scan                    # 做可测试编辑
—no_autoungroup          # 关掉自动取消划分特性
—no_boundary_optimization    # 不作边界优化
```

—no_uniquify # 加速含多次例化模块的设计的运行时间
—area_high_effort_script # 面积优化
—timing_high_effort_script # 时序优化

使用 compile_ultra 命令时，如使用下面变量的设置，所有的 DesignWare 层次自动地被取消。

set compile_ultra_ungroup_dw true

（默认值为 true）

使用 compile_ultra 命令时，使用下面的变量设置，如果设计中有一些模块的规模小于或等于变量的值，模块层次被自动取消。

set compile_auto_ungroup_delay_num_cells 100（默认值 = 500）

为了使设计的结果最优化，我们建议将 compile_ultra 命令和 DesignWare library 一起使用。

边界优化指在编辑时，Design Compiler 传递常数、没有连接的引脚和补码(complement)信息，见图 6.2.2。

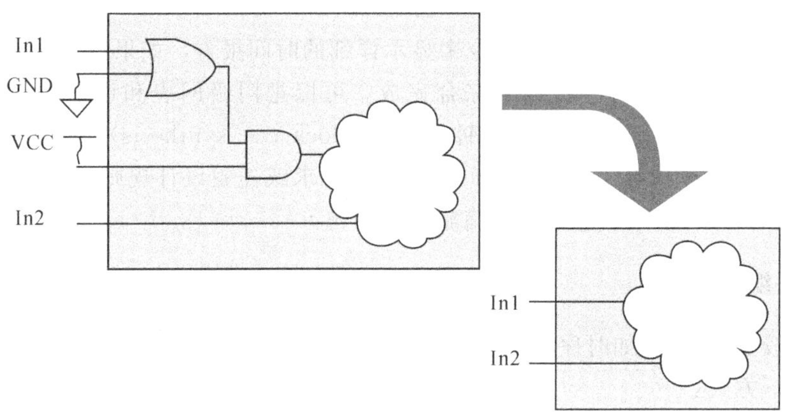

图 6.2.2

在 DC Ultra 中，我们可以用 Behavioral ReTiming(简称 BRT)技术，对门级网表的时序进行优化，也可以对寄存器的面积进行优化。

BRT 通过对门级网表进行管道传递(pipeline)，使设计的传输量(throughput)更快。

BRT 有两个命令：

1. optimize_registers

适用于包含寄存器的门级网表

2. pipeline_design

适用于纯组合电路的门级网表

图 6.2.3 所示的电路中，后级的寄存器与寄存器之间的时序路径延迟为 10.2 ns，而时钟周期为 10 ns，因此，这条路径时序违规。但是前级的寄存器与寄存器之间的时序路径延迟为 7.5 ns，有时间的冗余。使用 optimize_registers 命令，可以将后级的部分组合逻辑移到前级，使所有的寄存器与寄存器之间的时序路径延迟都小于时钟周期，满足寄存器建立时

间的要求。

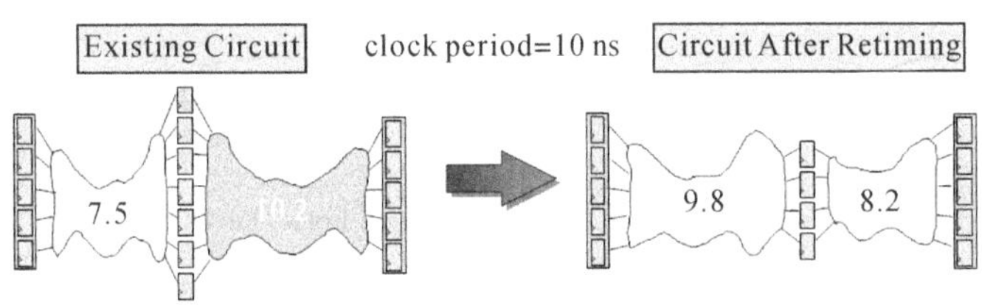

图 6.2.3

optimize_registers 命令首先对时序做优化，然后对面积作优化。优化后，在模块的输入/输出边界，电路的功能保持不变。该命令只对门级网表作优化。

图 6.2.4 所示的左边电路，是一个纯组合电路，它的路径延迟为 23.0 ns。对这个电路进行管道传递优化后，得到如右图所示的电路。显然，电路的传输量(throughput)加快了。

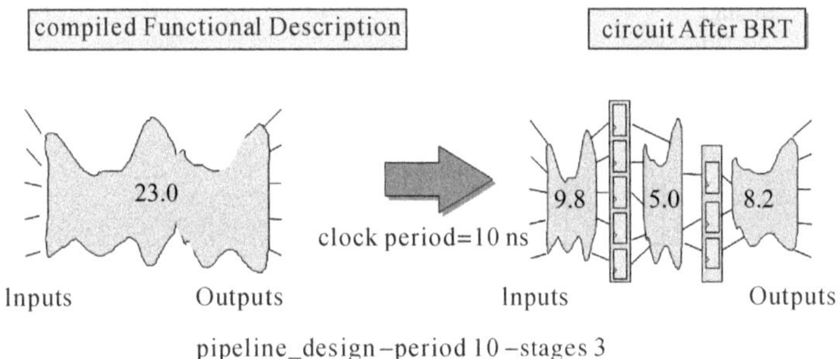

图 6.2.4

· 使用 compile -scan -inc 命令

使用增量编辑时，DC 只作门级优化，见图 6.2.5(a)。这时，设计不会回到 GTECH。编辑时不作逻辑级优化，DesignWare 实现(选择)可能改变，编辑后设计的时序会变好或保持与原来的时序一样。

增量编辑比一般的编辑快得多。

增量编辑如果与选项"-map high"一起使用，将迫使 DC 尽最大的努力，使用更多算法去达到设计目标。同时由于使用了增量编辑，运行的时间不会太长，见图 6.2.5(b)。

· 使用自定义路径组和关键范围

DC 的默认行为是对关键路径作优化。当它不能为关键路径找到一个更好的优化解决方案时，综合过程就停止。DC 不会对次关键路径(Sub-critical paths)作进一步的优化。因此，如果关键路径不能满足时序的要求，违反时间的约束，次关键路径也不会被优化，它们仅仅被映射到工艺库，见图 6.2.6。

图 6.2.7 中，假设加设计约束后，所有的路径属于同样的时钟组。

如果组合电路部分的优化不能满足时序要求，并且关键路径在组合电路里，根据 DC 的默认行为，对处于组合电路中关键路径的优化阻碍了与它属于相同时钟组的寄存器和寄

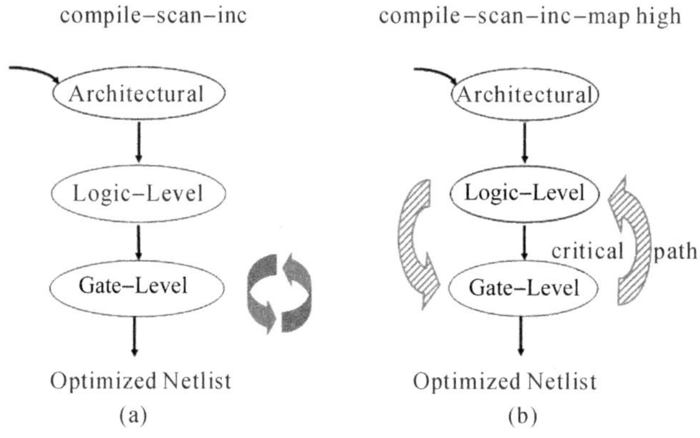

图 6.2.5

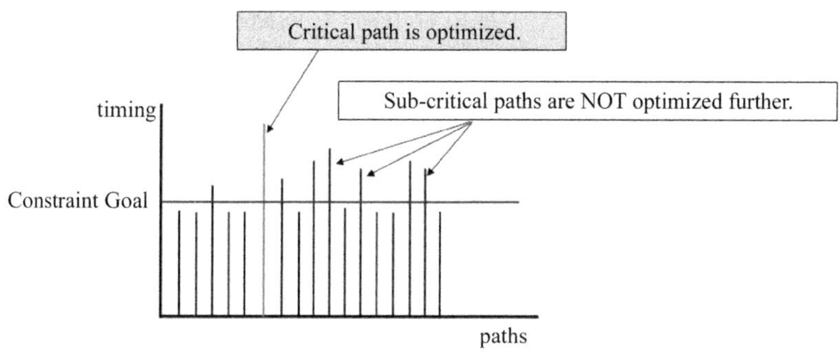

图 6.2.6

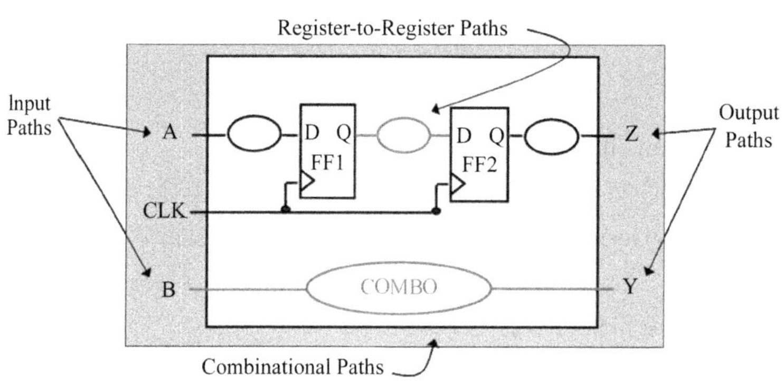

图 6.2.7

存器之间路径的优化。防止出现这种情况可用下面两种方法：

1. 自定义路径组(User-Defined Path Groups)

自定义路径组允许对优化作更多的控制。

综合时，工具只对一个路径组的最差(延时最长)的路径作独立的优化，但并不阻碍另外自定义路径组的路径优化。产生自定义路径组也可以帮助综合器在做时序分析时采用各自击破(divide-and-conquer)的策略，因为 report_timing 命令分别报告每个时序路径组的时序路径。这样可以帮助我们对设计的某个区域进行孤立，并分析出问题所在，见图 6.2.8。

产生自定义路径组的命令见例 6.2.1。

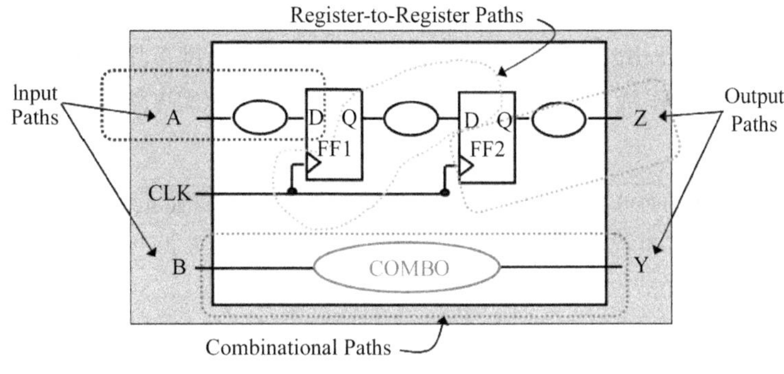

图 6.2.8

例 6.2.1

```
# Avoid getting stuck on one path in the reg-reg group
group_path -name INPUTS -from [all_inputs]
group_path -name OUTPUTS -to [all_outputs]
group_path -name COMBO -from [all_inputs] -to [all_outputs]
```

例 6.2.1 的命令产生三个自定义的路径组，加上原有的路径组，即寄存器到寄存器的路径组，在图 6.2.8 中，现有 4 个路径组。

组合电路的路径，属于"COMBO"组。由于该路径组的起点是输入端，在执行"group_path -name INPUTS -from [all_inputs]"命令后，命令中用了选项"-from [all_inputs]"，它们原先属于"INPUTS"组。在执行"group_path -name OUTPUTS -to [all_outputs]"命令后，组合电路的路径不会被移到"OUTPUTS"组，因为开关选项"-from"的优先级高于选项"-to"，因此组合电路的路径还是留在"INPUTS"路径组。但是由于"group_path -name COMBO -from [all_inputs] -to [all_outputs]"命令中同时使用了开关选项"-from"和"-to"，组合电路路径的起点和终点同时满足要求，因此它们最终归属于"COMBO"组。DC 以这种方式工作来防止由于命令次序的改变而使结果不同。

用 report_path_group 命令来得到设计中时序路径组的情况。

产生自定义的路径组后，路径优化图从图 6.2.6 变为图 6.2.9。此时，寄存器和寄存器之间的路径可以得到优化。

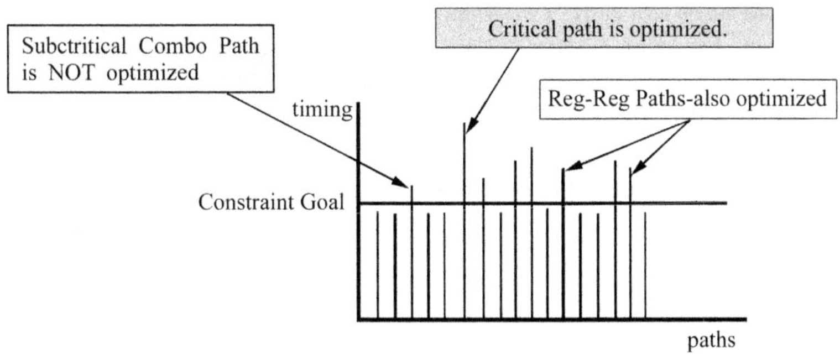

图 6.2.9

2. 关键范围(Critical Range)

我们用 set_critical_range 2 [current_design]命令设置关键范围，DC 会对在关键路径 2 ns 的范围内的所有路径作优化，见图 6.2.10。解决相关次关键路径的时序问题可能也可以帮助关键路径的优化。

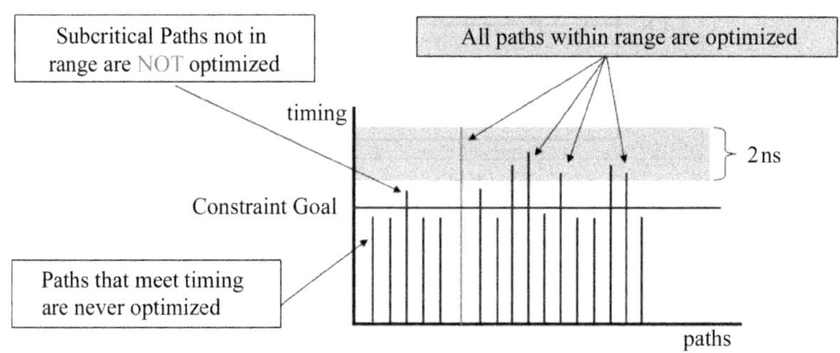

图 6.2.10

如果在执行 set_critical_range 命令后，优化时使关键路径时序变差，DC 将不改进次关键路径的时序。我们建议关键范围的值不要超过关键路径总值的 10%。

3. 自定义路径组+关键范围

在每一个路径组用指定的关键范围来设置设计的关键范围，见下面的命令。

```
# Example: Add a critical range to each path group
group_path -name CLK1 -critical_range 0.3
group_path -name CLK2 -critical_range 0.1
group_path -name INPUTS -from [all_inputs] \
-critical_range 0
report_path_group
```

同时使用自定义时序路径组和关键范围，会使 DC 运行时间加长，并且需要使用计算机的很多内存。但这种方法值得一试，因为 DC 默认地只在每个路径组优化关键路径。如果在一条路径上关键路径不能满足时间，它不会尝试其他的方法对该时序路径组的其他路径做优化。如果能使 DC 对更多的路径做优化，它可能在对设计的其他部分做更好的优化。在数据通路的设计中，很多时序路径是相互关联的，对次关键路径的优化可能会改进关键路径的时序。设置关键范围后，即使 DC 不能减少设计中的最差负数冗余(Worst Negative Slack)，它也会减少设计中总的负数冗余(Total Negative Slack)。

自定义路径组和关键范围的区别如下。

自定义路径组：

用户自定义路径组后，如果设计的总性能有改善，DC 允许以牺牲一个路径组的路径时序(时序变差)为代价，而使另一个路径组的路径时序有改善。在设计中加入一个路径组可能会使时序最差的路径时序变得更差。

关键范围：

关键范围不允许因为改进次关键路径的时序而使同一个路径组的关键路径时序变得更差。如果设计中有多个路径组，我们只对其中的一个路径组设置了关键范围，而不是对整个设计中的所有路径组都设置了关键范围，DC 只会并行地对几条路径优化，运行时间不会增加很多。

· 重新划分模块(Repartition Block)

见第三章。

6.2.2 自动芯片综合(Automated Chip Synthesis)

在综合设计流程图 6.2.1 中，有时候由于设计规模大，使 DC 的运行时间太长，并且需要很多的计算机内存。我们可以使用 DC 中的自动芯片综合(ACS)命令对设计进行编辑。

ACS 使用各自击破(divide-and-conquer)的策略，先把大的设计划分成比较小的子模块，然后对划分好的子模块进行编辑，再在顶层把子模块集成为整个设计。这样即可以完成设计的综合，又能解决运行时间长和需要很多内存的问题。ACS 分三个步骤。

1. 把设计划分成易于处理的子设计，这样可以采用自底向上的策略。

2. 自动为子设计或模块产生编辑脚本和约束预算，ACS 选择为划分好的模块做编辑时，它先为要进行编辑的模块产生编辑脚本和设计的约束。

3. 进行单个命令的平行综合(parallel synthesis)

a. ACS 有很强的功能。如果有多个 CPU 和多个 DC 的许可证(license)，ACS 可以并行地把模块编辑工作同时分配到多个 CPU 上，逻辑综合在多个 CPU 上并行地进行。综合速度会很快。

b. 如果只有一个 CPU，通过在一个 CPU 上做串行编辑，即模块的逻辑综合一个接着一个地进行，也可以做到运行速度快，内存需要少。

ACS 的基本流程和命令见图 6.2.11。

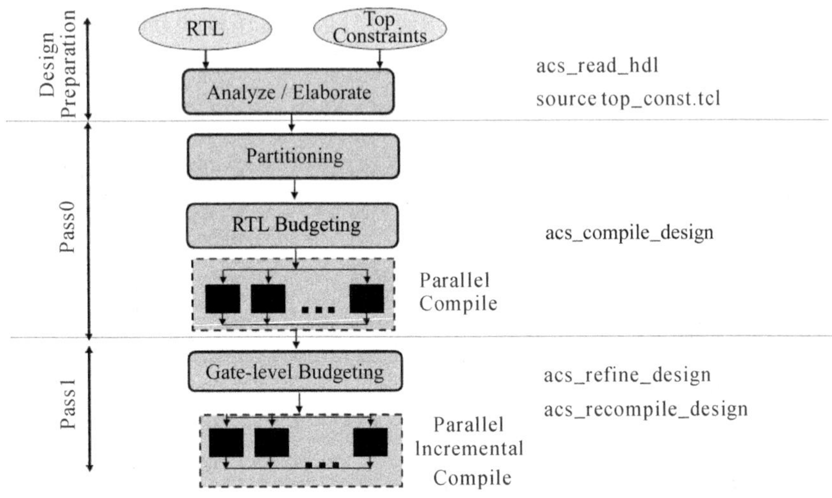

图 6.2.11

在图 6.2.11 中，左边是 ACS 的流程，右边是 ACS 的相应命令。可以看出，命令简单易用。右边的几个命令是 ACS 运行两次优化的所需要的所有命令。

ACS 的流程很灵活，用户可以根据不同的结果，选择不同的流程，见图 6.2.12。

使用 ACS 时，必须做第一次“pass 0”的综合(编辑)。

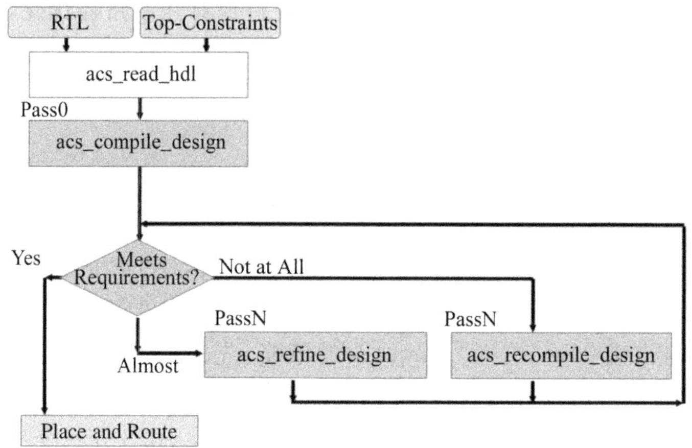

图 6.2.12

根据第一次结果，如果设计的所有目标已经满足，可以把设计的结果交给后端(Backend)工程师，做布局、时钟树综合和布线。如果设计还不满足时序等的要求，我们需要做第二次或多次的编辑。在第一次编辑"pass 0"后，如果设计的时序与目标接近，那么可以继续执行 acs_refine_design 命令，使设计达到目标。

在第一次编辑"pass 0"后，如果设计的时序与目标相差比较大，那么执行可以 acs_recompile_design命令或根据"pass 0"的结果，检查问题的严重性，重新划分模块或为设计重新编写代码。

对于一些设计，有可能需要在 DC 中多次执行 acs_refine_design 命令和 acs_recompile_design 命令，才能达到设计的目标。

ACS 的默认行为是使用第一级子设计(顶级设计的层次子模块)作为编辑模块的划分。acs_refine_design 命令和 acs_recompile_design 命令的编辑脚本和约束见图 6.2.13。

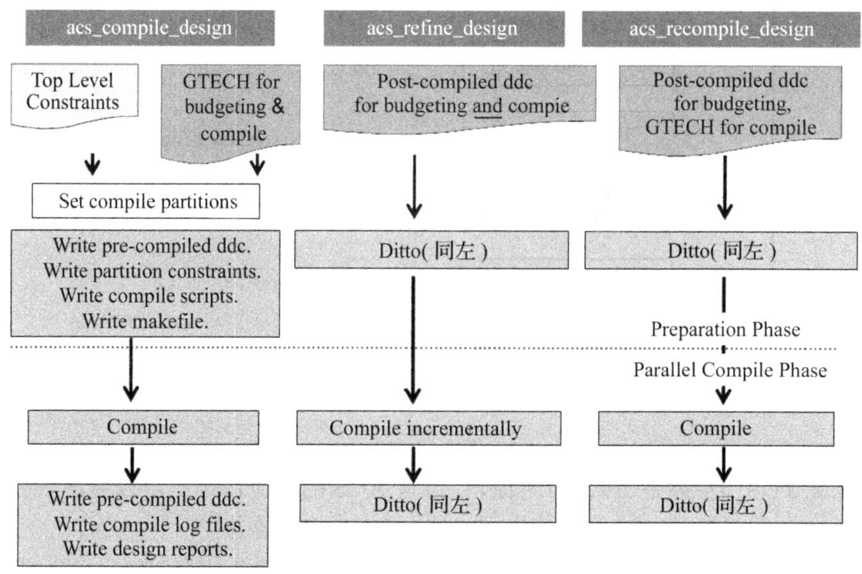

图 6.2.13

acs_refine_design 命令和 acs_recompile_design 命令将使用同样的设计约束，但是使用不同的输入。

acs_recompile_design 命令的输入是 GTECH 格式的设计，但是 acs_refine_design 命令的输入是先前综合出来的门级网表。

ACS 命令自动产生文件的目录结构，见图 6.2.14。当然，我们也可以自己定制目录结构和文件名。

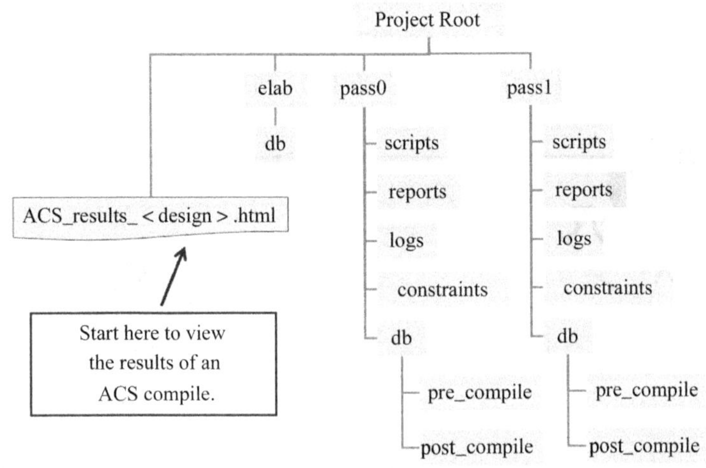

图 6.2.14

Unix 目录 elab 可以支持更新模式（update mode）。如果我们只修改设计的一小部分然后重新编辑子模块，那么我们并不需要重新编辑整个设计，只须在执行 acs_read_hdl 命令时使用更新模式的选择开关“-auto_update”。

ACS 的编辑结果可以通过文本编辑命令或显示命令（如 vi 或 more）来查看，也可以用互联网浏览器来查看编辑后得到的报告、记录文件、脚本和约束等，见图 6.2.15。

ACS HTML report for design RISC_CORE

Design	RISC_CORE
Destinaticn	Pass0
Date	Set Jen 29 23:20:21 2005
Work Directory	/remote/training/projects/Designcompiler
No. of Partitions	
User Defined Compile Script	
User Defined Const.raint	
Knviconoont File	env
Reports	report_area report_tining report_conotrain report_qor

cake	script(?)	conatraint(?)	log file	sccore	uarning
(cep design)	partitien run accripe	budgeted conatraint	log file	0	0
	partition run accipt	budgeted conetraint	log file	0	0
	partition run acript	budgeted conetraint	log file	0	0

图 6.2.15

可见，ACS 的结果报告可以以 HTML 写成，方便用浏览器来查看。

ACS 的所有命令可以在 Design Compiler 中用“help acs * ”命令查看，该命令列出与 ACS 有关的所有命令。与 ACS 相关的变量可用“printvar *acs* ”命令列出来。

在综合设计流程图 6.2.1 中，如果编辑后的时序离目标相差很远，例如时间的违规(timing violation)大于时钟周期的 50%，可能需要重新编写设计的 RTL 代码。

6.3 网表的生成格式及后处理

如前所述，功能等价的代码，编写代码的风格和算法不同，综合后，会得到不同的结果。我们不能仅仅依靠 Design Compiler 来"修理"拙劣的编码设计。综合前，在设计 RTL 代码时，要尝试了解你所描述代码的"硬件结构"，给 DC 一个最好的可能起点，见图 6.3.1。

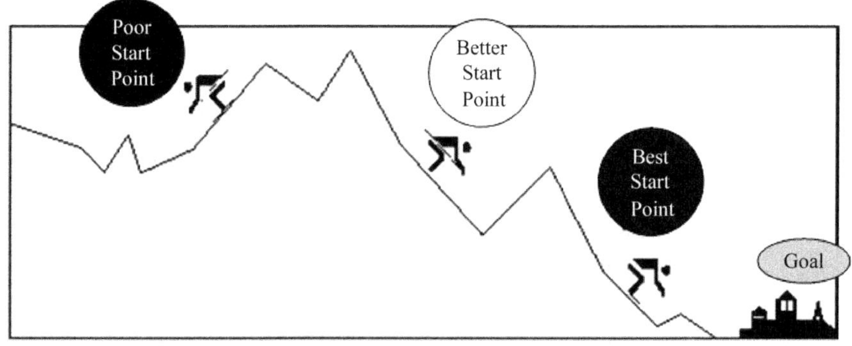

图 6.3.1

综合时，为了增加电路的可测试性，通常采用在设计中插入扫描链。插入扫描链包括用扫描触发器(Scannable Flip-Flop)来代替所有的标准触发器(Regular Flip-Flop)，在电路中加入内部扫描链。我们必须在设计的早期阶段，计算扫描触发器对电路的时间和面积的影响，见图 6.3.2。

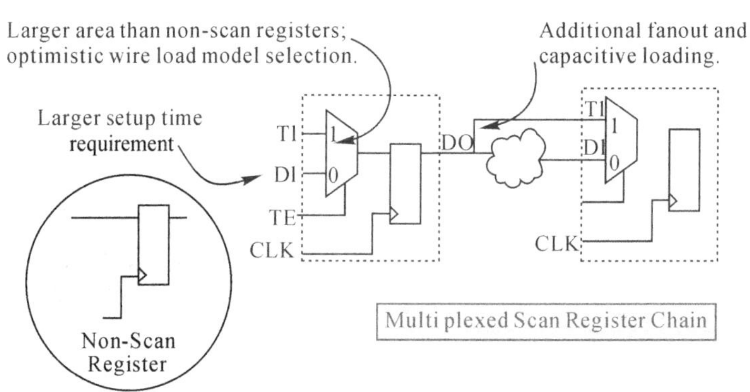

图 6.3.2

如图 6.3.2 所示，扫描触发器面积比非扫描触发器大。加入扫描链后，触发器的建立时间加大了，它的扇出和电容负载也加大了。为了计算出扫描触发器对电路的影响，可以使用"One-Pass Scan Synthesis"来为设计做综合。该方法在做最初的编辑时，就使用扫描寄存器代替一般触发器，但不加入扫描链，见图 6.3.3。

在图 6.3.3 中，TE 接地，DO 连接到 TI。因此，扫描寄存器的功能与标准的 D 触发器

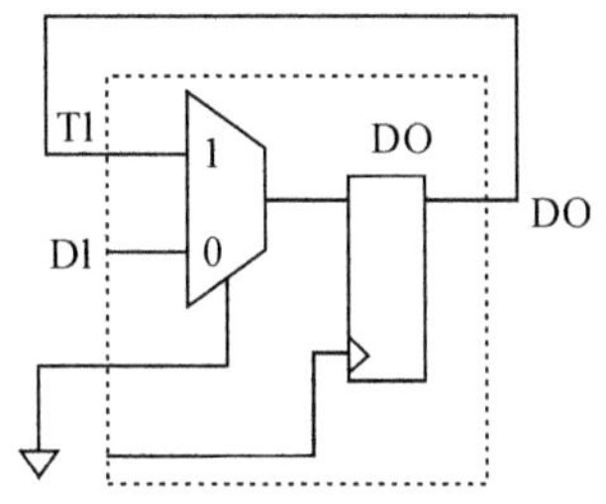

图 6.3.3

一样，但其面积与加扫描链的电路相同，并且时序与加了扫描链的电路接近。"One-Pass Scan Synthesis"的好处是预先精确地模拟电路的面积、时序和负载。综合的流程简单，扫描寄存器的插入和替换在一个编辑步骤完成。

进行"One-Pass Scan Synthesis"需要在编辑脚本中加入扫描风格，例如：

set_scan_configuration -style multiplexed_flip_flop

在 DC 中，做 one-pass 测试扫描编辑用下面命令：

compile -scan 或

compile_ultra -scan

测试准备就绪编辑(Test-Ready Compile)的结果见图 6.3.4。

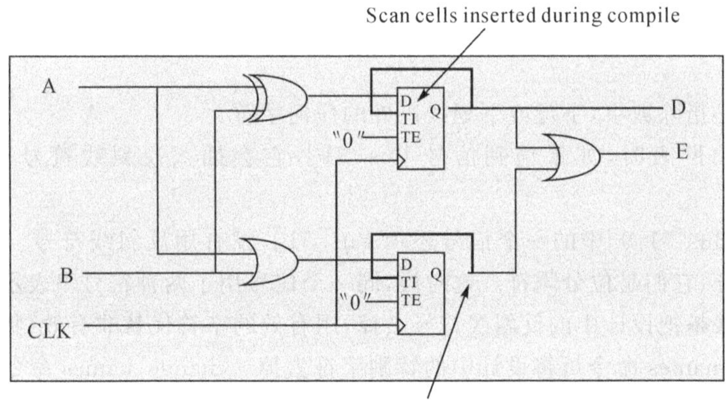

图 6.3.4

有关可测性的设计将在第 8 章详细介绍。

完成综合并通过时序等的分析后，我们需要把设计和约束以某种格式存储好，作为后端工具的输入。

把设计以 VHDL 或 Verilog 格式存档时，需要去掉或避免文件中有 assign 指令，因为该指令会使非 Synopsys 公司的工具在读入文件时产生问题。该指令也可能会在反标(back-annotation)流程中产生问题。此外，要保证网表中没有特别的字符。例如，写出网表时，有时网表中会有反斜线符号"\"，对于这个符号，不同的工具有不一样的理解。

多端口连线(multiple port nets)会在网表中用 assign 指令表示。图 6.3.5 所示的设计中，有冗余的端口(包括内部端口，又称层次引脚)。如果我们将设计展开(flatten)，DC 可能把它们优化掉，即去掉这些端口。但是如果我们不展开设计，将得到下面的结果：

```
Output Reset_AluRegs, Latch_Instr, ...
assign Reset_AluRegs = Latch_Instr;
```

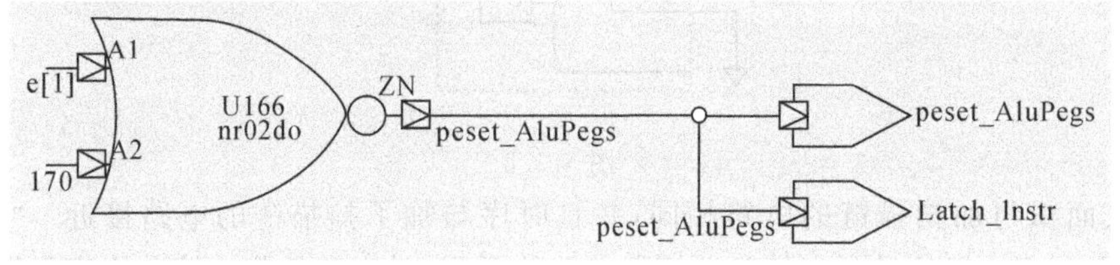

图 6.3.5

多端口连线，即一条连线连接多个端口，有以下三种类型：

1. 直通连线(Feedthroughs)，即从输入端直接到输出端。
2. 连线驱动多个端口。
3. 常数连线驱动多个端口。

在默认的情况下，如遇到上述的情况，DC 写出网表时，会在网表产生 assign 指令。如果设计中有多端口连线，应该在编辑过程中将它们去掉。去掉多端口连线使用下面的命令：

```
set_fix_multiple_port_nets -all \
  -buffer_constants [get_design * ]
compile -incr
```

特别字符是指除数字，字母或下划线以外的任何字符。

当 DC 写出网表时，如果遇到信号 Bus[31]，它会插入反斜线符号“\”，将其变为\Bus[31]。

但是总线 Bus[31:0]中的一个信号还用 Bus[31]，没有用反斜线符号。这时方括弧不是名字的一部分，它们是位分隔符。这时候，同一个信号用了两种符号串表示。

最好的办法是把设计中的反斜线符号去掉，用有效的字符代替非有效(特别)的字符。

用 change_names 命令可将设计中的特别字符去掉。change_names 命令的其中一选项是“-rules”，后面可跟用自定义的命名规则或 Verilog 命名规则。在 DC 中用 define_name_rules 命令来规定自定义的命名规则。例如我们可以用该命令来指定可以使用哪些字符，禁止使用哪些字符，名字的长度等。一般来说，Verilog 命名规则可以处理几乎所有的特殊字符。

执行 change_names 命令后，它会把不允许使用的字符用允许使用的字符来代替。下面举例说明 change_names 命令的使用方法。VHDL 语言中，多维数组(multi-dimensional arrays)使用方括弧作为字下标的分隔符(word subscript delimiters)。为了避免使用反斜线符号，先使用 change_names 命令把字下标的分隔符转换为下划线，见下面命令。

```
# Show the effect of verilog naming rules
dc_shell-xg-t> report_names -rules verilog -hier
```

```
Design          Type          Object        New Name
--------------------------------------------------------
fifo1           cell          reg[0][19]    reg_0__19_
fifo1           cell          reg[0][18]    reg_0__18_
fifo1           cell          reg[0][17]    reg_0__17_

# ALWAYS use change_names before writing out
dc_shell-xg-t> change_names -rules verilog -hier
```

把设计读入 DC 后，进行逻辑综合以及写出网表和约束的脚本如下：

```
# Read designs
link
# Insert buffers for all multiple-port nets
# Note- issue this command BEFORE compiling
set_fix_multiple_port_nets -all -buffer_constants \
  [get_designs * ]

compile -scan

# Eliminate need for assign statements
set verilogout_no_tri true
set verilogout_equation false

# Always use change_names before writing out design
change_names -rules verilog -hierarchy
write -f ddc -hierarchy -output my_ddc.ddc
write -f verilog -hierarchy -output my_verilog.v
write_sdc my_constraints.sdc
```

为了把设计资料统一到单一数据库上，方便各工具之间的数据交换，Synopsy 已经把设计数据统一到 Milkyway 数据库上。DC 支持 Milkyway 作为其数据库。我们将在第七章介绍 Milkyway 数据库以及其使用方法。

第七章

物理综合

随着技术的发展，半导体的几何尺寸越来越小，人们已广泛使用 0.18μm、0.13μm 或以下的工艺进行 ASIC 设计和制造。新的技术带来了新的问题。多年来，在比较旧的工艺制成技术中，例如在 0.35μm 或以上的工艺，逻辑单元门的延迟在设计的时序路径延迟中，占了很大的比例，而连线的延迟只占整个时序路径延迟的很小比例。因此，人们在设计工具和提出设计方法论时把重点主要放在最小化单元门的延迟。然而，由于工艺制成技术的进步，单元门的延迟降低了，同时连线的延迟则增加了。使用铜代替铝作为连线的材料可以降低连线的延迟，但问题依然存在。使用铜连线，在 0.18μm 技术，连线的延迟已经与单元门的延迟差不多大，见图 7.1.1。这时，连线的延迟在整个时序路径延迟中占了一半。随着更新工艺制成技术的出现，我们需要新的工具和新的方法来尽量减少连线的延迟。再用线负载模型就很不精确了。

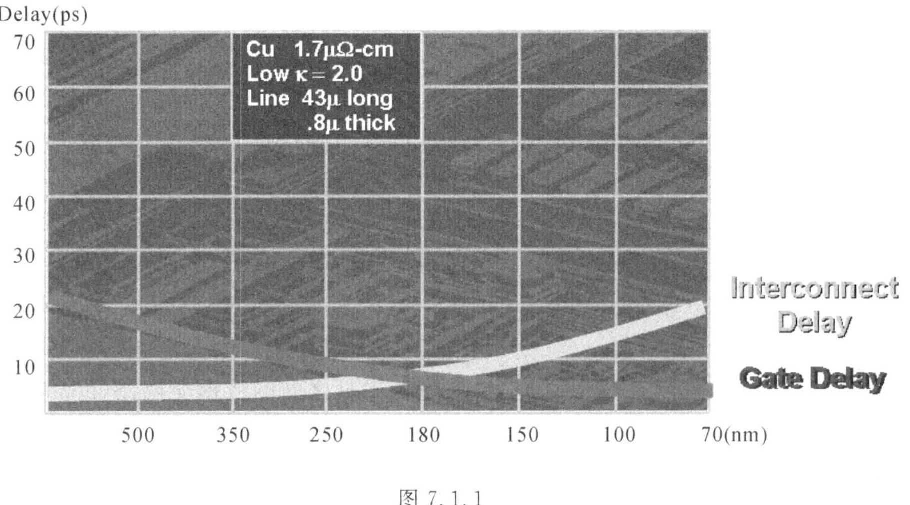

图 7.1.1

7.1 逻辑综合(Logic Synthesis)遇到的问题

我们先看一下逻辑综合工具(logic synthesis)的输入。

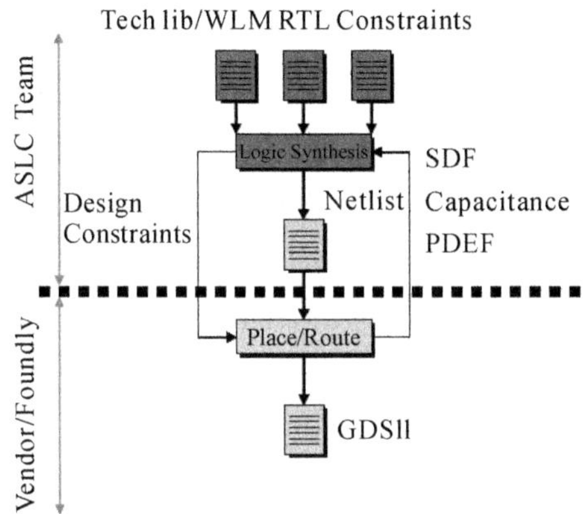

图 7.1.2

图 7.1.2 所示，逻辑综合的输入包括 RTL 代码，设计的约束和综合库。综合库是由半导体厂商提供，它一般用非线性模型来计算门单元的延迟，用线负载模型来计算连线的延迟。如前所介绍，工艺库中的线负载模型是统计的结果，即在一个给定的模块中，它根据连线的扇出，计算连线的长度和延迟。用线负载模型计算连线的长度和延迟，并不考虑连线以及其相连接的单元在版图中的位置，因此在超深亚微米的工艺中，是很不精确的。例如，有两组逻辑完全相等的逻辑，他们将来的布局可以很不相同，但是 DC 在综合的时候根据线负载模型，连线的长度和延迟是完全一样的，见图 7.1.3。

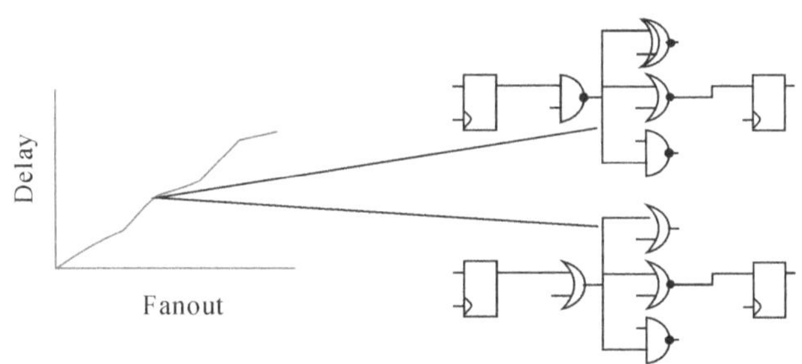

图 7.1.3

而布图后的连线长度和延迟则可能有很大的差别，见图 7.1.4。

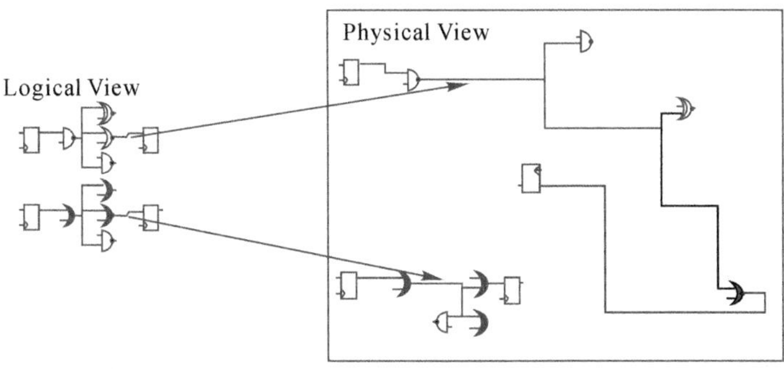

图 7.1.4

由图可见，使用线负载模型，根据连线的扇出计算连线的延迟在超深亚微米工艺是很不精确的。

在做版图设计时，是根据布线的结构来计算连线的延迟。这时候，连线的延迟再也不是估计的结果，而是按照连线经过的某金属层(layer)的长度，布线穿孔(via)以及金属的电介参数等等来计算连线的延迟。同样扇出的连线在版图中延迟可能会有很大的差别。

因此，当连线的延迟在时序路径的总延迟中占较大的比例时，再用线负载模型来估算连线的延迟是很不准确和不恰当的。在 DC 中用线负载模型计算出的关键路径(critical path)，在版图设计中，可能已经变为非关键路径。而原来的非关键路径则变为关键路径。时序要求高的设计，要做到时序收敛，就变得相当困难。

在编写 RTL 时，我们通常并没有把物理设计(physical design)的信息包括在其中。例如，如果设计中包含 RAM 宏单元，在 RTL 代码中，常用例化的方法描述它们和电路其他部分的连接关系以及它们自己之间的连接关系，RTL 代码中并不包含它们在芯片中的位置。根据 RTL 代码，我们并不知道 RAM 是摆放在芯片的右下角还是摆放在芯片的中间等位置。

对 RTL 代码做综合时，ASIC 设计团队使用的设计约束通常也是估算的值，有时候我们会用一个通用的脚本来约束设计中的所有模块。例如，我们用下面的脚本为设计设置约束。

```
reset_design
set all_in_ex_clk [remove_from_collection \
  [all_inputs] [get_ports Clk]]

create_clock -period 8 [get_ports Clk]
set_input_delay -max 4.8 -clock Clk $all_in_ex_clk
set_output_delay -max 4.8 -clock Clk [all_outputs]

set_operating_condition -max slow_125_1.62
set_wire_load_model -name 40KGATES
set_driving_cell -lib_cell inv1a1 $all_in_ex_clk

set MAX_LOAD [expr [load_of ssc_core_slow/buf1a1/A] * 10]
set_max_capacitance $MAX_LOAD $all_in_ex_clk
set_load [expr $MAX_LOAD * 4] [all_outputs]
```

脚本中的 set_input_delay 和 set_output_delay 等命令，简单地使用一些经验的方法为设计作出预算。它们往往是不很准确的。

逻辑综合时使用统计模型，加上不精确的约束和缺乏物理信息，常常会导致综合的结果不精确，从而使我们不能很快做到设计的收敛。综合时需要经过多次的反复调试才能达到设计的目标，见图 7.1.5。

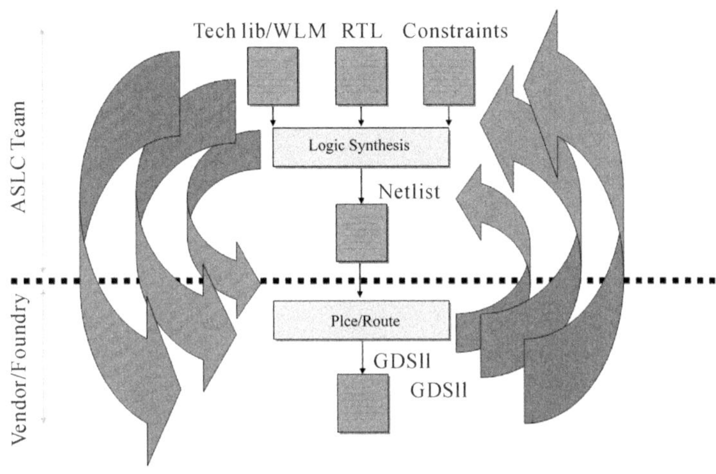

图 7.1.5

7.2 物理综合(Physical Synthesis)的基本流程

在图 7.2.1 中,可以见到,布局(placement)后,当用已做完的整体布线(global routing)的结果来计算连线延迟时,布局后的连线延迟和做完详细布线(detail routing)后的连线延迟已经很接近,它们之间的误差很小。

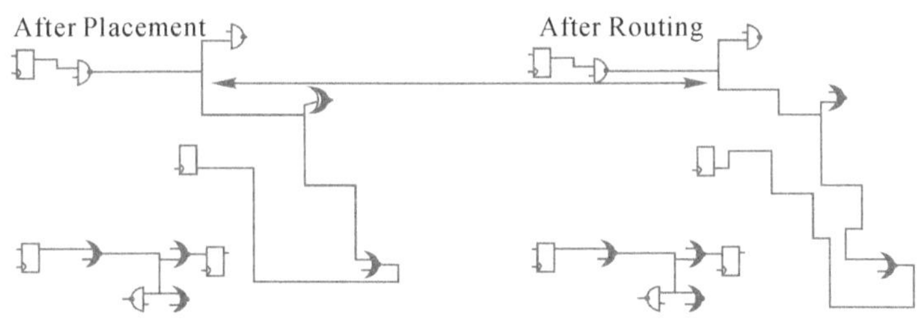

图 7.2.1

整体布线包括下面步骤:

- 连接每条连线
- 把连线的线段指派到金属层上
- 提供初步的布线拓扑结构
- 提供拥塞区域的信息

由此可见,当设计做完物理布局后,根据布局后的单元位置来计算连线的延迟,时序结果与实际版图的时序结果已经很接近,见图 7.2.2。物理布局是计算连线延迟精确度的关键。

物理综合的目的是在设计流程的早期就提取出芯片的物理效应,以此减少由于实际延迟(做完版图后测量到的延迟)和估算延迟(逻辑综合时用线负载模型计算出的延迟)之间的误差所产生的时序错误。使用物理综合,可以使设计能更快地满足时序的收敛,并且使设计的结果更可预测。

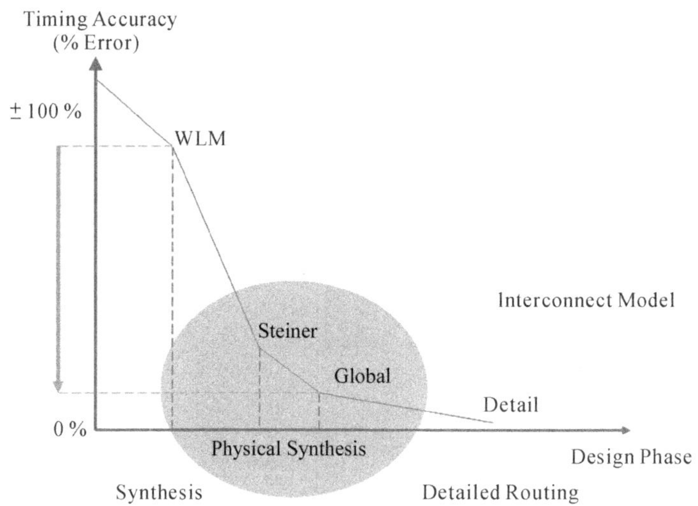

图 7.2.2

在图 7.2.2 中,连线的延迟有下面四种模型。

WLM:线负载模型(Wire Load Model)。基于工艺库和设计大小的统计值。同样扇出的所有连线其延迟是相同的。

Steiner:又称"半-周长"(half-perimeter)或"曼哈顿距离"(Manhattan distance)。基于两个终点的曼哈顿距离来估算连线的延迟。

曼哈顿距离的定义:两点之间的距离用沿着坐标的直角来测量。平面上的两个点,p_1 的坐标为(x_1, y_1),p_2 的坐标为(x_2, y_2),它们的曼哈顿距离为:$|x_1-x_2|+|y_1-y_2|$。

Global:估算和分析布线拥塞并提供精确的连线延迟估算,但不做设计规则的修正。做完 Global Routing 后,连线的线段指派到各金属层上,因此在提取 RC 参数时,精度更高。

Detail:做完详细的布线后,设计规则得到修正。根据设计的实际版图尺寸进行 RC 参数的提取,从而计算出精确的连线延迟。

Synopsys 公司的 Physical Compiler 可以使用Steiner 模型和Global 模型计算连线的延迟。

Physical Compiler 是在 Design Compiler 的基础上发展出来的,在逻辑综合工具中加入布局引擎(placement engine),组成物理综合工具,见图 7.2.3。

物理综合把逻辑综合,布局和时序分析结合起来以达到最好的版图质量。Physical Compiler(简称 PC)建立在 DC 的基础上,因此它和 Design Compiler 享有共同的数据库,共同的用户界面,共同的设计约束,共同的时序分析工具和共同的的工艺库。做物理综合时,需要输入物理约束-版图规划(floorplan)和物理库。进行物理综合时,不仅需要逻辑综合库,也需要包含每个单元物理形状和大小的物理库。做物理综合时,不需要使用精度不高的线负载模型。

PC 使用和 DC 同样的时序分析器,同样的设计约束和同样的单元延迟模型。在计算连线延迟时,它不再使用线负载模型。PC 用多层引脚到引脚(multi-layer pin-to-pin)的 Stei-

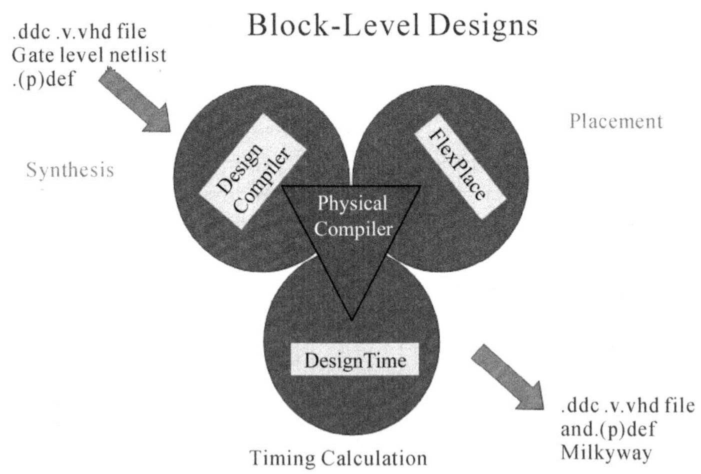

图 7.2.3

ner Routes 根据连线的拓扑结构计算它们的延迟，见图 7.2.4。

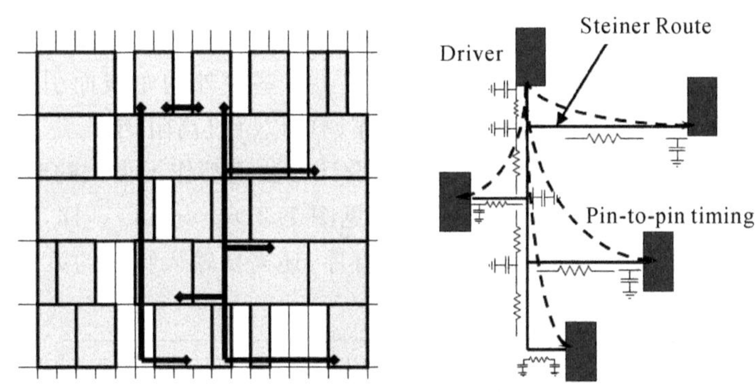

图 7.2.4

每一条连线的延迟是根据单元和引脚的位置精确地计算出来的，在连线拓扑结构的基础上，PC 为整条连线建立 Elmore delay 的延迟模型，自动从工艺库的文件里选取 RC 参数。再根据这个模型，得出每一段连线的时间弧线（延迟），并标记在设计上。

在计算连线延迟时，PC 会自动考虑拥塞的情况，见图 7.2.5。图中，Physical Compiler 处理两种拥塞的情况。

情况 1：拥塞区（Congestion）

连线 NET1 碰到高拥塞区（congestion hotspot）。连线经过高拥塞的区域时，将发生绕行（detour）的情况以改善可布通性，从而连线的长度变长。高拥塞区影响连线的长度从而影响了连线的延迟。计算这条连线的延迟时，PC 让连线会绕过高拥塞区，产生新的连线拓扑结构，以反映高拥塞区的影响。在整个版图规划里，每一条连线都会单独地绕过高拥塞区。

情况 2：布线阻挡区域（Routing Blockages）

连线 NET3 绕过布线阻挡区域，产生一个新的连线拓扑结构以避开布线障碍物，同时也尽力缩短连线的距离，这样连线的延迟可以被正确地估算。其结果是连线的长度以及连

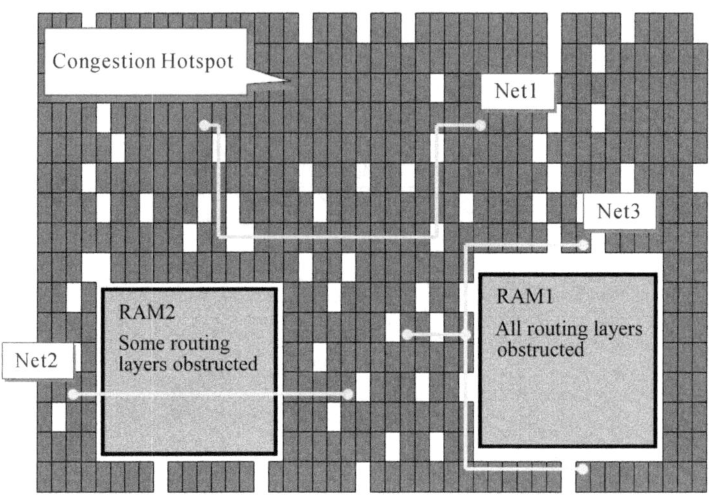

图 7.2.5

线的负载和详细的布线结果接近一致。

注意，连线 NET2 不受高阻挡区的影响。由于 RAM2 只有的部分布线层被阻挡，连线 NET2 不需要绕过布线阻挡物。但是如果 RAM 上有些额外的布线而引起 RAM2 有高阻挡区，那么，应该与连线 NET1 一样，对 NET2 作调整以绕过高阻挡区。

物理综合工具自推出以来，其性能、质量和设计方法论都作了很大的改变和提高。初推出时，PC 的输入可以是 RTL 代码和门级网表，见图 7.2.6。与 DC 一样，PC 不仅需要输入 RTL 代码或门级网表和设计约束，设置逻辑综合库，还需要输入物理约束和物理库。

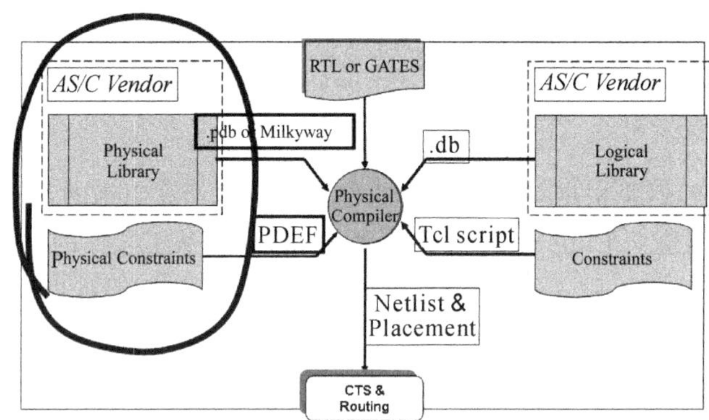

图 7.2.6

由于设计的规模越来越大，为了加大设计容量，减少运行时间，提高设计质量，现在 PC 在 XG 模式运行，其输入只能是门级网表。门级网表可以用 DC 产生，见图 7.2.7。

在非 XG 模式时，当设计的输入为 RTL 代码时，PC 中可以使用 compile_physical 命令，同时对设计作逻辑综合和物理布。设计规模很大时，用此命令将需要很长的运行时间。减少运行时间的方法之一是使用 XG 模式。在 XG 模式，我们需要先用 DC 将 RTL 代码进行逻辑综合，先将其转变为门级网表，再将门级网表输入 PC，作物理综合。

即 compile(DCXG)或 compile_ultra(DCXG)＋ physopt(PCXG)。

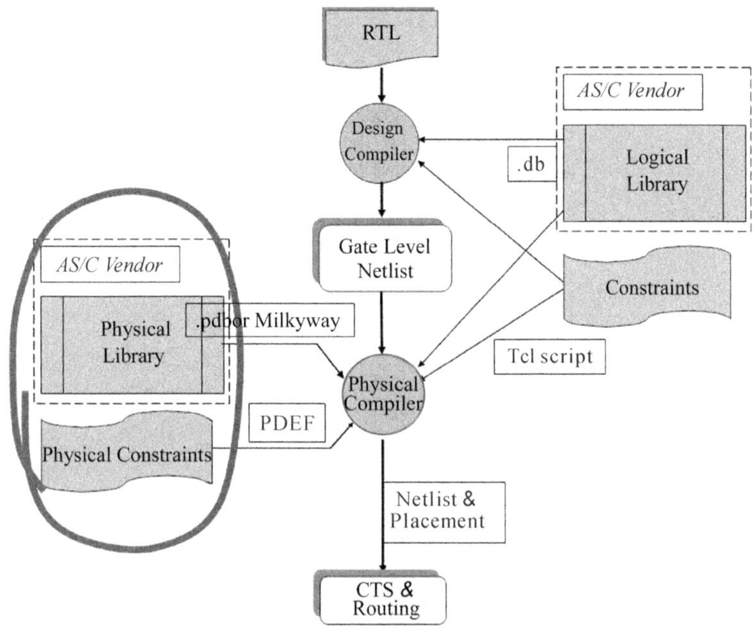

图 7.2.7

进行物理综合时,需要提供物理库。物理库可以用 PDB 格式或 Milkyway 格式。PDB 格式的物理库可由 LEF(Library Exchange Format)文件转化而成。Milkyway 数据库里已包含物理库。物理库中包括了作版图规划,布局和整体布线所需要的信息。值得注意的是,物理库中的物理单元和引脚名字必须和逻辑单元和引脚名字相匹配。物理单元包含以下数据(见图 7.2.8):

- 外形尺寸(external dimensions)
- 单元引脚的描述(方向、层、……)
- 阻挡的描述(obstructions)

对于单元上面的布线,单元中阻挡的描述告诉布线工具,它在金属层 m1 的那个地方不可以摆放信号走线(signal tracks)(图中没有显示)

- 对称(symmetry)

为了把设计资料统一到单一数据库上,方便各工具之间的数据交换,Synopsy 已经把设计数据统一到 Milkyway 数据库上。DC 和 PC 支持 Milkyway 作为其数据库。因此,在今后的版本中,Milkyway 将是 PC 默认支持的格式。

Milkyway 参考库(Reference Libraries)包含了以下的信息,这些信息以图(views)的形式存放,见图 7.2.9。

- CEL:完整版面设计图(the full layout view)
- FRAM:用来做布局布线(P&R)的抽象图(abstract view)
- LM:包含时间和功耗信息的逻辑模型(可选择的 *)

* 可选择意味着逻辑库并不一定需要存放在 Milkyway 库结构内,逻辑库可以存放在其他任何地方。

与 DC 一样,通过设置变量 link_library,target_library 和 search_path,Physical Com-

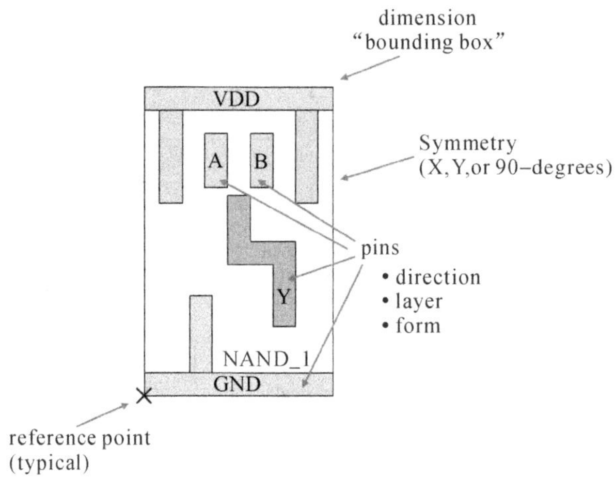

图 7.2.8

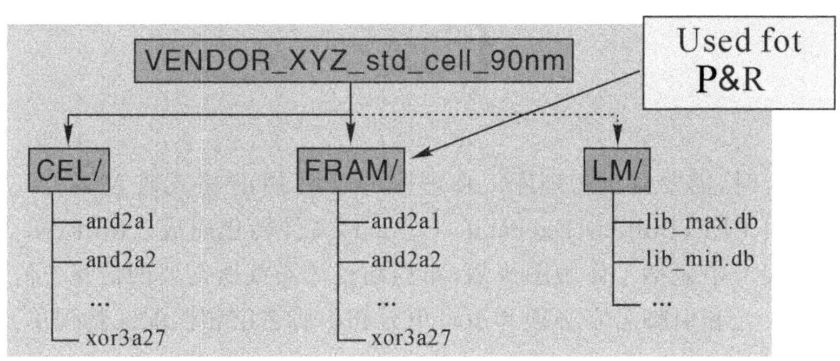

图 7.2.9

piler 可以读取逻辑综合库(.db)。

对于每一个工艺制成技术库,它有专门的技术文件(Technology File)说明其工艺参数,技术文件简称 .tf 文件。每个工艺的技术文件是不一样的。产生 Milkyway 库时,需要用到此文件。

技术文件包含金属层的技术参数:

- 金属层/穿孔(layer/via)的数目和名字
- 工艺的介电常数(dielectric constant)
- 每个金属层/穿孔的物理和电气特征(characteristics)
- 每个金属层/穿孔的设计规则(最小线宽和最小线距等等)
- 电气单位和其精度
- 等等

例 7.2.1 是工艺文件的一个例子。

例 7.2.1

```
Technology    {
              dielectric         = 3.7
```

```
        unitTimeName        = "ns"
        timePrecision       = 1000
        unitLengthName            = "micron"
        lengthPrecision           = 1000
        gridResolution            = 5
        unitVoltageName           = "v"
        }
...
Layer "m1"    {
        layerNumber         = 16
        maskName                  = "metal1"
        pitch               = 0.56
        defaultWidth        = 0.23
        minWidth                  = 0.23
        minSpacing          = 0.23
        ...
```

我们将 Milkyway 设计库(design library)定义如下：

Milkyway 设计库把 Milkyway 参考库和技术文件相关联，设计库中存储所有的设计数据，见图 7.2.10。

PC 中，用以下命令产生 Milkyway 设计库。

set use_pdb_lib_format false ——— 不用 pdb 物理库

set mw_cel_without_fram_tech false ——— 默认值，使用 Milkyway 格式的物理库

set mw_reference_library "mw_lib/sc \
mw_lib/io mw_lib/ram32x32" ——— 设置 Milkyway 参考库

set mw_design_library design_lib_orca ——— 设置 Milkyway 设计库名为 design_lib_orca

create_mw_design -tech_file tech/cb13_4m.tf ——— 产生 Milkyway 设计库并与技术文件 tech/cb13_4m.tf 相关联

上面的命令产生一个 UNIX 目录，这个目录就是 Milkyway 设计库，存放所有的设计数据，见图 7.2.11。

图 7.2.11 所示的结构数据库或设计数据库称为 Milkyway。

Astro、Star-RCXT、Hercules、JupiterXT 和 IC Compiler 都支持 Milkyway。该数据库正被扩展到所有的 Synopsys 工具，包括 PrimeTime。

做物理综合时，一般还需要提供物理约束-版图规划(Floorplan)，见图 7.2.12。如果没有提供版图规划等比较详细的物理约束，我们也可以用 MPC(Minimum Physical Constraint)模式，对设计做物理综合。这时，PC 将根据用户所提供的有限的约束，如使用率、高宽比率、输入/输出端口的位置、宏单元的位置等，为设计做物理综合。如果没有任何物理约束，PC 将根据其默认的约束为设计做物理综合。执行 MPC 模式的物理综合在 physopt 命

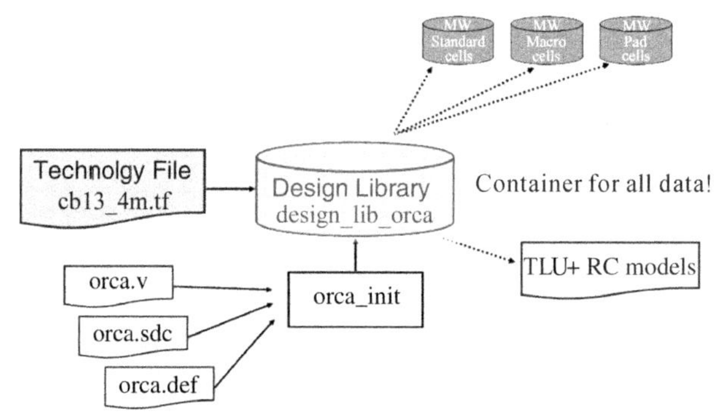

图 7.2.10

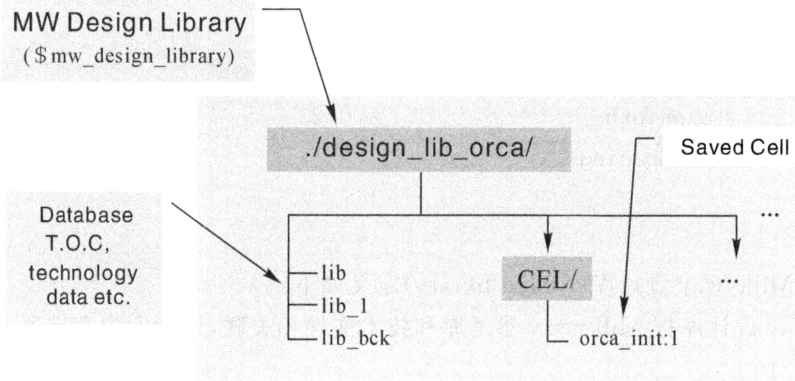

图 7.2.11

令后加选项-mpc，即执行"physopt -mpc"。

版图规划可以是下面的格式：

— Milkyway

— DEF

— PDEF

DEF 是 Design Exchange Format 的缩写；PDEF 是 Physical Design Exchange Format 的缩写，它是 IEEE 的标准。DEF 和 PDEF 文件存储版图规划的信息。

提供了物理库和物理约束后，用 check_physical_constraints 命令来检查工艺库和版图规划的正确性：

· 物理库和逻辑库的不一致(例如引脚数目不同，名字不同)

· 核心布局面积不足够

· 狭窄布局区域(chimneys)的警告

· 报告物理仅有单元(physical_only_cells)的数目，可使用的布局单元(sites)和总使用率

定义

物理仅有(physical only)单元：物理仅有单元是指这样的单元，这些单元在物理约束文件中存在，但在设计的网表中并不存在相对应的单元。把物理约束文件读入 Physical Com-

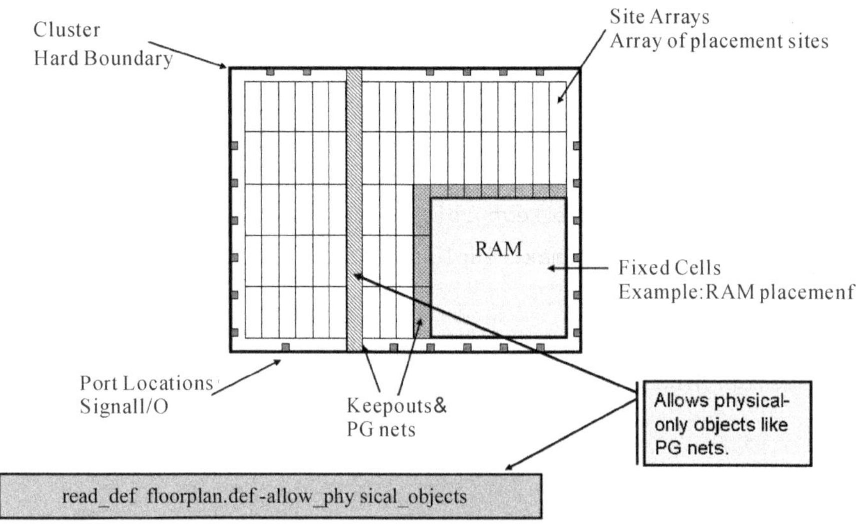

图 7.2.12

piler 时，如果一些单元在当前设计的网表中找不到对应的单元，PC 把这些单元当作物理仅有单元。常见的物理仅有单元有：filler cell, corner cell，电源 pad 等。

布局单元：布局单元(site 又称 unit tile)，是预先确定的有效的位置，在这些位置可以摆放门单元。布局单元定义了布局行的高度，在版图规划时用于设置行。它对应于最小可放置的单元。通常标准单元的宽度都是 site 宽度的整数倍。

物理综合所需要的所有数据和设置见图 7.2.13。

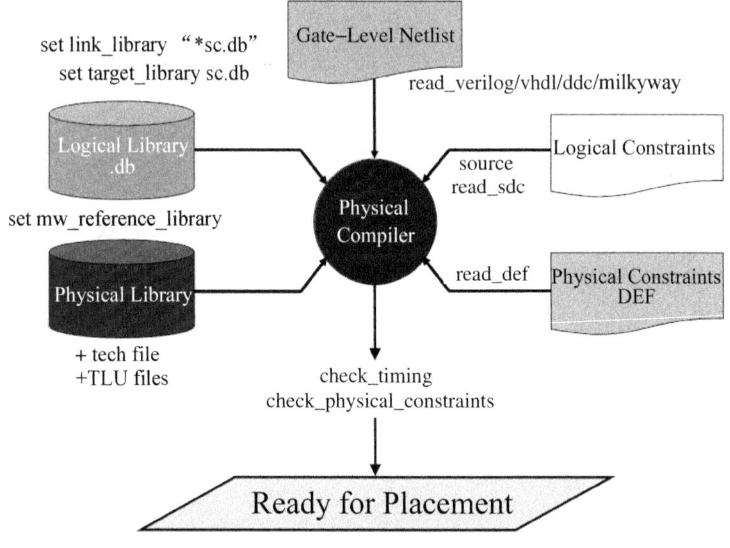

图 7.2.13

下面的脚本使用 Milkyway 数据库，用 physopt 命令做物理综合。

```
set use_pdb_lib_format false
lappend search_path ./design_data ../libs
```

```
set link_library "* gates.db rams.db"
set target_library "gates.db"
set mw_reference_library "mw_lib/gates mw_lib/rams"

set mw_design_library design_lib_orca
create_mw_design -tech_file tech/cb13_4m.tf \
-max_tluplus ../tlup/cb13_max.tluplus

read_verilog my_design.v
current_design MYDESIGN
link
source my_design.con
check_timing
read_def my_design.def
check_physical_constraints

physopt
report_timing -delay max > my_design.timing
change_names -hierarchy -rules verilog

write_milkyway -out placed
```

上例中，在执行 create_mw_design 命令时，使用了"-max_tluplus ../tlup/cb13_max.tluplus"选项。

TLU+ 模型(Models)包含了电容 C 和电阻 R 查找表(look-up tables)，它模拟了超深亚微米(UDSM)工艺制成的效应。

超深亚微米(Ultra Deep SubMicron，简称 UDSM)工艺制成的效应有：

- Conformal Dielectric
- Metal Fill
- Shallow Trench Isolation
- Copper Dishing:
  - Density Analysis
  - Width/Spacing
- Trapezoid Conductor

我们建议尽量使用 TLU+模型，使连线延迟的计算结果更准确。半导体厂商一般不提供 TLU+模型，TLU+模型可以由 ITF 文件转换产生。ITF 是 Interconnect Technology Format 的缩写，是由半导体厂商提供的工艺制成文件。

Star-RCXT 的 grdgenxo 命令把 ITF 转换为 TLU+模型，即在 unix 命令行，执行：

```
unix% grdgenxo -itf2TLUPlus -i <ITF file> \
        -o <TLU+ file>
```

其中：-itf2TLUPlus 选项指定产生 TLU+文件而不是 nxtgrd 文件

-i 选项后面是输入的 ITF 文件

-o 选项后面是所产生的二进制 TLU+模型输出文件

StarRCXT 使用 nxtgrd 文件，进行详细的 RC 参数提取。

与 DC 一样，脚本的前 5 行可以存放在 .synopsys_dc.setup 文件中，在运行 PC 时，PC 会自动执行该文件。

PC 用"physopt"命令进行布局和优化。PC 先做初步的布局，然后根据设计的约束（物理约束和时间约束）作优化，见图 7.2.14。

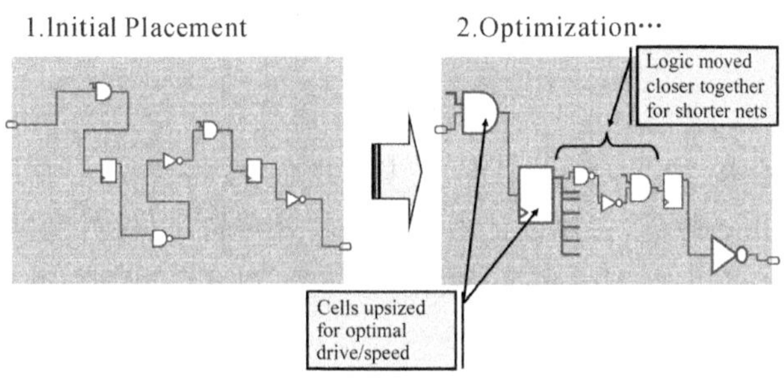

图 7.2.14

布局结束时，所有的单元将有一个合法的物理位置，理想的情况是，设计是可布线的，并且能满足时序的要求。图 7.2.15 为一个设计的物理综合结果。

物理综合结束时，我们可以检查 physopt 命令显示的输出来核对设计的总结果。

- 设计的使用率（Utilization）
- WNS—最差的负时间冗余（Worst Negative Slack）
- TNS—总的负时间冗余（Total Negative Slack）
- 单元布局位置的合法性
- 单元的数目和面积
- 设计规则的违规

综合结束后，用 report_qor 来检查结果。它的输出包含每个时序路径组的 WNS/TNS 和其他的统计结果。

我们也可以用下列命令来仔细分析综合的结果。

用 report_constraint -all_violators 命令来列出所有的违规的路径和终点（violating path end points），所有的设计规则违规。

用 report_timing -delay max 命令来列出每个时序路径组的关键路径。

用 report_congestion 命令来报告和分析设计的布线拥挤情况。

报告和分析设计的布线拥挤情况也可以在 PC 的图形界面里进行，其结果更加直观。

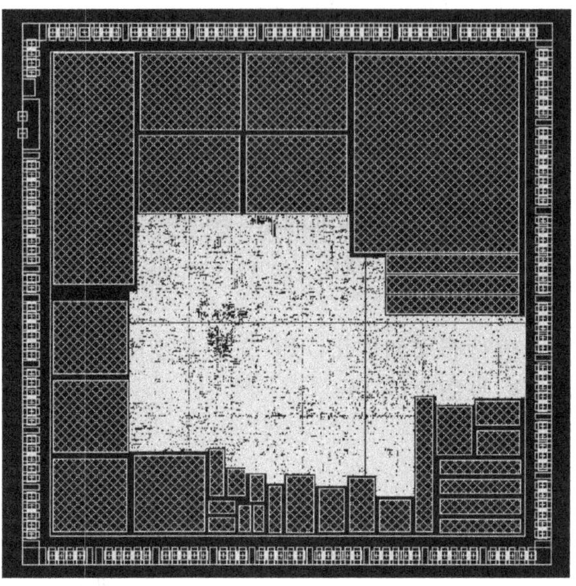

图 7.2.15

检查完物理综合的结果后，与 DC 一样，我们需要在 PC 中执行 change_names -hierarchy -rules verilog 命令，去掉设计中的一些特殊字符，以保持命名的一致性。

物理综合的输出可以是 Milkyway 数据库，也可以用门级网表加(P)DEF，见下面的命令。

```
write_milkyway -output placed
```

或

```
write -format verilog -hierarchy -output placed.v
write -format ddc -hierarchy -output placed.ddc
write_def -output placed.def
```

用 write_sdc 命令写出设计的约束。

如果把设计的结果用 Milkyway 格式来存放，数据库中将包含所有的数据，有网表、约束、版图规划和附加的任何属性(例如 set_dont_touch、set_ideal_network、等等)。

物理综合的结果可以输入到 Synopsys 公司的后端工具(backend tool)或其他公司的后端工具，做时钟树综合和布线。一般来说，在物理综合时，已经做了拥挤和时序的分析以及修正，设计是可布线的，并且能满足时序的要求。在后端工具里，并不需要对布局做大的调整，可作一些微调。

整个设计流程见图 7.2.16。

7.3 逻辑综合的拓扑技术(Topographical Technology)

我们把今天的一些综合设计数据与 6 年前的数据做一下比较。工艺制成变得越来越小，从 1999 年的 0.35μm～0.25μm 到今天的 0.13μm～90nm 和 65nm。综合设计的规模从

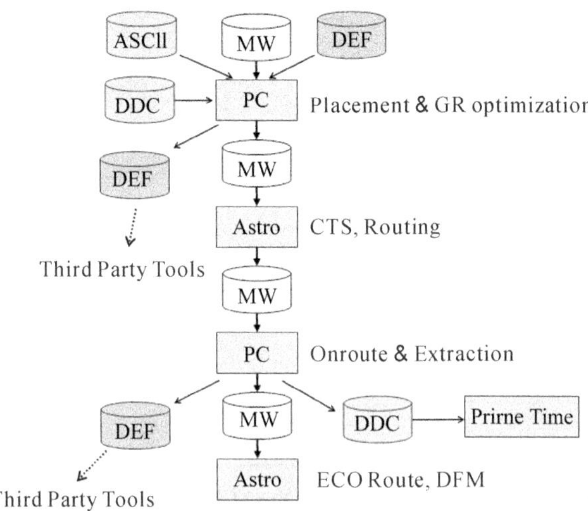

图 7.2.16

1999 年的平均设计模块 1 万～5 万门到今天的 50 万门，一些设计的规模已经大到 1M(100 万)个单元(Instance)。高速时钟也成为主流设计的问题。连线的延迟在关键路径中占了 77%，连线的延迟支配着时序路径的延迟。在综合时，精确地预计连线的延迟变得越来越困难。因此，综合和版图之间的时间和面积的相关性(结果一致性)变得比以往更加有挑战性。见图 7.3.1。

	1999	Today
Process	.35u, going to.25	90nm, going to 65nm
Avg.Synthesis Block Size	10~50K instances	100~500K instances
Frequency (MHz)	100MHz	>400MHz
Net delay (% of path)	12%	77%

Source: Data gathered from RTL Synthesis Seminar

图 7.3.1

在早期设计年代，由于设计规模小，连线的长度比较短，连线延迟在时序路径延迟中只占很小的比例。因此，可以用统计的方式，根据连线的扇出，使用线负载模型来估算连线的平均负载电阻和电容。

由于线负载模型在现代工艺中的不准确性，用当前的设计方法，这种不准确的延迟很难在布局和布线时做补偿。如果用比较乐观的线负载模型，综合时使用驱动能力比较小的单元。这时，需要多次综合和布局布线之间的反复(iterations)才能最终满足时序要求。如果过于加紧时间的目标(over constrained Timing goals)，综合时会使用驱动能力比较大的单元，布局布线可能不能恢复失去的面积。例如，如果在 DC 中将时钟加紧 10%(周期为 10 ns 的时钟，加紧 10%后，变为 9 ns)，面积大约会增加 15%，这些面积的增加，在其后做的布局布线优化流程中，是很难得到恢复的。因此，我们需要更好的解决方案。

Design Compiler 的拓扑技术(Topographical Technology)，给 RTL 设计者提供了改进时序和面积的相关性的解决方案。该技术不需要用到线负载模型，其综合结果与后版图的时间和面积较相近，并且不需要改变工具使用的模式，见图 7.3.2。

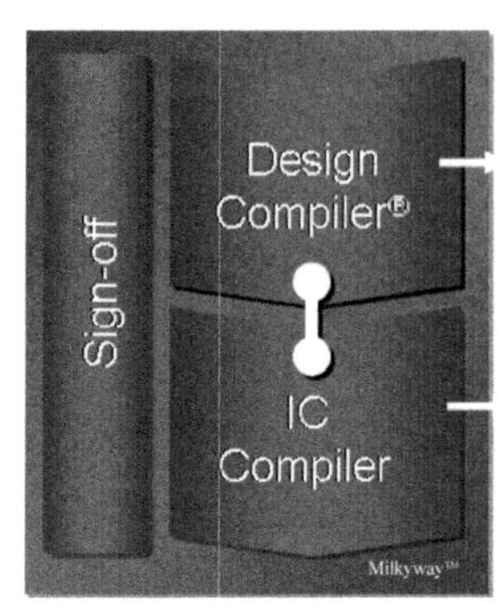

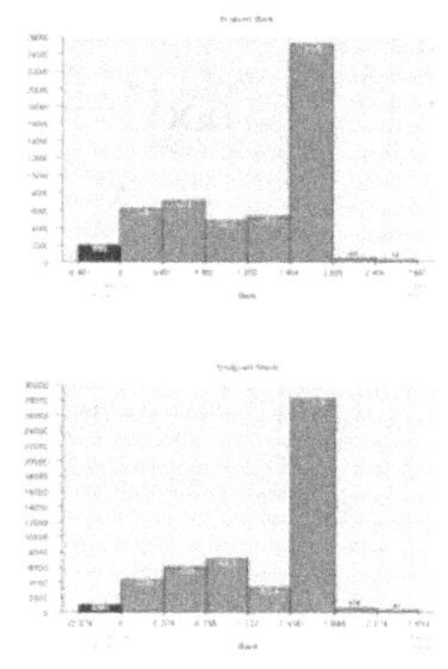

图 7.3.2

使用 DC 的拓扑技术时，不需要物理设计的专门技术，这项技术适合于前端设计工程师使用。

DC 的拓扑技术(以下简称 DC-T)是在物理实现解决方案的基础上发展出来的，在做 RTL 的综合时，DC-T 按照设计的虚拟版图来计算连线的实际电阻和电容值。在综合过程中，不断更新它们的值。采用虚拟版图，消除了综合时使用 WLM 的需要。作为 Design Compiler 的一个主要部分，拓扑技术驱动着综合技术朝着更加精确的方向发展，以实现包括时间、面积、功耗和可测性的设计目标。DC-T 综合时，只需要额外提供物理库，见图7.3.3。

DC-T 使用的物理库和 Physical Compiler 以及 IC Compiler 使用的物理库一样，可以是 pdb 格式或 Milkyway 格式。其输出与原来的一样，只是门级网表，门级网表不包括任何物理信息。

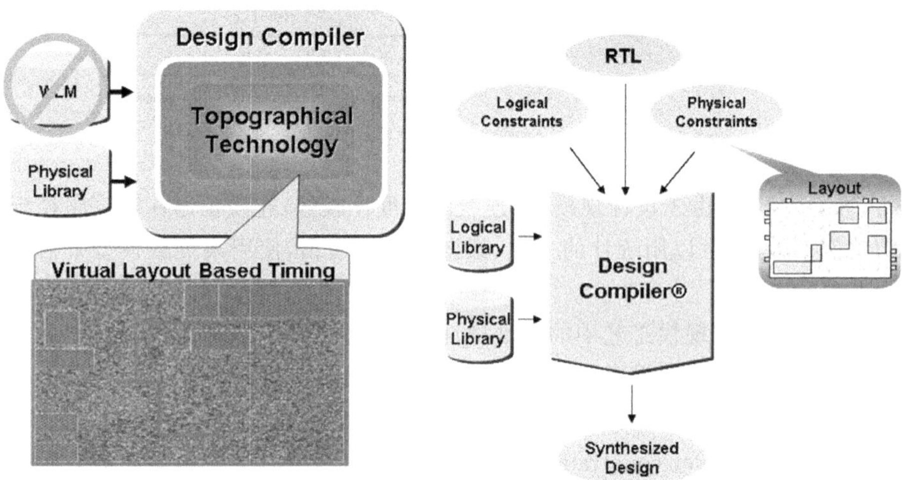

图 7.3.3

如前所述，使用 DC-T 要用到物理库，物理库可以用 PDB 格式或 Milkyway 格式。使用 PDB 格式的物理库用以下设置：

```
lappend search_path ./design_data ../libs
```

```
set link_library " * gates.db rams.db"
set target_library "gates.db"
set physical_library tech_plib.pdb.
```

使用 Milkyway 的数据库，可用下面的设置：

```
set use_pdb_lib_format false
lappend search_path ./design_data ../libs
set link_library " * gates.db rams.db"
set target_library "gates.db"
set mw_reference_library "mw_lib/gates mw_lib/rams"

set mw_design_library design_lib_orca
create_mw_design -tech_file tech/cbl3_4m.tf \
-max_tluplus ../tlup/cbl3_max.tluplus
```

进行 IC 设计或 SOC 设计时，有时候我们已经知道设计的版图规划或部分宏单元及 I/O 端口在版图中的位置。DC-T 中可以输入物理约束。物理约束中的核心区域(Core Area)可以是非正方形或矩形的直线图形，见图 7.3.4(a)。使用物理约束，DC-T 的综合结果与后版图结果相关性更好。如图 7.3.4(b)所示，输入到 DC-T 的物理约束可以是：

- 由 JupiterXT 输出的版图规划
- DEF 格式的版图规划
- TCL 命令手工定义的物理约束

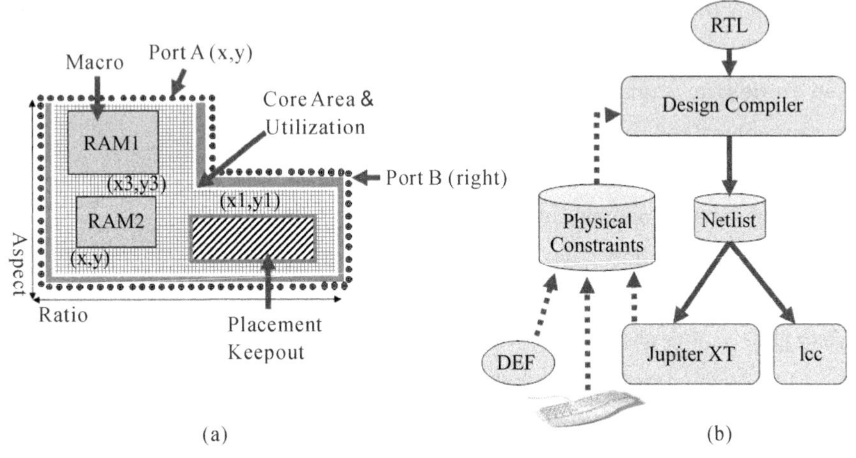

(a) (b)

图 7.3.4

使用 JupiterXT 输出的版图规划时，需要在 JupiterXT 里将版图规划用 derive_physical_constraints命令转换成 TCL 脚本，见图 7.3.5。转换生成的 TCL 脚本一般包含下面的命令：

```
set_placement_area or
```

```
set_rectilinear_outline
set_port_location or set_port_side
set_cell_location
create_placement_keepouts
```

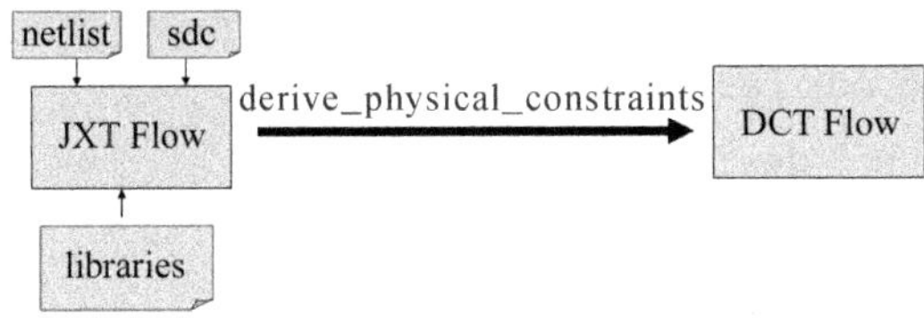

图 7.3.5

JXT 产生 floorplan 的步骤如下：

— read netlist
— initialize floorplan and load sdc
— perform placement
— perform power planning
— refine and legalize floorplan
— prototype global route
— perform in—place optimization on plan groups
— perform detailed design planning

用 derive_physical_constraints 将 floorplan 转换成 TCL 脚本后，在 DC-T 里通过"source"TCL 脚本，为设计设置物理约束。

如果物理约束是由 DEF 文件描述的 floorplan，在 DC-T 里，执行extract_physical_constraints\ def_file_name 命令，为设计设置物理约束。综合流程如下：

— Read in design, setup and sdc
— extract_physical_constraints def_file_name
— compile_ultra
— write_physical_constraints -output PhyCstr.tcl
— Generate reports and save design (ddc or MW)

执行 extract_physical_constraints def_file_name 命令时，物理约束自动附加到设计上。该命令抽取了下面的约束：

— set_placement_area or set_rectilinear_outline
— set_port_location
— set_cell_location
— create_placement_keepouts

如果没有 floorplan，我们可以用 TCL 命令手工定义设计的物理约束。DC-T 支持的物理约束命令有：

1. 核心区域(Core Area)的约束

相关约束(Relative Constraints)

set_aspect_ratio 和 set_utilization

精确约束(Exact Constraint)

set_placement_area 或 set_rectilinear_outline

2. 宏单元(Macros)的约束

精确约束

set_cell_location

3. 端口(Ports)的约束

相关约束

set_port_side

精确约束

set_port_location

4. 布局阻挡(Placement Blockages)的约束

精确约束

create_placement_keepout

精确约束较相关约束有更高的优先级。

下面举例说明用 TCL 命令手工定义的物理约束。

用高宽比定义相关核心区域的形状。

高宽比是模块的高度与宽度的比率。高宽比定义了模块的形状,其默认值为 1。

相关的命令有:set_aspect_ratio 和 set_utilization

例如:set_aspect_ratio 1

set_aspect_ratio 0.5

它们定义的核心区域形状见图 7.3.6。

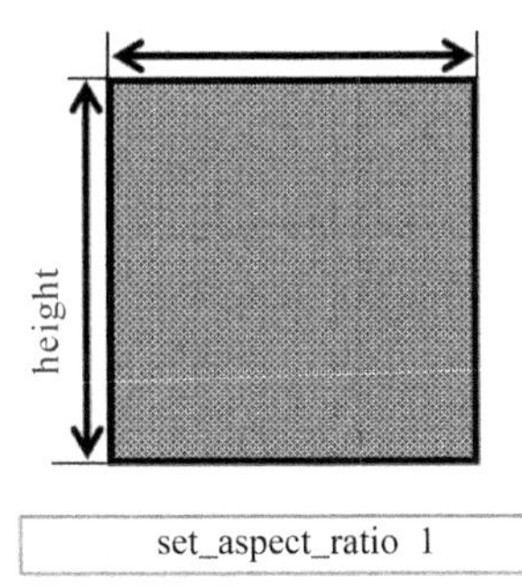

set_aspect_ratio 1

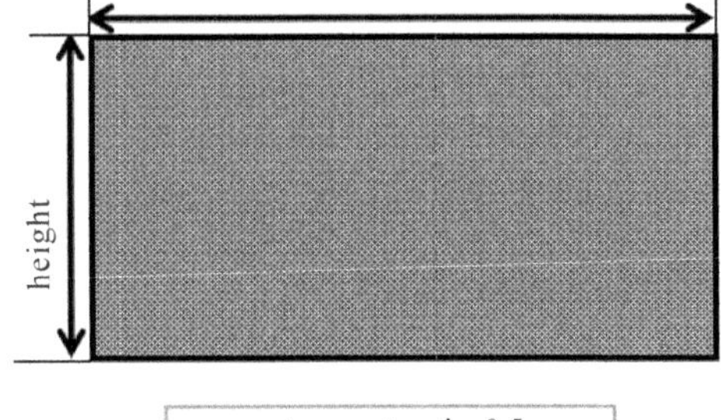

set_aspect_ratio 0.5

图 7.3.6

定义精确的核心区域。

使用 set_placement_area 命令定义矩形核心区域。使用 set_rectilinear_outline 命令定义直线图形的核心区域。

例如:

set_placement_area -coordinate {0 0 600 400}

```
set_rectilinear_outline -coordinate {0 0 600 0 \
600 200 300 200 300 400 0 400}
```

它们定义的核心区域形状见图 7.3.7。

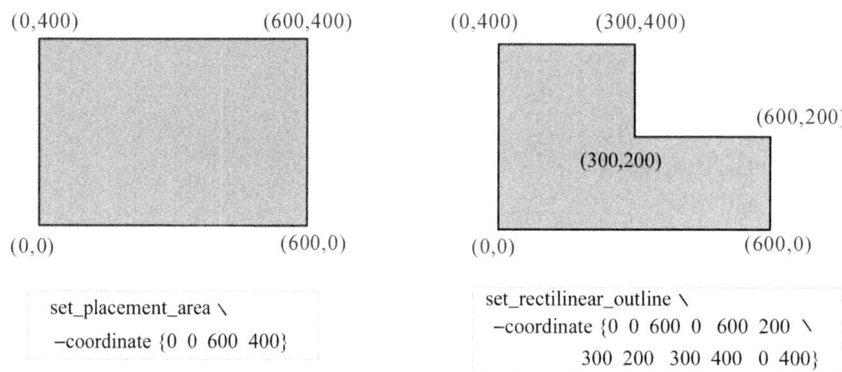

图 7.3.7

定义相关端口的侧边。

端口的侧边规定端口将被在哪一个侧边。有效的侧边是左(L)、右(R)、顶(T)和底(B)。端口可以摆放在指定侧边的任何位置。命令有:set_port_side

例如:

```
set_port_side -side {R} Port_N
set_port_side -side {B} Port_M
```

命令定义的端口位置见图 7.3.8。

定义精确的端口、宏单元(Macros)和阻挡(Blockages)位置。

相关的命令有:set_port_location、set_cell_location 和 create_placement_keepout

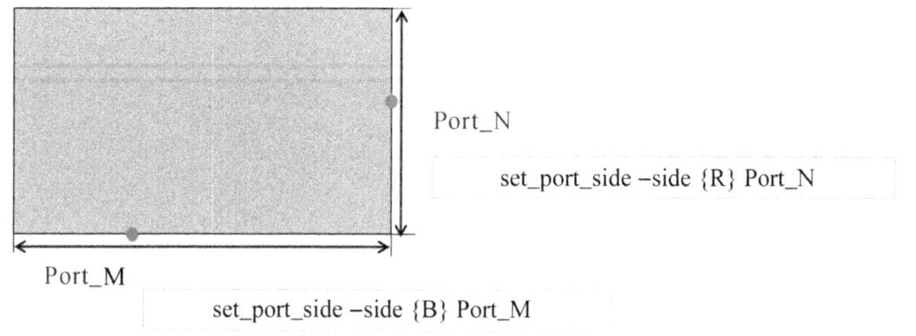

图 7.3.8

例如:

```
set_port_location -coordinate {0 40} PortA
set_cell_location -coordinate {400 140} \
-orientation {N}-fixed RAM1
create_placement_keepout -name Blockage1 \
    -coordinate {50 160 300 280}
```

它们定义的端口、宏单元和阻挡精确位置见图 7.3.9。

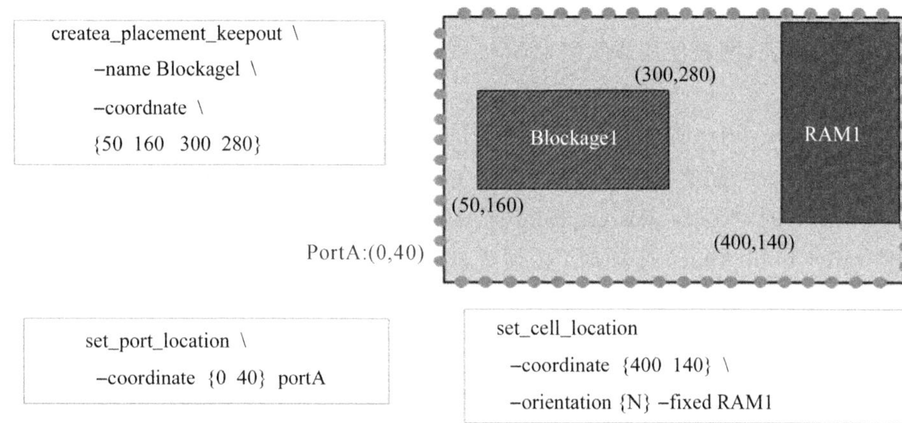
createa_placement_keepout \
-name Blockagel \
-coordnate \
{50 160 300 280}
(300,280)
Blockage1
RAM1
(50,160)
PortA:(0,40)
(400,140)
set_port_location \
-coordinate {0 40} portA
set_cell_location
-coordinate {400 140} \
-orientation {N} -fixed RAM1

图 7.3.9

使用 write_physical_constraints 命令可以在做完 DC-T 综合后，将物理约束存储在文件里。这个约束文件包含了执行 compile_ultra 命令时由自动运行的 ungroup 命令所产生的(设计层次)变化以及执行 change_names 命令后的命名规则的变化。

用 DDC 格式或 ASCII 格式存储的网表，它们并不包含物理约束。如果把它们读入 DC-T 中，需要重新为设计附加物理约束。

进入 DC-T 模式时，需要的 Design Compiler 命令后加选项 "-topographical_mode"，即

unix% dc_shell-t -topographical_mode

选项"-topographical_mode"可简写为"-topo"等。

进行拓扑综合时，必须执行 compile_ultra 命令，即

dc_shell-topo> compile_ultra

DC-T 需要 DC-Ultra 的 license，使综合的时序和面积结果比较好。使用 compile_ultra 命令时，除了可以加上该命令原有的所有选项外，还可以使用增量编辑等。增量编辑在初始的拓扑综合的虚拟版图基础上，做进一步的物理优化。compile_ultra 命令的增量编辑是只在 DC-T 模式时才有的选项。DC XG 的非拓扑综合 shell 里，该命令没有增量编辑的选项。

DC-T 可以进行自上而下的编辑(top-down compile)和自底向上的编辑(bottom-up compile)。我们建议使用自上而下的编辑方法。DC-T 支持现有的设计流程：使用 DC-T 可以进行测试准备编辑(Test-ready compile)，门控时钟(Clock gating)以及低功耗设计。DC-T 模式中可以运行 optimize_registers 命令进行 Register retiming。DC-T 中也可以运行 insert_dft命令，插入扫描链。

在 DC-T 的模式下，compile_ultra 命令新的选项如下：

—incremental

—no_design_rule

—only_design_rule

—only_hold_time

使用增量选项时，如果设计已经是用 DC-T 综合出来的网表，电路不重新映射，物理约

束不变。这时候,只做边界优化和扫描优化。如果设计是非 DC-T 综合出来的 Verilog/VHDL 或 DDC 网表,网表使用 WLM 计算连线延迟,这时候的增量编辑会对电路做一些重新映射和优化。

默认的 compile_ultra 命令进行设计规则的修复。

在 compile_ultra 命令加"-no_design_rule"选项将不进行设计规则的修复。执行 compile_ultra命令时,"-only_design_rule"选项必须与"-incremental"选项一起用。

使用"-only_hold_time"选项时,必须先执行 set_fix_hold 命令,而且该选项必须与"-incremental"选项一起用,即

```
set_fix_hold [all_clock]
compile_ultra -only_hold_time -incremental
```

下面的脚本使用 Milkyway 数据库,用拓扑综合技术为设计做综合。

```
set use_pdb_lib_format false
lappend search_path ./design_data ../libs
set link_library " * gates.db rams.db"
set target_library "gates.db"
set mw_reference_library "mw_lib/gates mw_lib/rams"
set mw_design_library design_lib_orca
create_mw_design -tech_file tech/cb13_4m.tf \
  -max_tluplus ../tlup/cb13_max.tluplus

read_verilog $design_files
source top_constraint.sdc

compile_ultra -scan

report_timing
write -format ddc -hier -output top_mapped.ddc
write_milkyway -output top_dct
```

图 7.3.10 是 DC 分别用线负载模型和拓扑技术综合出来的结果与后版图结果的比较。

由图可见,与基于线负载模型的综合结果比较,拓扑综合能够更加精确地预知所有违规终点的时序。使用 DC-T,用户可以在做版图前,作出明智的决定,在综合时就满足设计的时序要求。而不需要在逻辑综合和后端工具之间多次反复。

拓扑技术与后版图之间的时序和面积关系见图 7.3.11。

由图可见,拓扑综合的时间和面积结果与后版图的结果非常相近,一致性很好。

拓扑技术与后版图之间的功耗关系见图 7.3.12。使用拓扑技术,大部分设计在综合后报告出的功耗与后版图的结果比较,误差在 15%以内,相关性好。做低功耗设计时,DC-T 使用虚拟版图计算寄生参数,进行动态功耗和静态功耗的优化。优化的结果使后端工具

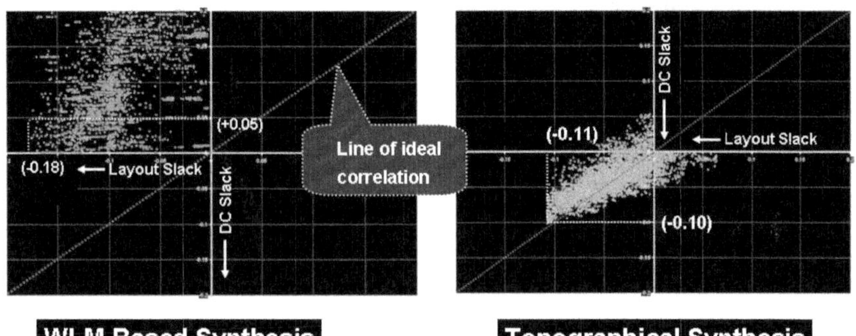

图 7.3.10

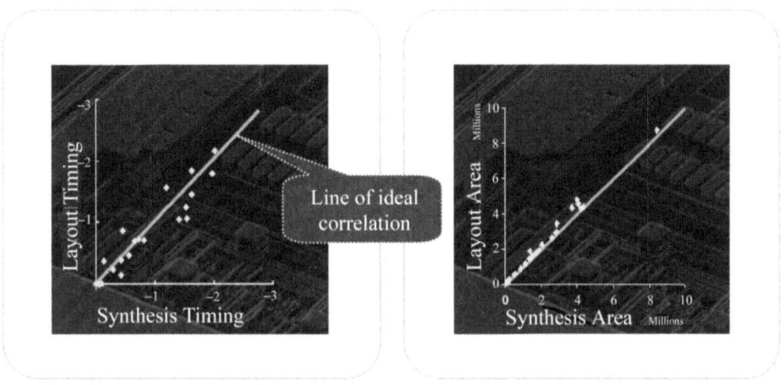

Accurate Timing and Area Prediction

图 7.3.11

ICC 易于进行低功耗的布局和低功耗的时钟树综合。使用虚拟版图，DC-T 可以智能地估算时钟树的功耗。

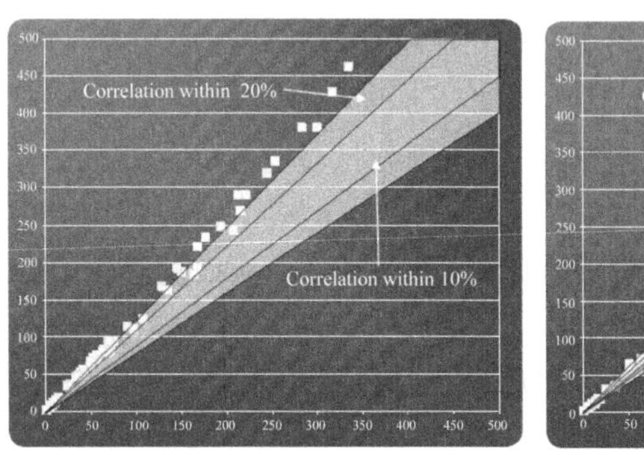

Without Topographical Power

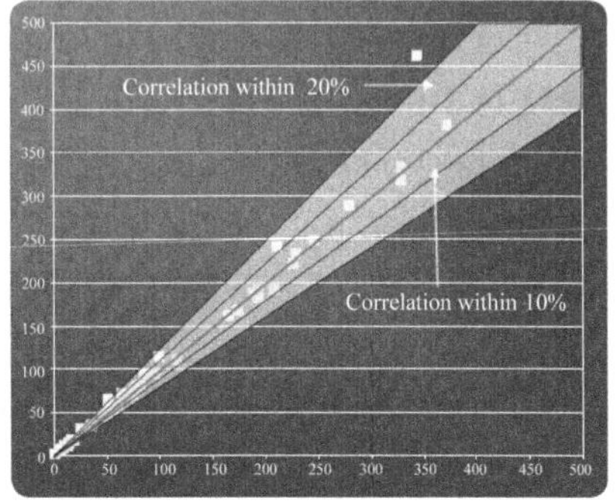

Without Topographical Power

图 7.3.12

使用拓扑技术进行低功耗设计的脚本如下：

```
Design and environment setup
Milkyway setup
```

```
Apply synthesis constraints
...
read_verilog
set_clock_gating_style ...
insert_clock_gating
set_power_prediction
set_max_dynamic_power
set_max_leakage_power
compile_ultra
report_power # --> ETP
write_ddc
write_milkyway
```

ETP 为 Estimated Total Power 的缩写

脚本中，使用了 set_power_prediction 命令，该命令的选项有：

```
set_power_prediction <true | false> -ct_references \
<list_of_buffers_and_inverters_used_for_cte>
```

"-ct_references"选项指定了使用哪个时钟缓冲器或反向器构成时钟树。该命令需要在运行 compile_ultra 命令前执行。

DC-T 中的 report_power 命令用于报告设计的相关性功耗。相关性功耗(correlated power)定义为估算的时钟树功耗加上拓扑综合后设计的功耗。注意，拓扑综合后设计中并无时钟树。

执行 report_power 命令前，需要先运行 set_power_prediction 命令或设置功耗的约束来激活相关性功耗。否则，report_power 命令将报告如下的错误。

```
Error: Can't find correlated power (PWR-623)
```

有关低功耗设计的内容和流程，我们将在第九章详细介绍。

拓扑综合支持 DFT 的设计，见图 7.3.13。

在 DC-T 中，我们可以进行可测试逻辑的一次性测试综合(1-pass test synthesis)；DC-T 支持可测试最大自适应扫描压缩(DFT MAX Adaptive Scan compression)；DC-T 使用虚拟版图的信息进行扫描排序和划分；插入扫描链以后，可以对设计做增量优化，改善设计的时序和面积等。

使用拓扑综合技术进行可测试设计得到的结果与布局布线工具得到的结果在面积、时序和功能三方面相关性好。

拓扑综合技术支持下列的 DFT 特性：

- 基本扫描(Basic Scan)
- 自适应扫描(Adaptive Scan)
- 自动修复(AutoFix)
- 内部引脚(Internal pins)
- 多模式扫描(Multi-mode scan)

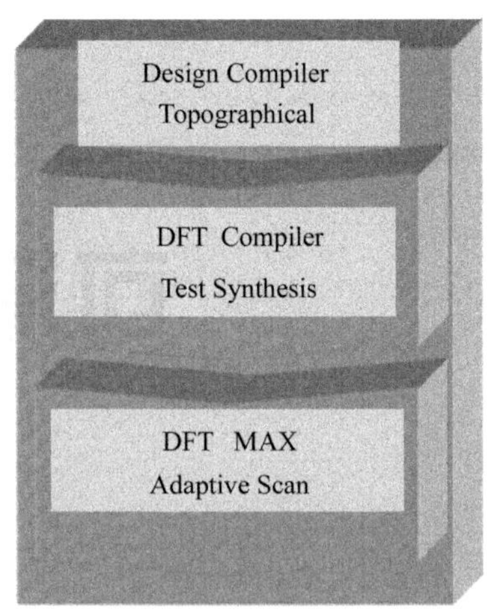

图 7.3.13

· 带有测试模型的内存(Memories with test-models)

* 产生 SCANDEF 文件

SCANDEF 是可测试设计的通用标准。SCANDEF 文件是包含扫描链连接信息的 DEF 格式的文件。

注意:插入扫描链时,DC-T 仅仅把扫描寄存器连接起来“stitch-only”,不做时序的优化。

如果执行 set_dft_insertion_configuration 命令加选项要 DC-T 做优化,即执行在 DC-T 模式执行“set_dft_insertion_configuration \
-synthesis_optimization all”

执行时会报告下面的警告信息:

Warning: Synthesis optimization for dft are not allowed in DC-Topographical flow. Turning off all the optimization.

下面的脚本为在 DC-T 模式下插入扫描链的一个例子:

```
compile_ultra -scan
(DFT specifications)
create_test_protocol
dft_drc
preview_dft
insert_dft
dft_drc
compile_ultra -incremental -scan
```

在插入扫描链后,进行增量编辑,以改善设计的时序和面积等。

DC-T 不支持 ACS。在 DC-T 模式下,除了可以使用 acs_read_hdl 命令读入 RTL 代码外,不可以运行 ACS 的编辑命令等。

有关可测试设计的内容和流程,我们将在第八章详细介绍。

第八章

可测试性设计

8.1 生产测试简介

在远古时代，我们的祖先就掌握了测试技术。公元 200 年，中国农夫发明了用手工操作的吹风机来测试稻谷，这种吹风机能手动地把好的谷粒和无用的谷壳（糠）分离出来。这是早期的测试机器，见图 8.1.1。

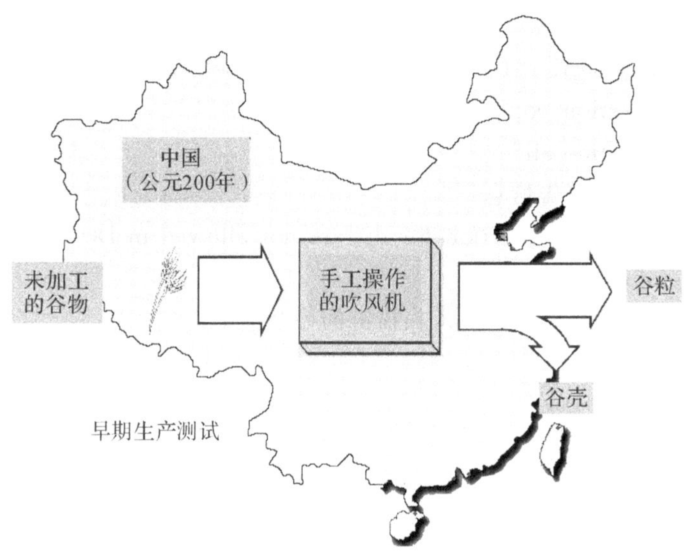

图 8.1.1

生产测试的本质是把好的物品和有瑕疵的物品分离。今天，在集成电路设计和测试时，我们也有同样的目标，即把功能正确的 IC 和有瑕疵的 IC 分离。

按照摩尔定律，集成电路的规模约每两年翻一番。设计的规模越来越大，工艺的尺寸越来越小。随着电路集成度的提高，生产测试的成本也越来越高。为了降低测试成本和难度，提高芯片质量和成品率，需要为芯片进行可测试设计（Design for Testability），简称 DFT。

可测试设计对生产制造出来的芯片进行的测试，通过这种测试保证芯片被正确地制造出来。如果某个集成电路在生产或封装的过程中引入了瑕疵，使得它不能正常工作，我们在做测试时应能筛选出这个器件。测试的目的是检测在加工制造过程中衍生出来的故障。可测试设计与设计的验证不同，设计的验证是指通过对设计的分析，排除设计中的错误，确保该设计符合其技术规范，保证设计与要求一致。

那么，究竟什么是可测试设计呢？

为了使 IC 可测，在设计中额外地增加或修改逻辑，增加输入/输出端口。进行可测试设计可以应用结构化的 DFT 技术或特别的 DFT 技术，见图 8.1.2。

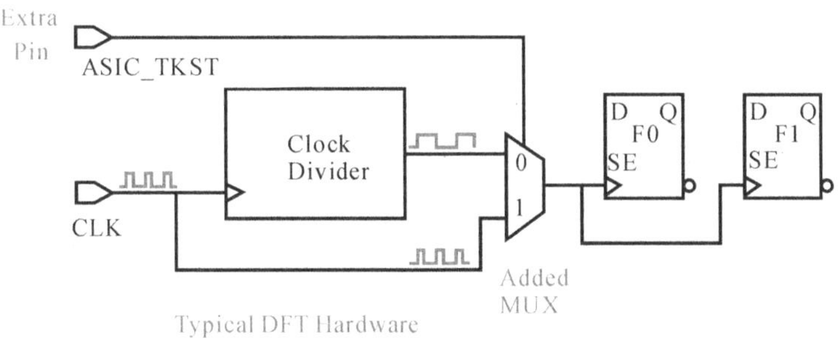

图 8.1.2

在图 8.1.2 中，为了提高电路的测试覆盖率(test coverage)，增加了额外的输入端口(ASIC_TEST)，在设计中加入了 MUX，使寄存器 F0 和 F1 的时钟引脚可直接由输入时钟端口 CLK 控制。

可测试设计包含了非常丰富的内容，图 8.1.3 是可测试设计的流程，它包含了 DFT 电路的设计和测试向量的生成(ATPG)。

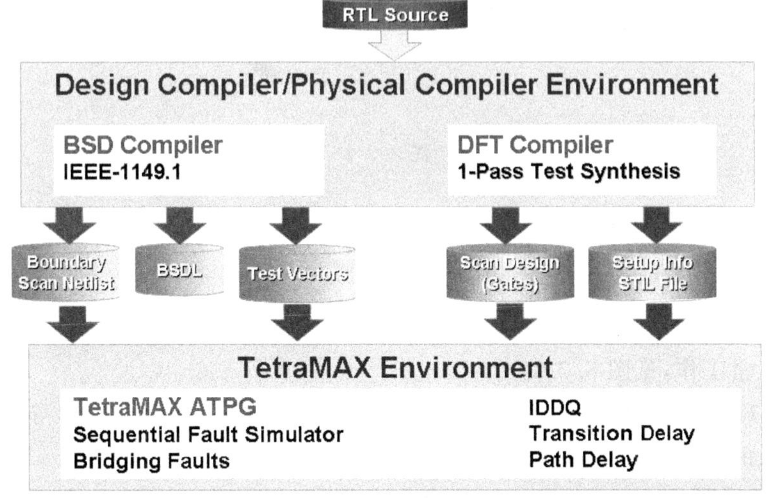

图 8.1.3

本章主要介绍目前在 IC 设计业界最广泛使用的扫描链测试综合设计，以及最广泛使用的可测试设计工具 DFT Compiler(简称 DFTC)。

DFTC 包含在 DC 的软件中，和 DC 使用同样的数据库和接口。它把 DC 的逻辑综合技术和为设计做测试所需的所有特性集成在一起。DFTC 有如下功能：

- 为逻辑模块进行“扫描就绪(scan-ready)”的编辑
- 检查已综合电路是否满足扫描规则
- 用 top-down 或 bottom-up 方法插入扫描链
- 对扫描模块预览测试覆盖率

8.2 可测试性设计

如图 8.2.1 所示,当我们对已制造出来的 IC 进行生产测试时,先把 IC 插入自动测试设备(Automatic Test Equipment,简称 ATE)里,然后输入测试程序(test program)为 IC 中潜在的瑕疵进行一系列冗长的测试。测试程序目前一般使用 IEEE 标准测试接口语言(Standard Test Interface Language,简称 STIL)格式来描述。如果芯片在程序中没有成功地通过所有的测试,它会被丢弃或送到实验室做故障诊断。只有那些在程序中通过每个测试的芯片才会被发送给最终用户。今天,大部分的测试程序是由自动测试向量生成工具(例如 TetraMAX)产生。

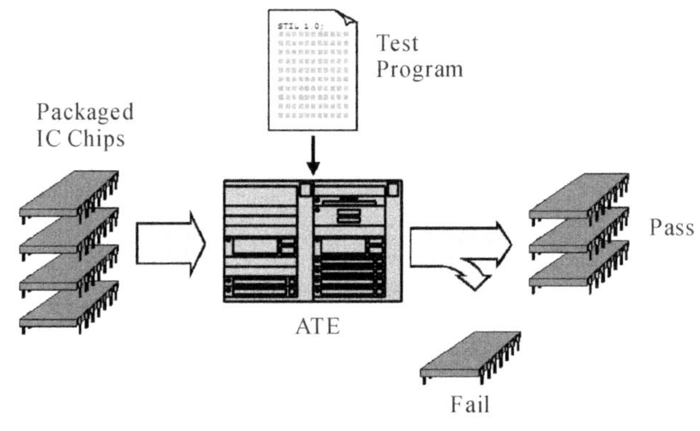

图 8.2.1

8.2.1 物理瑕疵和故障模型

那么什么是生产瑕疵或物理瑕疵呢?

生产瑕疵或物理瑕疵就是指在生产或封装的过程中产生的瑕疵,这种瑕疵使得某个集成电路不能正常工作,见图 8.2.2。

要注意,这里所指的测试并不是测试逻辑设计的错误,它是测试在半导体生产处理过程中产生引入的生产瑕疵,这些瑕疵由下面的因素引起:

- 开路和短路(open and short circuits)
- 金属线之间的桥接(bridging between metal lines)
- 通过绝缘氧化物的导电性穿孔(conductive pinholes through insulating oxides)
- 等等

本章只考虑那些改变电路逻辑功能的永久性瑕疵,对这些瑕疵的测试又称静态测试或低速测试。本章并不包含在速(at-speed)测试的内容。在速测试是指测试那些影响传输延

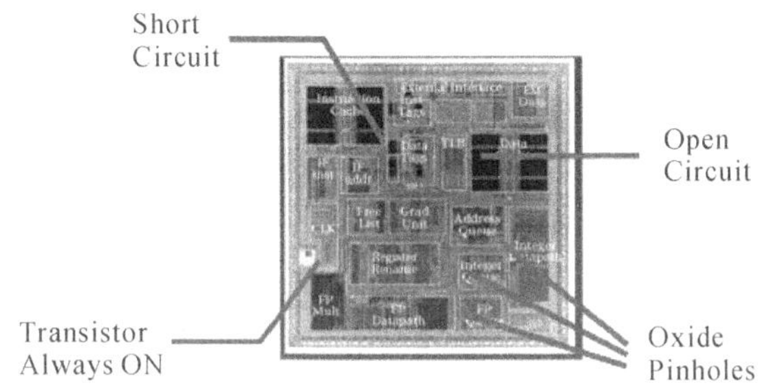

图 8.2.2

迟(propagation delay)而不影响逻辑功能的瑕疵。

图 8.2.3 是用 CMOS 工艺生产的反相器中可能存在的一些物理瑕疵。

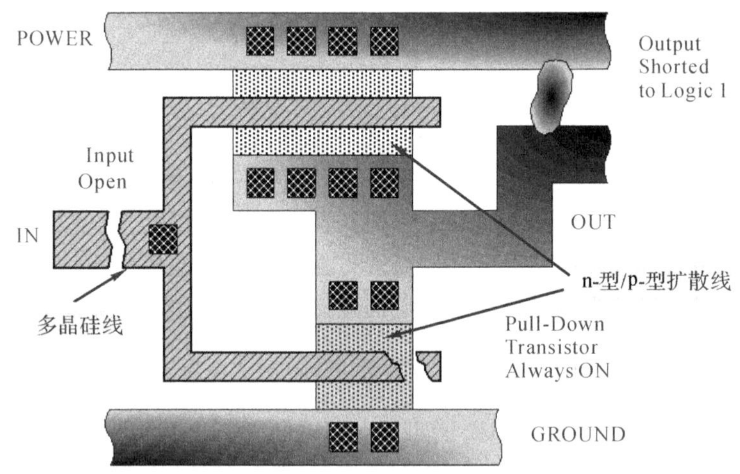

图 8.2.3

图 8.2.3 是一个简单 CMOS 反相器的物理版图。它由一个 n-型下拉晶体管(n-type pull-down transistor)和一个 p-型上拉晶体管(p-type pull-up transistor)组成。一个 MOS 晶体管在多晶硅和扩散线有面积的交迭。图中的多晶硅线用斜线部分表示,n-型或 p-型扩散线用均匀的多孔图部分表示。在超深亚微米工艺中,线宽只有 90 纳米,即 0.000000090 米。一微米的尘埃降落于 90 纳米的连线上可以很容易地使该线开路。过度蚀刻的金属可能引起桥接现象,即直接短路到电源或地线上。一个有瑕疵的下拉晶体管永远处于开(连接)的状态,从而就像直接短路到地线上一样。

从以上的描述可以看出,瑕疵的行为表现就像永久性地短路到电源或地线上一样。这种瑕疵引起单元的输入或输出引脚粘固(stuck at)在逻辑"0"或逻辑"1"上。大部分的 CMOS 门单元和 CMOS 反向器的版图类似,因此广泛地使用把单元的输入或输出引脚粘固在逻辑"0"或逻辑"1"上的简单模型,来代表它们的物理瑕疵。

故障模型(Fault Model)是用逻辑模型来表示物理瑕疵的结果。

粘固(Stuck-At)故障模型见图 8.2.4。

粘固故障模型(stuck-at fault model, 简称 SAF 模型)仍然是当今最流行的故障模型。

测试 SAF 的规则是不可以使用内部探针,使用内部探针的方法成本过高。我们只能用输入/输出端口对 IC 进行测试。经封装后,输入/输出端口对应于芯片的封装管脚。自动测

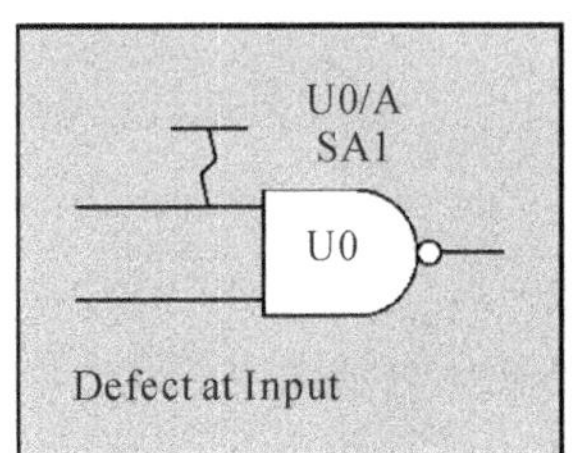

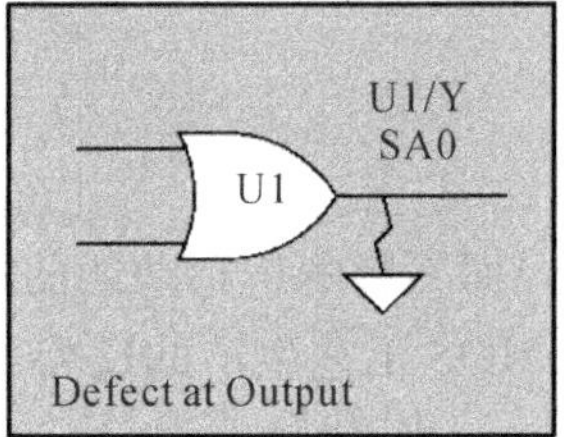

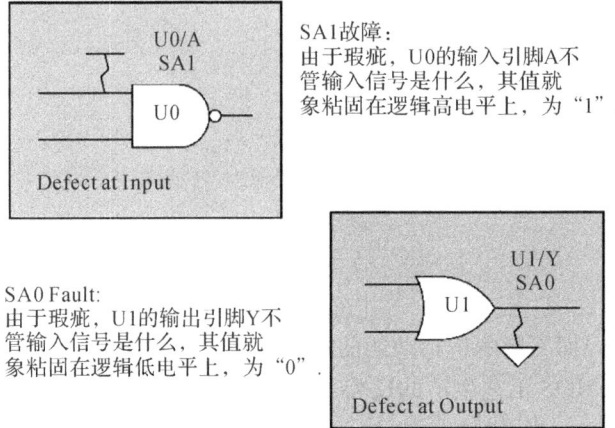

图 8.2.4

试设备 ATE 可以对每个输入端口进行驱动，控制要测试芯片的每个输入端。同样，自动测试设备 ATE 可以对每个输出端口进行采样，观测要测试芯片的每个输出端口的输出结果。

做测试时还假设芯片中只有单个 SAF(Single SAF，简称 SSAF)。当然，芯片中有可能同时出现有多个故障的情况。使用 SSAF 可能测试不到芯片中的多个故障，也有可能出现另一个故障屏蔽掉目标故障的情况。要同时测试芯片的多个故障将大大增加测试的时间。使用 SSAF 的假设可以减少测试时间和测试向量。我们采用 SSAF 模型作可测试设计。

8.2.2 D 算法(D algorithm)

D 算法是 20 世纪 60 年代 IBM 提出测试 SAF 的。到目前为止，它仍然被广泛地使用来探测几乎所有的 SAF。

我们举例说明组合电路的 D 算法。在图 8.2.5 中，如果要探测 U1 的输出端是否有故障 SA0，可用下面的方法。

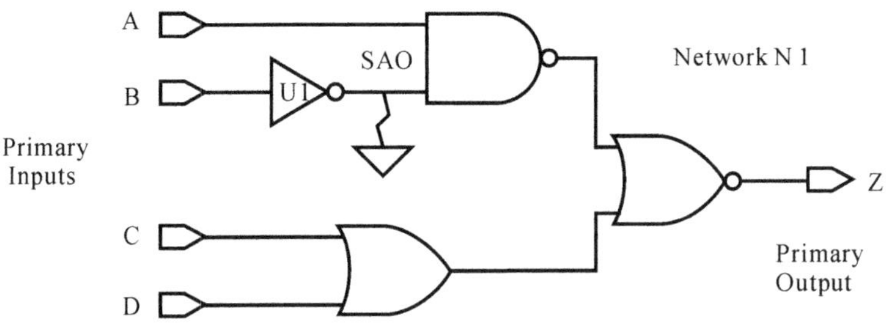

图 8.2.5

假设图中的 U1 输出端没有 SA0 的故障，那么该节点可以被驱动为“1”；否则如果有 SA0 的故障，节点 U1/Y 保持为“0”。这种“假设/否则”的行为可以被用来探测故障。

D 算法一次探测一个 SAF 故障，因此如果设计很大，需要很长的计算机的运行时间。

D 算法的第一步是把某个节点作为测试的目标，例如在图 8.2.5 中，我们把 U1 的输出端作为测试的目标，探测它有无 SA0 的故障。

第二步是通过驱动该节点为相反的值以激活(activate)目标的故障。在图 8.2.5 中，我们可以通过 ATE 在输入端口 B 输入逻辑“0”，如节点 U1/Y 没有 SA0 的故障，其逻辑为“1”；如节点 U1/Y 有 SA0 的故障，其逻辑为“0”，见图 8.2.6。

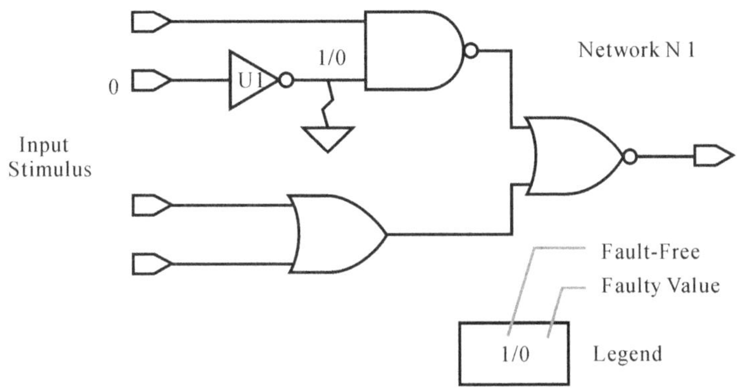

图 8.2.6

这样产生了一个故障的效应，在故障点 U1/Y，我们可以通过测试其逻辑值来判断该节点是否有 SA0 的故障。

结论是 D 算法在没有故障和有故障的电路之间产生了逻辑的差异(Discrepancy)，D 为 Discrepancy 的缩写，D 算法即为差异算法。

第三步是把故障效应传送到输出端口，ATE 可以在输出端口观测到其逻辑值。有故障节点的逻辑值通过组合电路后可能会反向，但是差异还保留着。

然后 ATE 在测试程序里在某一特定时间对输出端采样。做静态测试时，必须有足够的时间让输出端的逻辑变为稳定的值。如果 ATE 测试到的是预期无故障响应值，那么认为该点的故障不存在。ATE 将继续执行余下的测试程序，把其他节点作为测试的目标。如果 ATE 测试到结果与预期响应值不同，那么认为该点有 SA0 的故障，一个故障被记录下来。

为了在输出端观测到故障，我们需要在其他输入端口输入逻辑值，本例中，A＝1、C＝0、D＝0，见图 8.2.7。

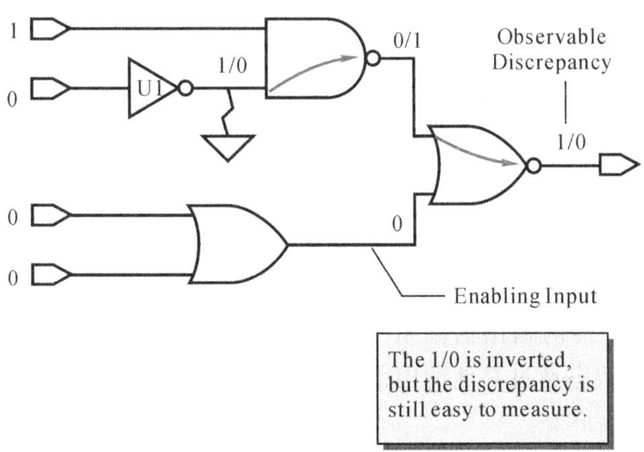

图 8.2.7

图中，输入激励为“1000”，无故障的电路输出响应为逻辑“1”。我们把输入/输出放在一起组成一个测试矢量 vector｛10001｝。用这个测试矢量可以测试图 8.2.7 所示电路的 U1 单元输出引脚有无 SA0 的故障。

测试向量(Test Pattern)定义如下：

由一个或多个测试矢量组成的序列，测试矢量包含输入激励和预期的输出响应，以测试一个目标的故障，见图 8.2.8。

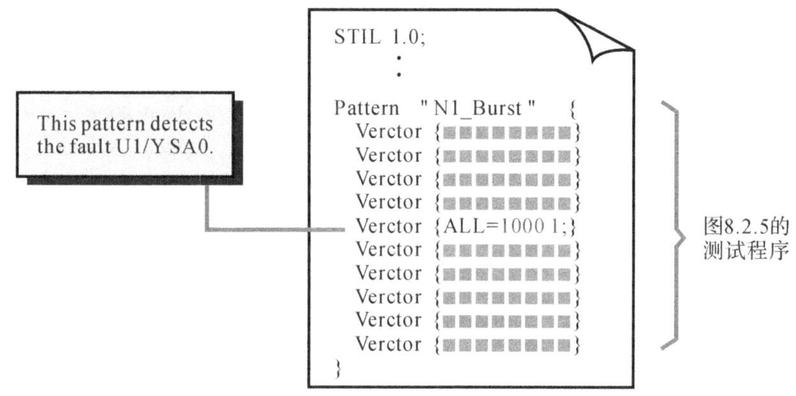

图 8.2.8

D 算法的第四步是记录向量。成功的测试向量被记录在内存里，已测试的故障从目标故障的清单里减掉。

这个算法要重复多次，以测试设计中所有的故障。测试程序包含一系列的测试向量，这些测试向量用来测出芯片中所有可能的故障。测试程序可以用 STIL 格式来描述。

经典的 D 算法如下：

1. 瞄准特定的 SAF。
2. 驱动故障节点为反向值。
3. 把错误传送到输出端口。
4. 记录测试向量，减掉已测试过的故障。

如果电路的每个节点既可以控制(controllable)，又可观测(observable)，那么电路的测试覆盖率就高。

测试覆盖率定义为测试到的故障除以 ATPG 可测试到故障的百分率，即

$$\text{Test Coverage}=\frac{\text{DT}+(\text{PT}*\text{pt\_credit})}{\text{all faults}-(\text{UD}+(\text{AU}*\text{au\_credit}))}$$

式中，pt_credit 的默认值为 50%，au_credit 的默认值为 0%。

DT 是可测试到的故障，例如，图 8.2.5 的 U1 输出引脚。

PT 是有可能测试到的故障。例如，内部三态驱动器使能(enable)引脚上如果有关状态(off state)的故障，驱动器的输出为高阻“Z”状态，“Z”状态在数据总线很快变为“X”状态。在真实的器件中，“X”状态通过其他的内部逻辑或扫描寄存器会变为逻辑“0”或逻辑“1”，因此该故障有可能测试到。

UD 是不可能测试到的故障，例如，寄存器的输出引脚 QB 如果没有被用，即不与任何单元连接，它的故障是无法测试到的。

AU 是在目前 ATPG 条件下不可能测试到的故障。但是用其他的方法(如功能测试)

有可能可以测试到这些故障。

前面介绍使用 D 算法测试组合电路的故障。对于时序电路，如何进行测试呢？是否可以用 D 算法呢？

图 8.2.9 所示的电路，要测试内嵌网络 N1 中单元 U1 的输出引脚是否有 SA0 的故障，我们同样可以使用 D 算法。

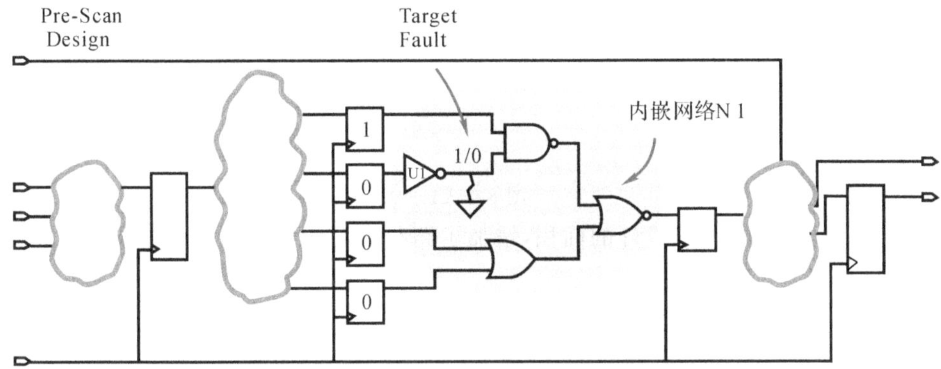

图 8.2.9

如前所述，为了控制 U1 输出引脚的逻辑以及观测其逻辑值，要在图中内嵌网络 N1 的输入端输入激励信号“1000”，如果 U1 的输出引脚有 SA0 的故障，内嵌网络 N1 的输出为逻辑值“0”，如果 U1 的输出引脚没有 SA0 的故障，内嵌网络 N1 的输出逻辑值为“1”。

如何将内嵌网络 N1 的输入设为信号“1000”以及观测其输出呢？

我们可以用图 8.2.10 来实现网络 N1 的可控制和可观测。

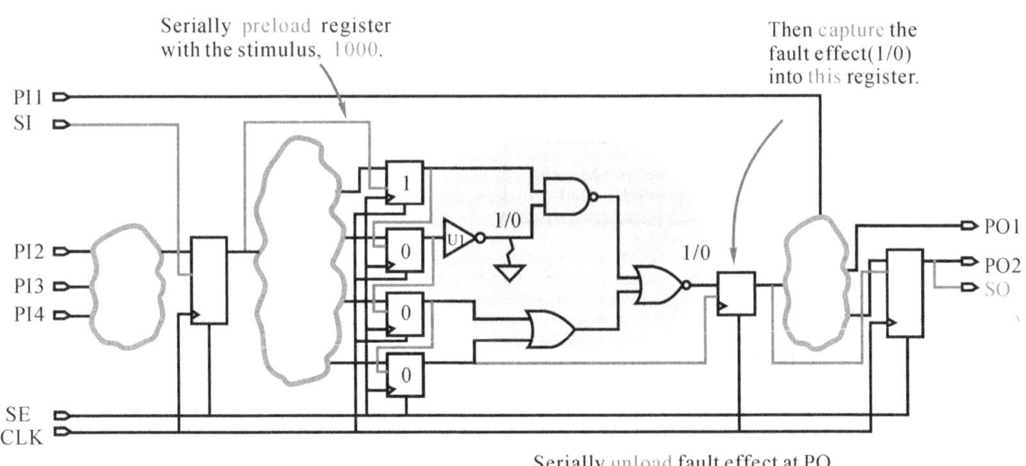

图 8.2.10

图中，标准的触发器用可测试的触发器来替换，称为扫描替换。见图 8.2.11。

等效的扫描触发器有一条从引脚 SI 到引脚 SO 的路径，在做测试时，把 SE 设置为“1”，这条路径开通。

在 Design Compiler 里，运行“compile -scan”命令，在综合过程中，DC 将使用扫描触发器来替换标准触发器。

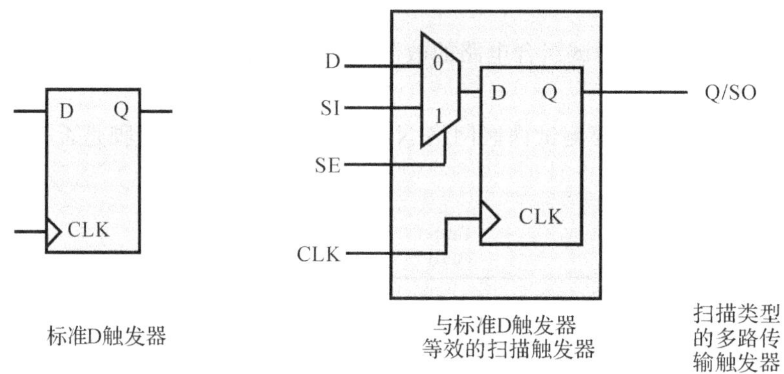

图 8.2.11

使用扫描触发器，会增加设计的面积，增加了路径的延迟，增大了触发器的输出负载和电路的功耗，见图 8.2.12。

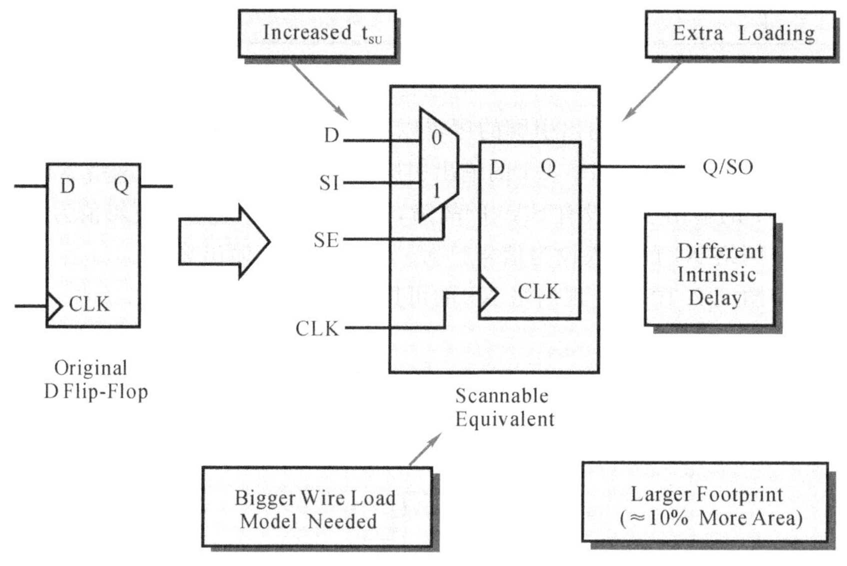

图 8.2.12

可测试的触发器有两种模式：

正常模式——在这种模式下，ASIC 以设计的原来功能工作；

测试模式——在这种模式，ASIC 进行生产测试。

进行 ASIC 的生产测试时，触发器像移位寄存器一样被连接在一起，这种结构称为扫描链。扫描链用来把测试向量串行地移入设计中那些不容易由输入端口直接控制的部分，如上例中内嵌网络 N1 的节点。通过扫描链也可以将设计中那些不容易由输出端口直接观测的部分串行地移出到输出端口，从而判断设计中有无故障。

全扫描设计是指设计中的所有触发器都被扫描触发器替换并且包括在扫描链中。在 DFT Compiler 中使用 insert_dft 命令把扫描链连接起来。

图 8.2.10 显示了把扫描链连接起来的结果，寄存器串连的路径是扫描链路径，从 SI 端口开始到 SO 端口终止。注意，设计中现在有三个额外的端口，分别是：SI(扫描输入)，SO

(扫描输出)和 SE(扫描使能)。

有了扫描链后,ATE 可以通过该通路预载逻辑值到寄存器并且捕获响应的结果。

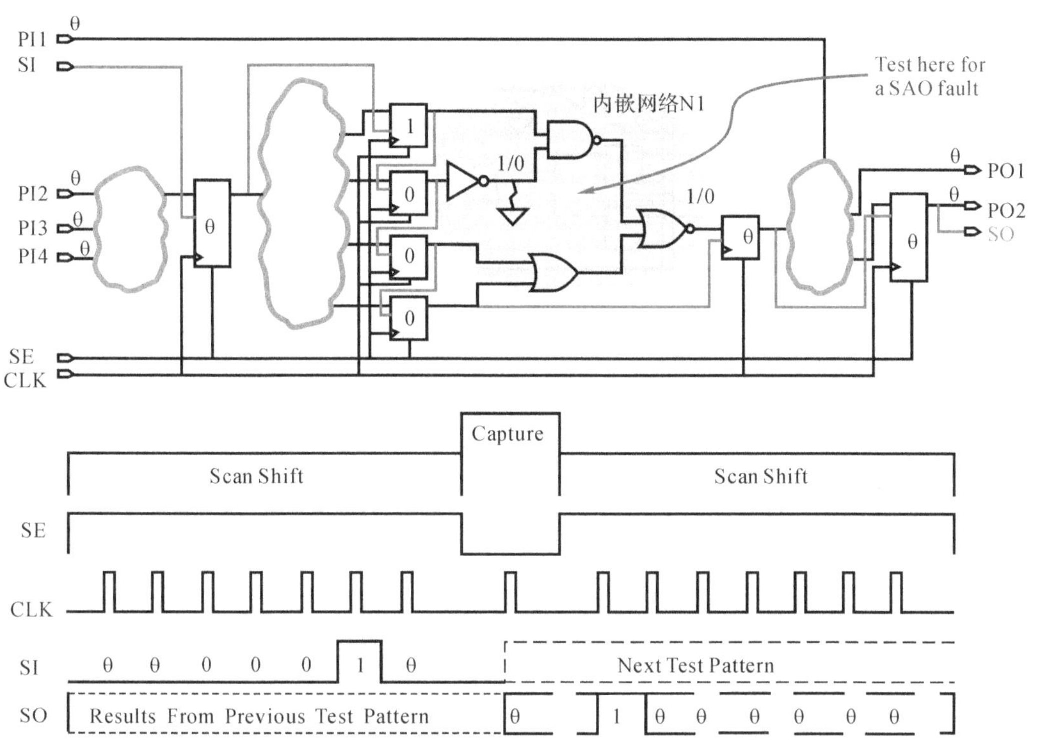

图 8.2.13

图 8.2.13 例示了把逻辑值"θθ00010θ"通过扫描输入端口 SI,经过扫描链移入到扫描触发器中;将内嵌网络 N1 的组合逻辑输出捕获到扫描触发器;以及将捕获结果经过扫描链移出到扫描输出端口 SO。其中输入/输出"θ"是随意逻辑(0 或 1)。

为了节省测试时间,在测试程序里,除了第一个和最后一个测试矢量外,其他的所有矢量,在扫描链输出上一个测试矢量的结果时,扫描链上又同时输入下一个测试矢量。

为了对那些可以通过组合逻辑直接连接到输出端口的节点或引脚进行 SAF 测试,在捕获阶段,这些节点必须已经被初始化。图 8.2.14 中,为了测试 N2 网络中一个节点的 SA1 故障,需要有两个输入为它们作初始化。输入端口 PI1 必须设置为"1",触发器 FF6 必须设置为"0"。在测试的扫描移位阶段,初始化扫描链中的所有触发器。本例中,要用 7 个时钟周期初始化扫描触发器,即通过 SI 端在扫描链移位输入"θ0θθθθθ"。接下来,在捕获阶段,初始化输入端口(通常在捕获周期的开始时做初始化)。本例中,SE 信号一变为低电平(逻辑 0),输入端口 PI1 就被设置为逻辑"1"。由于 N2 网络直接连接到输出端口,可以立刻测试到其输出的逻辑值。自动测试设备 ATE 将在时钟 CLK 上升沿前对 PO1 端口进行采样(测量)。例如,如果捕获周期为 100 ns,时钟在 45 ns 上升,ATE 在大约 0 ns 设置 PI1 的值,并且在大约 40 ns 采样(测量)输出端口 PO1 的值。

图 8.2.15 总结了几种测试的策略。

全扫描(Full Scan)设计—— 测试覆盖率最高,生成 ATPG 最快也最容易实现,其特点有:

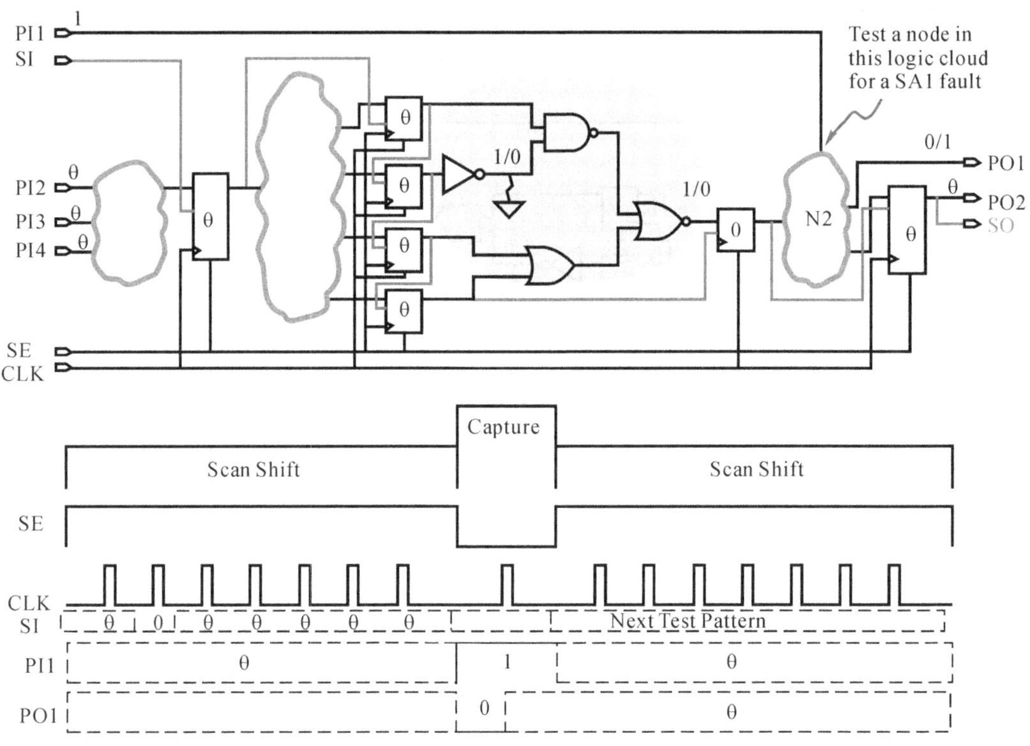

图 8.2.14

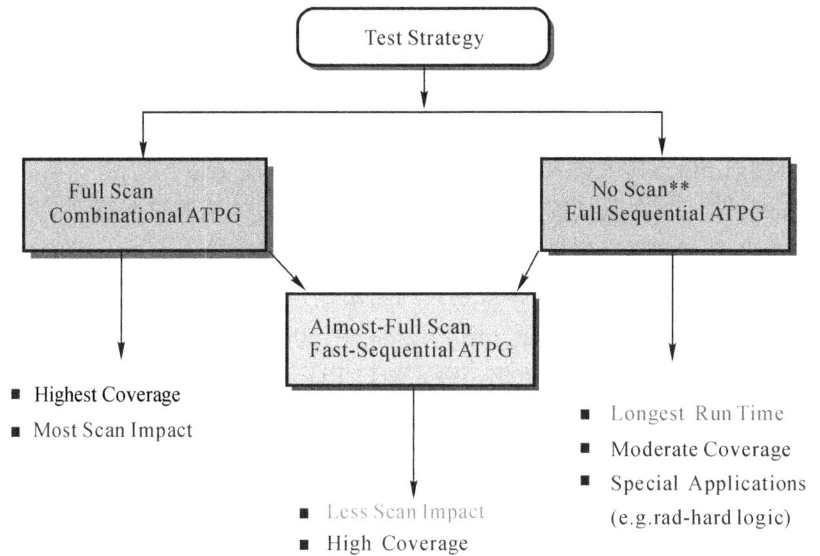

图 8.2.15

- 可用 DFTC 实现
- 使用 D 算法
- 没有内存

· 没有锁存器(latches)
· 所有的触发器都包括在扫描链中
· 可(建议)用 TetraMAX 产生 ATPG

如果设计不是全扫描的电路，在 DFTC 里作测试覆盖率的估计是不够精确的，可以作为一个参考值。可以(建议)使用 TetraMAX 用下面的方法增加测试覆盖率。

差不多全扫描(Almost-Full Scan)设计—— 测试覆盖率很高，生成 ATPG 比全扫描设计稍微慢些，其特点有：

· 需要 TetraMAX 产生 ATPG
· 使用扩展的 D 算法
· 大部分的触发器包括在扫描链中
· 使用快速时序算法(fast-sequential algorithm)
· 可能有内存
· 可能有锁存器

没有扫描(No scan)设计—— 测试覆盖率低，生成 ATPG 很慢，其特点有：

· 需要 TetraMAX 产生 ATPG
· 需要功能向量(functional patterns)
· 需要故障仿真和故障评估(fault Simulation and Fault Grading)
· 使用全时序算法(full-sequential algorithm)
· 当首先使用全扫描和再使用差不多全扫描的方法都不能达到高的测试覆盖率时，可以使用这种方法

如果在扫描的设计里，关键路径不能满足时间的要求，可以尝试把终点的扫描触发器换回到标准的触发器(非扫描触发器)。在本章后面会介绍如何把某一个或某几个指定的扫描触发器从扫描链里排除出来。

8.3　测试协议(Test Protocol)

测试协议用来完全描述一个设计的测试环境。测试协议包括：

· 测试的时序信息
· 用来设置设计进行扫描测试的初始化序列
· 应用测试向量时用来选择扫描移位和并行捕捉的测试设置
· 测试向量

扫描测试的设计过程对每个设计来说基本上是相同的。它包括扫描数据的输入，执行正常工作序列，以及扫描数据的输出。然而，执行扫描测试的指令对于每一个设计来说却是独特的，不同的设计有不同的指令。指令包括如何配置(configure)设计进行扫描测试，扫描时用到那些端口等等。一个测试协议是为一个设计做扫描测试时所用的特定指令的集合。

在做测试设计时，设计者需要定义设计中的测试时序(test timing) 参数、测试时钟(test clock)、部分/全部测试端口(test port)和初始化序列等。

测试时间参数主要有，默认的测试时钟周期，输入端口的数据输入到达时间，双向端口

的数据输入到达时间以及输出端口的数据程序采样时间。在 DFTC 中,这些默认的参数用下面的设置变量命令表示:

```
set test_default_period        100
set test_default_delay         0
set test_default_bidir_delay   0
set test_default_strobe        40
```

即测试时钟周期为 100 ns,输入端口的数据输入到达时间为 0 ns,双向端口的数据输入到达时间也为 0 ns,输出端口的数据程序采样(strobe)时间为 40 ns。在一般情况下,时钟波形为图 8.3.1 上方所示的 RTZ 波形。因此,采样在时钟上升沿以前发生。

测试时间参数的设置一般放在 .synopsys_dc.setup 文件中,也可以包含在编辑脚本文件里。

测试时钟定义了驱动所有扫描触发器的时钟,测试时钟一般与电路的工作时钟不同,它是由 ATE 提供的,只在测试时使用。DFTC 进行设计时,假设 ATE 对芯片做测试的所有时钟周期是相同的,等于 test_default_period。测试时钟仅在相位上可能有所不同,例如 RT1 和 RTZ 时钟。

RTZ 时钟波形的格式为时钟沿先上升然后下降;RT1 时钟波形的格式为时钟沿先下降然后上升,见图 8.3.1。

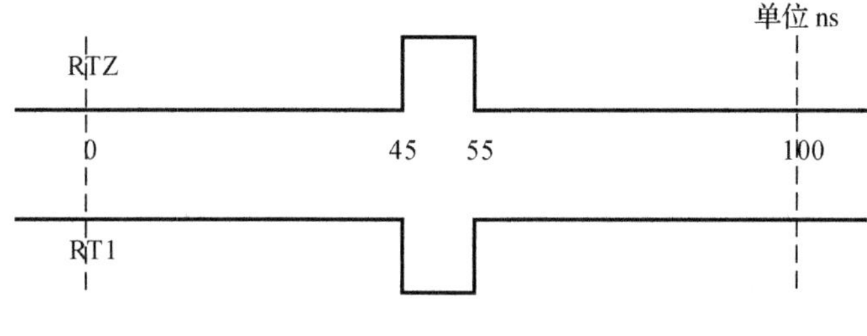

图 8.3.1

时钟信号必须由输入端直接控制,这样在任何状态下都可按要求对扫描寄存器进行移位。一个测试矢量(vector)始终严格地对应一个测试时钟周期。

测试端口包括所有的扫描端口,例如扫描输入端 SI,扫描输出端 SO 和扫描使能端 SE 等。测试端口还包括端口的约束,在可测试设计里,一般至少有一个测试模式(Test Mode)控制端口。当它为某个逻辑时,电路进入测试状态。图 8.3.2 中的 ASIC_TEST 就是测试模式控制端口。

在图 8.3.2 中,为了在测试时使寄存器 F0 和 F1 的时钟可直接由时钟端口 CLK 控制,从而使它们能包含在扫描链中,在测试时,ASIC_TEST 端口必须设置为“1”。在功能状态时(即设计正常工作时),ASIC_TEST 端口设置为“0”。下面的命令在 DFTC 中用于定义测试时钟和测试端口的约束:

```
# Declare test-clock waveforms
set_dft_signal -view existing_dft -type TestClock /
               -timing {45 55} -port CLK
```

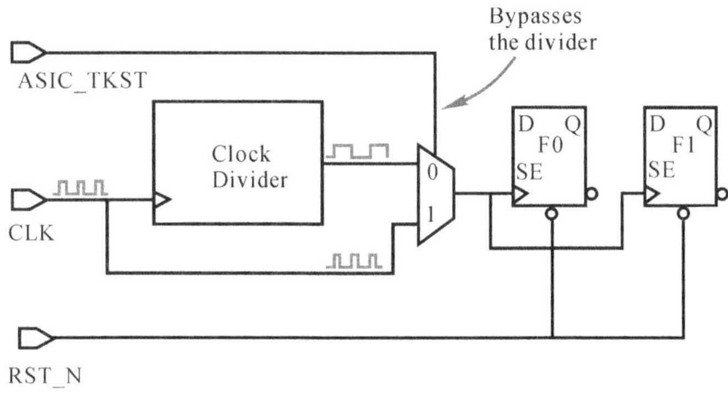

图 8.3.2

```
set_dft_signal -view exist -type RST_N \
               -active_state 0 -port prst_n
set_dft_signal -view e -type Constant \
               -active_state 1 -port ASIC_TEST
```

其中，测试时钟为 CLK，波形见图 8.3.1 上方 RTZ 波形。RST_N 为复位信号，当它的逻辑值为“0”时，为寄存器清零。为了使设计进入测试模式，必须把端口 ASIC_TEST 设置为“1”。

set_dft_signal 命令有开关选项“-view”，它的有效值分别是 specification 和 existing_dft。

existing_dft：意味着引用现有的端口 DFT 用途。例如，如果我们要用某一端口 CLK 作为测试时钟信号，可用下面的命令

set_dft_signal -view exist -port clk-timing {45　55}

设计中该端口 CLK 与其他的器件已经有连接的关系。

在执行 dft_drc 时，DFTC 为了通过 DRC 的检查，必须知道这种结构与连接。

specification(默认值)：意味着在插入扫描链时，DFTC 必须使用由它定义的测试结构。例如，如果某一端口 scan_enable 在设计里必须用作测试使能信号，可用下面的命令

set_dft_signal -view spec -port scan_enable-type Scan_Enable -active 1

定义使能信号。此时，该端口 scan_enable 与其他的器件还没有连接的关系。插入扫描链以后它才与其他的器件相连接。

在提供了设计中的测试时间参数、测试时钟、部分/全部测试端口等后，在 DFTC 中，执行 create_test_protocol 命令，然用 dft_drc 命令检查设计中有无测试设计规则(test design rule)的违规。如果没有大的问题，可以用 write_test_protocol 命令写出测试协议。脚本见例 8.3.1。

例 8.3.1

```
# enable RTL source line tracking
```

```
set hdlin_enable_rtldrc_info true
# Step 1: Read RTL Design
read_verilog rtl/TOP.v
current_design TOP ; link

# Specify test clocks and other attributes
set_dft_signal -view exist -type TestClock \
-timing {45 55} -port CLK
set_dft_signal -view exist -type Reset \
-active_state 0 -port RST_N
set_dft_signal -view exist -type Constant \
-active_state 1 -port ASIC_TEST
# Step 2: Create the test protocol
create_test_protocol
# Run test design rule checking
dft_drc

# continue with rest of the flow
# Write out test protocol for later use
write_test_protocol -o unmapped/TOP.spf
# Step 3: Test-Ready Compile
set test_default_scan_style multiplexed_flip_flop
compile -scan
```

上例中，测试时间参数的定义放在 .synopsys_dc.setup 文件中，TOP.spf 是由 DFTC 产生的测试协议文件。

在某些设计中，特别是在设计端口数目有限的情况下，没有可能提供一个额外的端口作为测试模式端口，因此不可以用输入端口直接控制设计进入测试模式。为了使设计进入测试状态，还需要专门定制的初始化序列，例如图 8.3.3。设计中，TEST_MODE 信号并不直接连接到输入端口。我们不可以用“set_dft_signal -type Constant”命令使设计进入测试状态。图中的设置逻辑(configuration logic)用来产生一个片上的 TEST_MODE 信号，从而使设计进入测试状态。

初始化序列“01”在时钟的上升沿被串行地移入到触发器 init_reg[0]和 init_reg[1]中，触发器的输出被解码产生测试模式的状态信号，TEST_MODE = 1。在正常的操作条件下，设置逻辑中并不使用这个初始化序列“01”，该序列专门用于做测试。使用初始化序列可以为设计节省一个输入端口，但其代价是在设计中增加了设置逻辑，并且在做扫描之前需要初始化设置触发器。因此，专门定制的初始化序列必须加入到测试协议中。

例 8.3.2 是一个很简单的测试协议文件，用通用的“IEEE Std. 1450-1999”STIL 格式来表示。STIL 是一种专门用于在 ATPG 工具和测试设备之间进行数据交换的语言，STIL

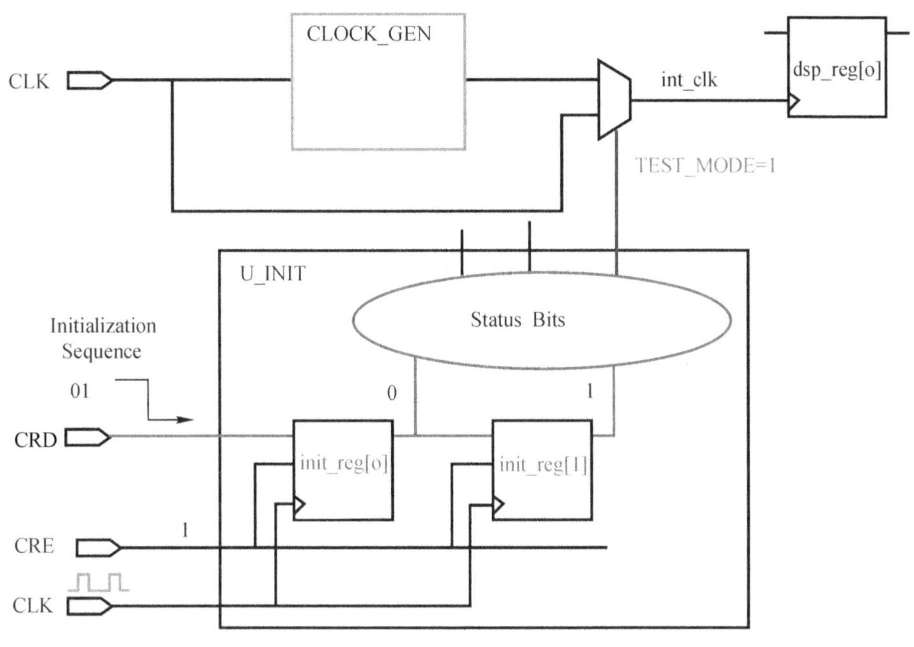

图 8.3.3

提供了数字电路测试向量产生工具和测试设备的接口。

例 8.3.2

```
STIL;
ScanStructures {
  ScanChain "chain1" { ScanIn "SDI[1]"; ScanOut SDO1; }
  ScanChain "chain2" { ScanIn "SDI[2]"; ScanOut SDO2; }
}
Procedures {
  "load_unload" {
     // clocks & resets off; enable scan
    V { CLOCK = 0; RSTB = 1; SCAN_EN = 1; }
  Shift {
    V { _si=##; _so=##; CLOCK=P;} //pulse shift clock
    }
  }
}
MacroDefs {
    "test_setup" {
      V {CONF = 1; CONF_ENABLE = 1; CLOCK = P;}
      V {CONF = 0; CONF_ENABLE = 1; CLOCK = P;}
      V {CONF = 1; CONF_ENABLE = 1; CLOCK = P;}
      V {CONF_ENABLE = 0; CLOCK = 0;}
    }
```

}

例 8.3.2 中包括了 STIL 头，一个包含有 load_unload procedure 和 Shift statement 的扫描结构模块。

“load_unload procedure”定义测试时钟，扫描使能信号，使设计构成扫描移位路径；它也定义了移位‘Shift’的陈述。在 load_unload 程序里面，要把所有的时钟设置为关状态，移位使能信号为开状态，如有可能禁止双向端口。通常设计的顶层有一个端口，用于控制移位使能信号，例如输入端口“SCAN_EN”。在 load_unload 程序中，应适当地设置该端口。Shift 陈述(statement)则定义如何在扫描链中移位一比特。

符号‘ # ’是一个特别的占位符号，它代表扫描输入或扫描输出数据矢量的一个值。在上面的例子中，设计里共有两条扫描链，因此用了两个‘ # ’。DFTC 和 TetraMAX 有一些预先定义的标志，“_si”表示扫描输入，“_so”表示扫描输出。因此我们有一个简略的表达方法来表示所有的扫描输入和扫描输出端口。

如前所述，为了使设计进入测试模式，一些设计中需要专门定制的初始化序列，因此“test_setup macro”是可选择的，某些设计可能需要它进行初始化，使其进入测试模式。

8.4　测试的设计规则

8.4.1　可测试性设计中的时钟信号

在逻辑综合时，半导体厂商在工艺库附加了设计规则，这些规则根据电容、转换时间和扇出(capacitance，transition and fanout)来约束有多少个单元可以相互连接。设计规则一般由半导体厂商提供，是在使用工艺库中的逻辑单元时所强加的限制。进行 DFT 设计时，同样也有测试的设计规则(Test DRC)的限制，测试的设计规则是由测试协议和扫描设置(在 DFTC 中可以使用 set_scan_configuration 命令)等定义的。典型的测试设计规则主要检查：

- 设计中是否有测试违规使得无法插入扫描链
- 设计中是否有测试违规使得无法捕获数据
- 设计中是否有测试违规使得测试覆盖率降低

为了使触发器能加入扫描链，必须检查触发器时钟的可控制性和触发器异步置壹/清零的可控制性；在捕获阶段，为了避免产生保持时间的违规(hold time violations)，要验证数据的有效性；为了提高测试覆盖率，要检查设计中是否有组合电路的反馈回路(combinational feedback loops)，是否有时钟信号用作触发器的数据输入(见图 8.4.1)和设计中是否有黑盒子(black box)，设计中是否存在三态竞争或浮动(three-state contention 或 float)等。

黑盒子是没有定义功能的模块。

可测试设计的设计流程如图 8.4.2 所示。

在 DFTC 中读入 RTL 代码后，定义测试时间参数；定义测试时钟、复位信号、测试模式信号等；产生测试协议；对 RTL 代码作测试设计规则的检查。如果测试协议不完整或 RTL

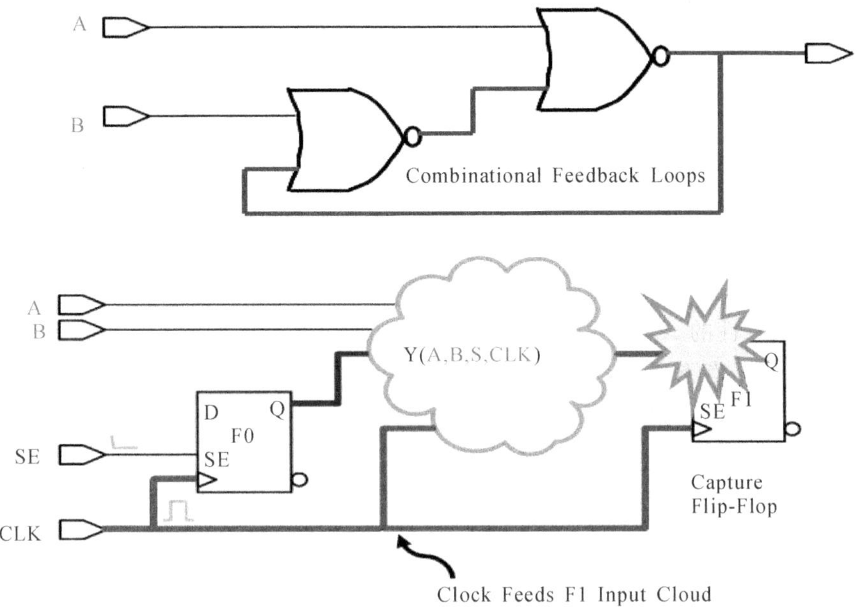

图 8.4.1

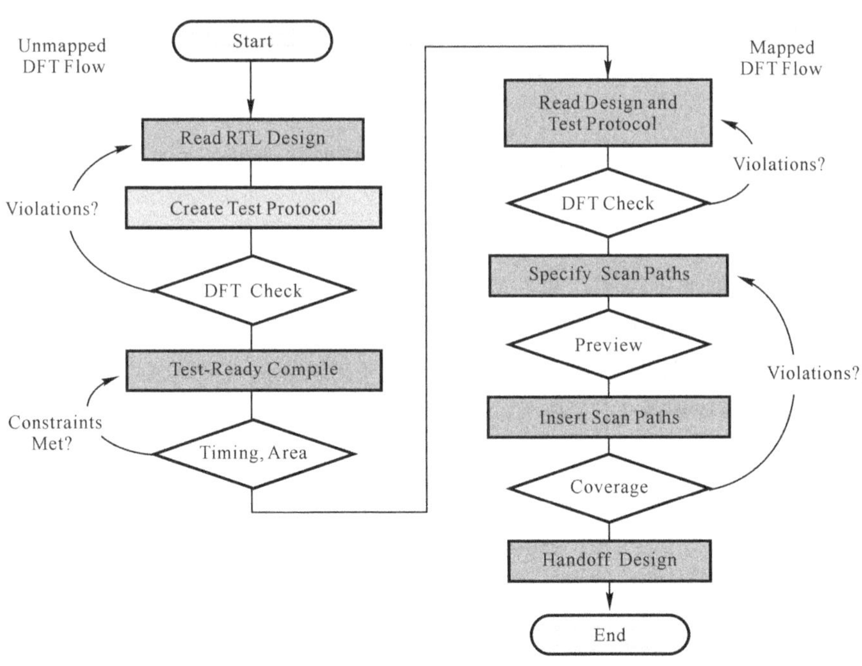

图 8.4.2

代码不利于做测试(test-unfriendly),或两者兼存,DFTC 会报告在 RTL 代码中有测试设计规则的违规。

如果在 RTL 级没有做测试设计规则的检查,第一次测试设计规则的检查是针对已映射成门级电路进行的,这时候,如果设计的测试协议不完整或门级网表不利于做测试,DFTC 会报告有门级网表的测试设计规则违规。应该修正门级网表的测试违规。

在插入扫描链后，如果还有测试违规，测试的覆盖率会较低。覆盖率低可能是由很多因素引起的。例如，扫描路径并没有包含所有的触发器、先前报告的测试违规被忽视或设计中有一些内嵌内存等。应该修正包含扫描链门级网表的测试违规。

在8.1节中我们介绍过，为了使IC可测试，在设计中额外地增加或修改了部分逻辑，增加了输入端口。可以应用结构化的DFT（Structured DFT）技术或特别的DFT（ad hoc DFT）技术来使得芯片可测试，提高其测试覆盖率，见图8.1.2。

现代的IC设计由于规模大，要求设计周期短，在进行可测试设计时，需要我们采用前瞻性的设计方法（proactive approach）。在编写HDL代码阶段，就把可测试性设计加入芯片结构中。这种前瞻性的ASIC设计方法称为可测试设计（design for testability或DFT）。

结构化的DFT有下列特点：

· 自动化程度高（highly pushbutton）——设计者几乎不需要干预
· 每个设计都要通过一系列的测试设计规则检查
· 如有DFT的违规，需要通过增加或修改逻辑来改正违规的情况

扫描路径的插入是结构化DFT的一个实例，见图8.4.3。

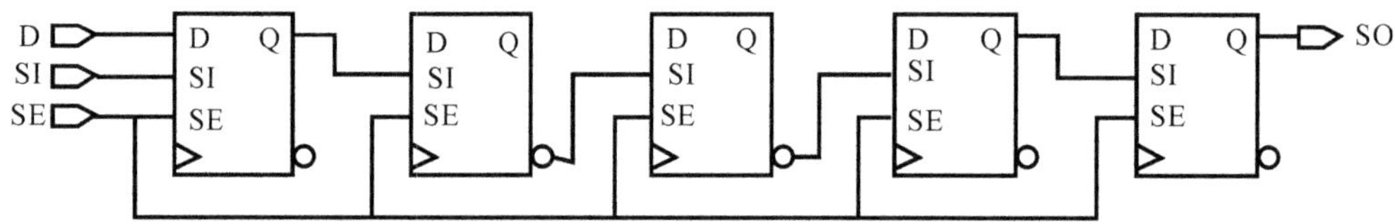

图8.4.3

结构化的DFT不管设计的结构如何，串行的扫描路径用设计工具自动地连接起来。

特别的DFT有下列特点：

· 根据设计者的判断增加可测试逻辑

例1：在设计中增加可控制点和可观测点。

例2：总线保持器（bus keepers）或上拉电阻。

· 设计者根据对设计的结构理解在设计中定义测试点的位置和类型

图8.4.4是使用特别的DFT技术的一个例子。

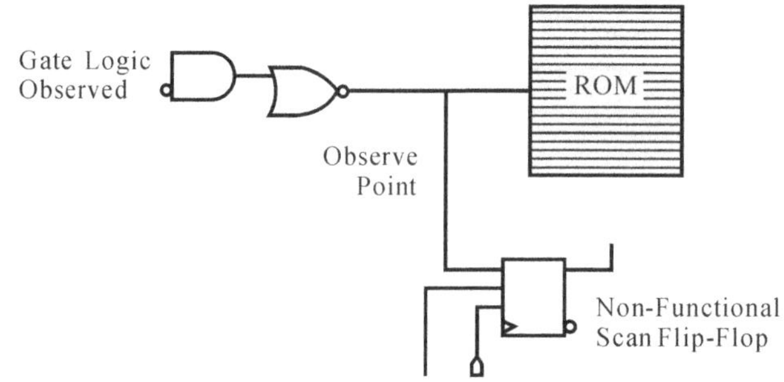

图8.4.4

在可综合的电路中，RAM/ROM通常作为黑盒子（black box），即没有定义功能的模块。在黑盒子的周围阴影部分，即它的输入/输出引脚相关联的部分电路，是不可测的。例

如，图中的 ROM 输入引脚，其逻辑是不可观测的；ROM 输出引脚，其逻辑是不可控制的。为了增加电路的测试覆盖率，我们可以在 ROM 输入端加入如图中所示的逻辑，以提高其可观测性。

在 DFTC 中，有 4 种方法用来改正测试的 DRC 违规：

1. 修改 HDL 代码，然后对设计用 DFTC 进行重新综合。
2. 使用 AutoFix DFT 来插入旁路(bypass)逻辑或注入(injection)逻辑。
3. 使用 ShadowLogic DFT 来插入特别的测试点。
4. 使用 create_net 和其他命令来编辑门级网表。

我们建议在设计的早期就要加入可测试逻辑，最好在编写 HDL 代码时就尽可能地考虑设计的可测试性。如果 HDL 代码已定下来不能改变(code-freeze)，或者现有的 HDL 代码是设计者不熟悉的，是其他设计者留下的代码，可以使用 AutoFix 作为一种替代方案(workaround)。

对 RTL 代码做测试的 DRC 检查可用例 8.4.1 中的脚本，先在 DFTC 中把变量 set hdlin_enable_rtldrc_info设置为 true，以方便追踪代码中有 DRC 问题的行数，即代码中某一行导致设计有测试的 DRC 违规。读入 RTL 代码后，定义测试时钟和其他属性(如测试模式)，产生测试协议，对 RTL 代码做测试的 DRC 检查。

例 8.4.1

```
# enable RTL source line tracking
set hdlin_enable_rtldrc_info true
# Step 1: Read RTL Design
read_verilog rtl/TOP.v
current_design TOP ; link

# Specify test clocks and other attributes
set_dft_signal -view exist -type TestClock
                -timing {45 55} -port CLK
set_dft_signal -view exist -type Reset \
               -active_state 0 -port RST_N
set_dft_signal -view exist -type Constant \
               -active_state 1 -port ASIC_TEST
# Step 2: Create the test protocol
create_test_protocol
# Run test design rule checking
dft_drc
```

做完 RTL 的 DRC 以后，如果设计没有严重的可测试性问题，写出测试协议，设置扫描类型(大多数为 MUXed 触发器)，对设计进行扫描编辑，见例 8.4.2。

例 8.4.2

```
write_test_protocol -o unmapped/TOP.spf
```

```
# Step 3: Test -Ready Compile
set test_default_scan_style multiplexed_flip_flop
compile -scan
```

有了门级网表后，要用 dft_drc 命令对网表做一系列的测试 DRC 检查，检查的结果可以让设计者知道何处有测试 DRC 的违规，需要在何处插入特别的 DFT 逻辑。设计中的 DFT DRC 违规会妨碍测试向量的产生，从而使测试覆盖率降低。要注意 DFT DRC 检查既不考虑门单元和连线的延迟，也不考虑时钟树的延迟。测试工具不进行静态时序分析。

对时序电路做 DFT 设计时，为了将触发器加入到扫描链，要求触发器的时钟引脚和异步置位/复位引脚是可控制的，即 ATE 可以通过芯片的输入端口直接控制这些引脚。但是在实际的设计中，在下面的几个情况里，这些引脚往往是不可以直接控制的：

- 由于门控时钟，触发器的时钟不可以控制
- 由于分频电路，触发器的时钟不可以控制
- 意外的异步清零使触发器复位
- 由于连线短或 Clock Skew 导致保持时间问题

不可控的门控时钟见图 8.4.5。

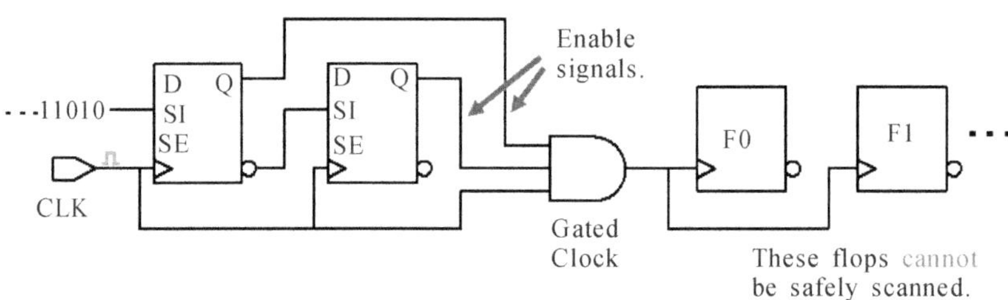

图 8.4.5

在使能信号(enable signals)为‘0’时，时钟脉冲不能抵达触发器 F0、F1 等，因此在扫描链里不能加入 F0、F1 等。

门级网表中如有不可控制的触发器时钟和异步置位/复位，在运行 dft_drc 命令时，将得到类似下面的信息：

```
dc_shell-xg-t> dft_drc
  Loading test protocol
  Loading target library 'cb13fs120_tsmc_max'
  Loading design'RISC_CORE'
  Pre-DFT DRC enabled
...
----------------------------------------------------------------------
Begin Pre-DFT violations...
  Warning: Clock input CP of DFF I_ALU/Neg_Flag_reg was not controlled. (D1-1)
Information: There are 309 other cells with the same violation. (TEST-171)
```

```
    Warning: Set input CDN of DFF I_ALU/Neg_Flag_reg was not controlled. (D2-1)
  Information: There are 82 other cells with the same violation. (TEST-171)
    Warning: Reset input CDN of DFF I_CONTROL/UseData_Imm_Or_RegB_reg was not
controlled. (D3-1)
  Information: There are 6 other cells with the same violation. (TEST-171)
  Pre-DFT violations completed...
```

可以用下面的方法解决不可控制的门控时钟，见图 8.4.6。

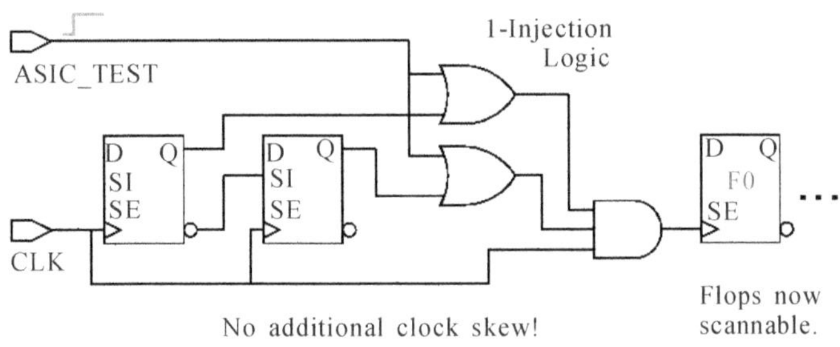

图 8.4.6

正常工作时，ASIC_TEST=0，所增加的或逻辑(OR logic)是透明的。测试时，ASIC_TEST=1，扫描和捕获时钟始终可以到达 F0 等触发器，因此 F0 等触发器现在可以被包含在扫描链里。

在这个解决方案里，加入了一个注入逻辑(injection logic)，一个或门(OR gate)以防止时钟脉冲被屏蔽。加入注入逻辑的最好方法是编辑 RTL 代码，再重新综合。总的来说，在 SOC 设计的流程里，最好尽早地完成可测试的逻辑。检查 RTL 代码有没有测试的 DRC 问题可以提醒我们在代码中有门控逻辑，使我们及时修改代码，在代码里就加入与工艺无关的注入逻辑。例如，我们可以用下面的 Verilog 代码描述可测试的门控逻辑。

```
assign CLK_F0 = CLK & (ASIC_TEST|EN[0]) & ( ... );
```

设计中分频电路也使得时钟信号有 DFT DRC 的违规，见图 8.4.7。

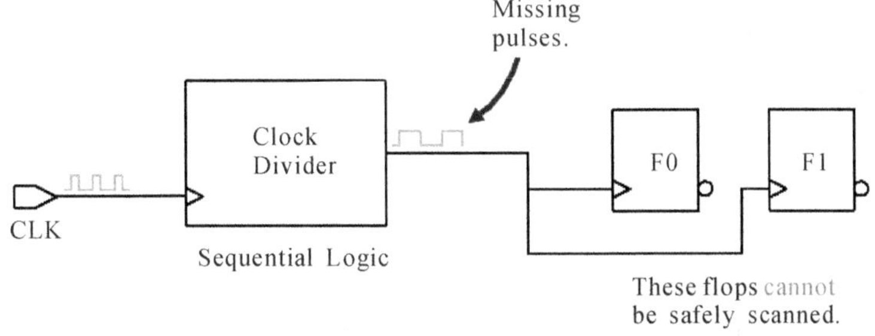

图 8.4.7

图中并不是所有的测试时钟脉冲都能到达触发器 F0、F1 等，因此这些触发器不能包含在任何扫描路径里。在这种情况下，插入注入逻辑并不能解决时钟不可控制的问题。分频电路的解决方案可用图 8.4.8 的方法。加入 MUX 逻辑，使得在测试时，旁路(回避)时钟分频途径，触发器 F0、F1 等可以由时钟输入端口 CLK 直接控制。这样，触发器 F0、F1 等就可以包含在扫描链里。要注意，MUX 逻辑可能加大 Clock Skew。

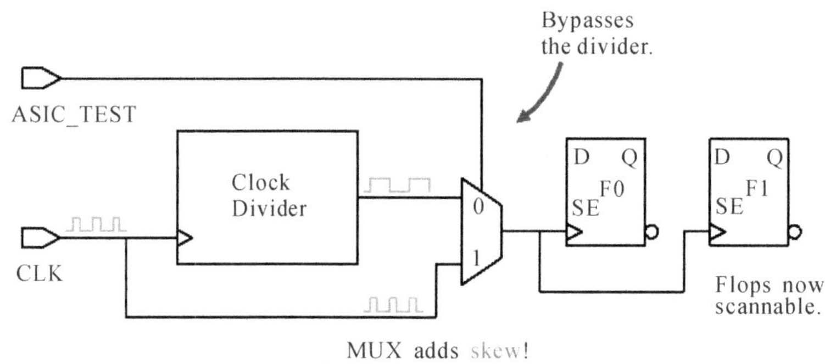

图 8.4.8

修改代码是解决分频电路时钟不可控制问题的最佳方案，我们可以把时钟的可测试问题在写 RTL 代码时加以解决。例如，我们可以用下面的 Verilog 代码描述可测试的分频逻辑。

```
assign CLK_F0 = ASIC_TEST ? CLK : CLK_DIV;
```

如果做 DFT 设计时，没有 RTL 代码，只有门级网表，我们也可以用 AutoFix DFT 的功能来插入 MUX 逻辑。使用 AutoFix DFT 的功能时需要说明 ATE 设备可控制的时钟名字以及测试模式信号。在默认的情况下，AutoFix 使用旁路 MUX 逻辑，纠正门控时钟和不可控制时钟的 DFT DRC 违规。AutoFix DFT 的功能将在后面介绍。

图 8.4.9 所示的电路，异步清零信号是不可控制的。因此，触发器 F2、F3 和 F4 是不可以放在扫描链里。

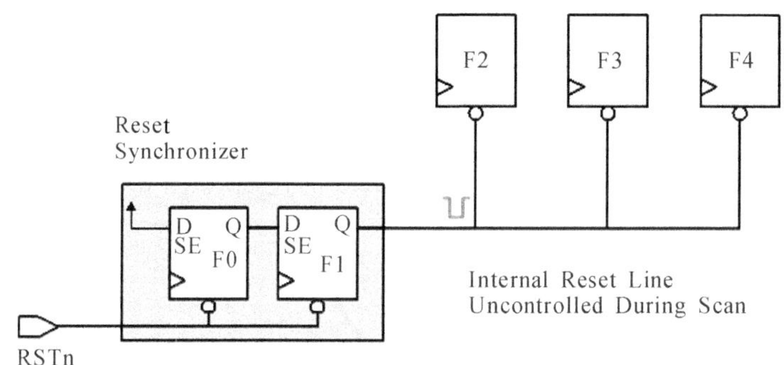

图 8.4.9

图 8.4.10 是解决不可控制异步清零信号的两个解决方案，使用了任何一种方案，所有的触发器可以包含在扫描链里。使用 MUX 逻辑得到的测试覆盖率要比使用插入逻辑高，因为使用插入逻辑时，在内部 reset 线上的 SA1 故障仍然是不可测试的。

图 8.4.11 为电源开启时进行复位的 DFT 解决方案。正常工作时，加上电源后，因电容接地，因此，其电压为逻辑“0”。因 RC 网络连接核心逻辑(Core Logic)的复位端，对其相连接的触发器清零。经过一段时间充电后，电容上的电压与电源值相等，核心逻辑的复位端电压为逻辑“1”。触发器在时钟的驱动下正常工作。

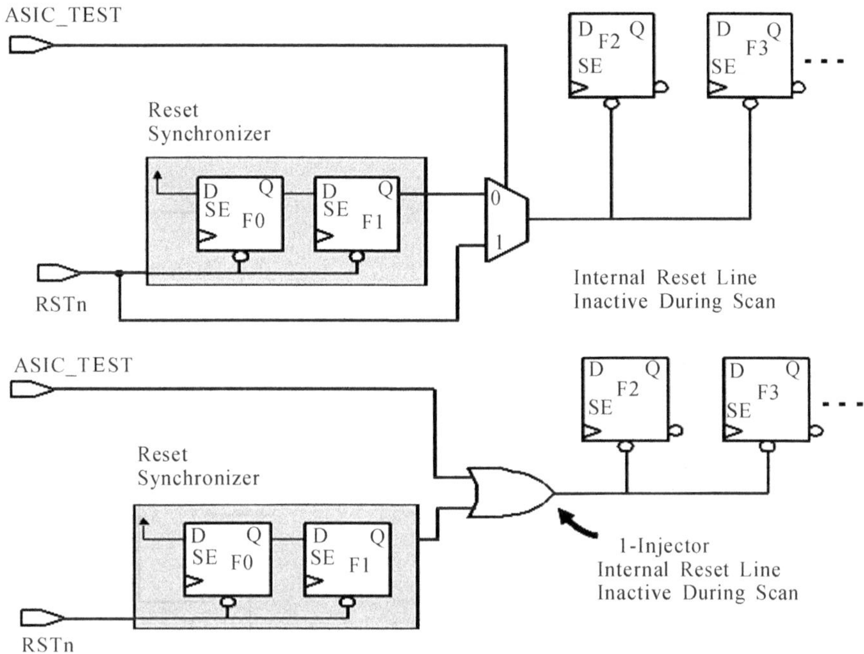

图 8.4.10

测试时,ASIC_TEST=1, MUX 逻辑旁路了 RC 网络。在整个测试程序运行期间,ATE 可以通过 RSTn 管脚控制核心逻辑的复位端,因此与复位端相连接的触发器可以放在扫描链里。

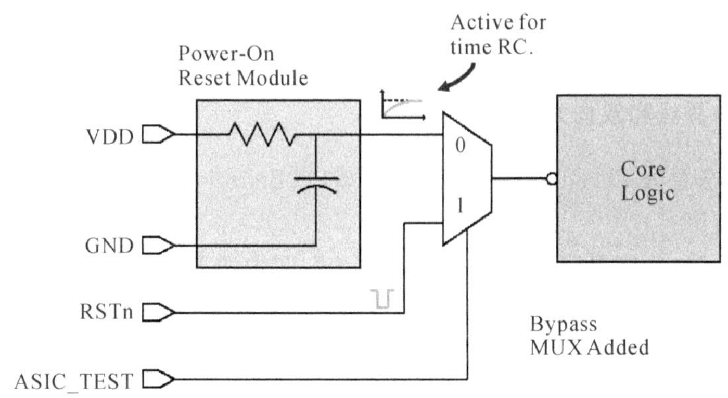

图 8.4.11

做 DFT 设计时,可能会产生保持时间的问题,其中的一个例子是时钟信号用作数据输入,见图 8.4.12。

触发器 F1 的数据输入 D1 = Y(A,B,S,CLK),与时钟的电平有关。在捕获(capture)时,F1 的输出究竟是 Y(A,B,S,0)还是 Y(A,B,S,1)呢?

解决该电路捕获违规问题的一种方案是使用插入注入逻辑,见图 8.4.13。

使用这种方法,F1 的数据输入端和时钟没有关系。当然,我们也可以用 MUX 旁路时钟 CLK 信号。插入注入逻辑,必须使用修改代码的方法。例如,我们可以用 Verilog 代码

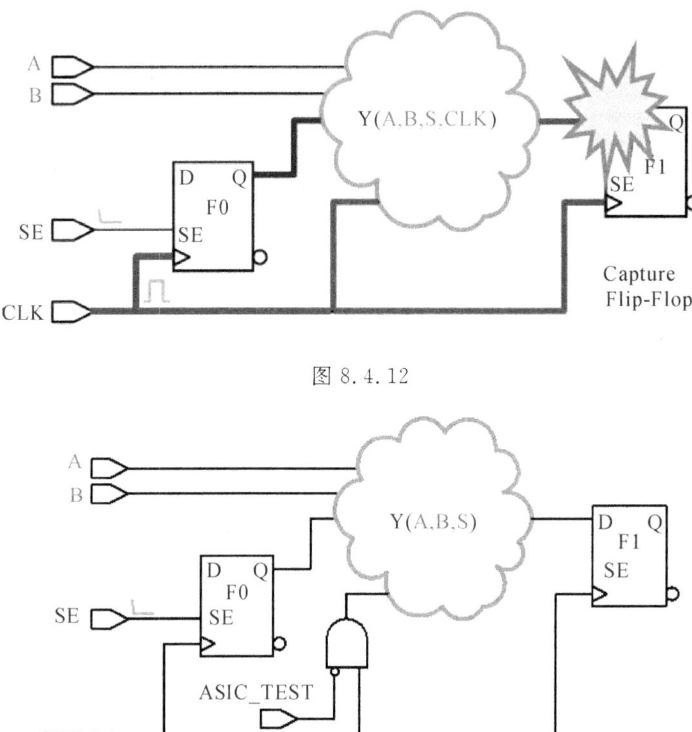

图 8.4.13

assign CLOUD_IN = CLK &~ASIC_TEST;

使用 AutoFix 不能处理这种类型的捕获违规。

8.4.2 三态总线和双向端口的测试

设计中的三态总线(Tristate Bus)或双向端口(Bidirectional Port)很容易产生测试问题,降低测试覆盖率。

三态总线的一些故障是可测的,见图 8.4.14 左图中的 EN 端。

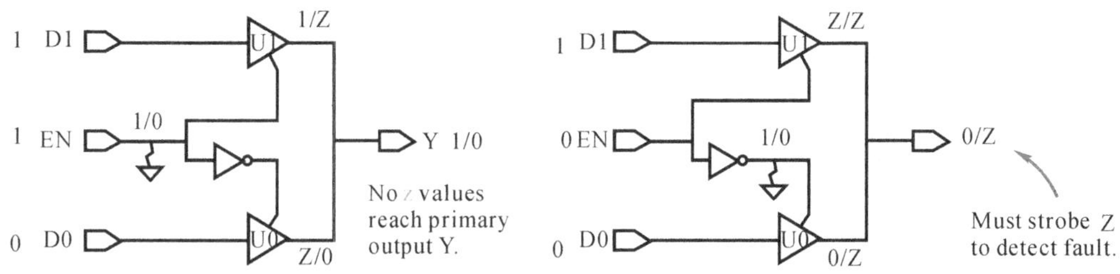

图 8.4.14

用测试矢量{011 1}可以检测图 8.4.14 左图 EN 端口的 SA0 故障。

图 8.4.14 右边图中 U0/E 引脚的 SA0 故障却不容易检测。如使用(001 0)作为测试矢量,有故障时,输出为"Z"。现代的(state-of-the-art)的 ATE 设备可以观测高阻(high-impedance)输出 Z。旧式的或低价的 ATE 设备却无法观测高阻输出 Z,因此 U0/E 引脚的

SA0 故障是不可测试的。由此可见，该节点的 SA0 故障是否可测试与 ATE 设备有关。

为了使 U0/E 引脚的 SA0 故障在任何 ATE 设备里都是可测试的，可用上拉电阻（Pull-Up Resistor），见图 8.4.15。

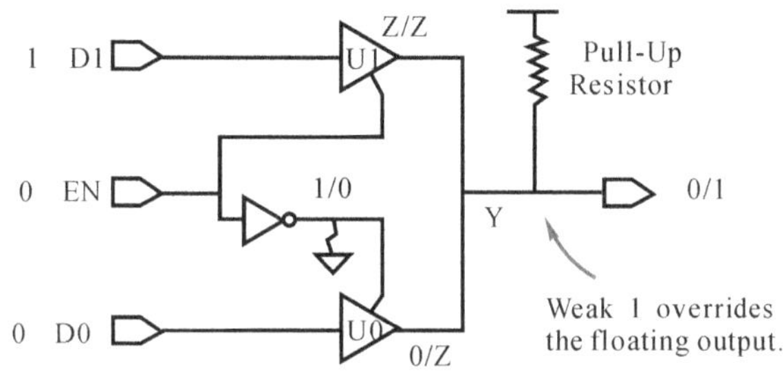

图 8.4.15

使用加入的可测试逻辑——上拉电阻，浮动的高阻总线通过电阻被上拉为弱电平“1”。连线为弱电平是指连线不是直接连接到电源或地，而是通过电阻连接到电源或地。有了上拉电阻，在任何 ATE 设备里，都可用矢量{001 0}检测 U0/E 引脚的 SA0 故障。

使用上拉电阻虽然可以提高三态总线测试覆盖率，但是存在明显的缺点。由于加入了电阻，电路的速度变慢了，有可能需要几个时钟周期才能把输出端的电平上拉为逻辑“1”。更有甚者，电阻不是单纯的 CMOS，在输出端 Y 为电平“0”时，会吸取（消耗）静态电流，影响低功耗设计和静态电流（Static Quiescent Current）IDDQ 的测试。

使用总线保持器（Bus Keeper）是解决三态总线可测试的另一种方法，见图 8.4.16。

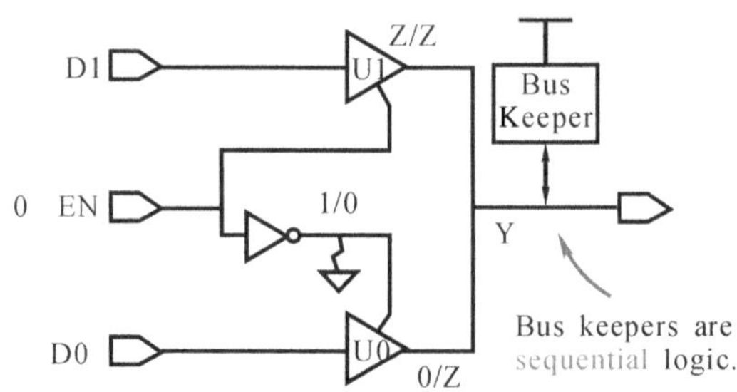

图 8.4.16

总线保持器像一比特异步 SRAM 单元，它的功能是：当三态门输出为高阻时，总线上将输出保持（锁存）先前的逻辑值“0”或“1”。

如果要测试 U0/E 引脚的故障，EN 端的输入为“0”，这时总线输出为浮动的高阻状态，因此，我们需要先初始化总线保持器。

使用两个矢量{011 1}和{001 0}可以测试 U0/E 引脚的故障，见图 8.4.17。第一个矢量{011 1}先初始化总线保持器，把“1”锁存进总线保持器；第二个矢量{001 0}激活目标故障，进行故障测试。

与上拉电阻不同，总线保持器是纯 CMOS 逻辑，不消耗静态功耗。但是，它是时序逻辑，因此不能以组合 ATPG 算法生成测试向量；而是要用时序 ATPG 算法生成测试向量。在 Synopsys 的可测试设计流程里，用 TetraMAX 的 fast-sequential 和 full-sequential ATPG算法生成测试向量。

三态总线在扫描移位时常常会引起浮动的高阻状态和/或同时驱动的总线竞争问题：

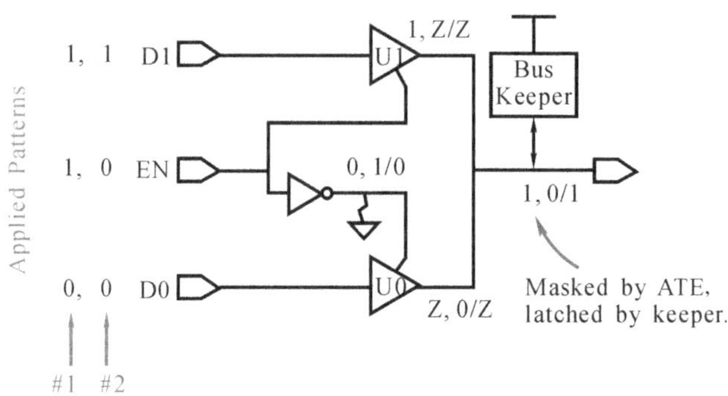

图 8.4.17

- 对于每个测试向量来说，通过扫描路径的移位比特流是不可预知的
- 扫描触发器可能直接或间接地控制三态驱动器的使能线，见图 8.4.18
- 这些驱动器在扫描移位时，可能同时被使能（enabled）或同时禁止（disabled）

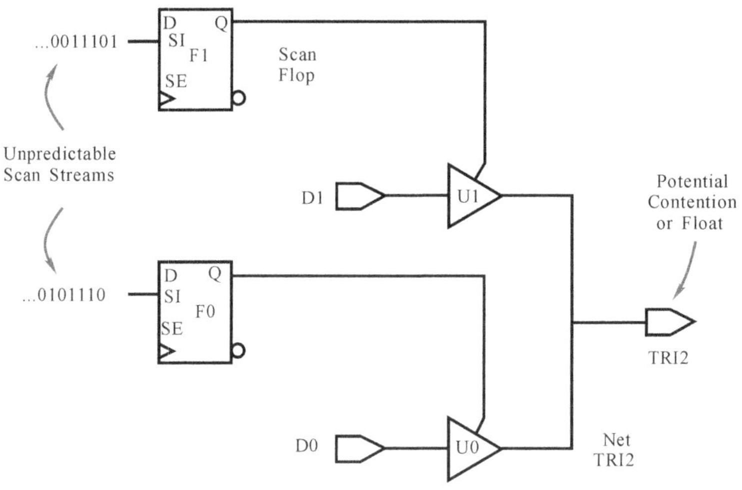

图 8.4.18

总线竞争问题是当驱动器 U0 和 U1 的使能线同时被激活，使能信号同时为逻辑“1”，上拉和下拉晶体管可能同时打开（例如 D0＝0，D1＝1 或 D0＝1，D1＝0）。通过两个驱动器之间连线 TRI2 的静态电流可能引起噪音（noise）或产生可靠性（reliability）问题。过大的噪音可能干扰附近的扫描单元，使 ATE 发生可靠性故障。如果过大的电流持续几个时钟周期，金属线可能会断开。

总线浮动（高阻状态）问题是当驱动器 U0 和 U1 的使能线同时被关掉，网线 TRI2 处于浮动的高阻状态，它不会损坏器件，但高阻状态并不是测试所期望的值。

在做扫描移位时，使用每条总线单一三态驱动（single tristate driver，简称 STD），可以解决总线的竞争和浮动问题，见图 8.4.19。

图中，SE＝1 时，只有一个三态驱动器的使能信号为“1”，因此不可能产生竞争或浮动。

图 8.4.20 和图 8.4.21 是解决总线的竞争和浮动问题的另外方案。图 8.4.20 中，设计者要保证在寄存器中只有一比特是高电平。

图 8.4.21 中，使用驱动器使能解码器（Driver-Enable Decoder）完全解码每条总线的三

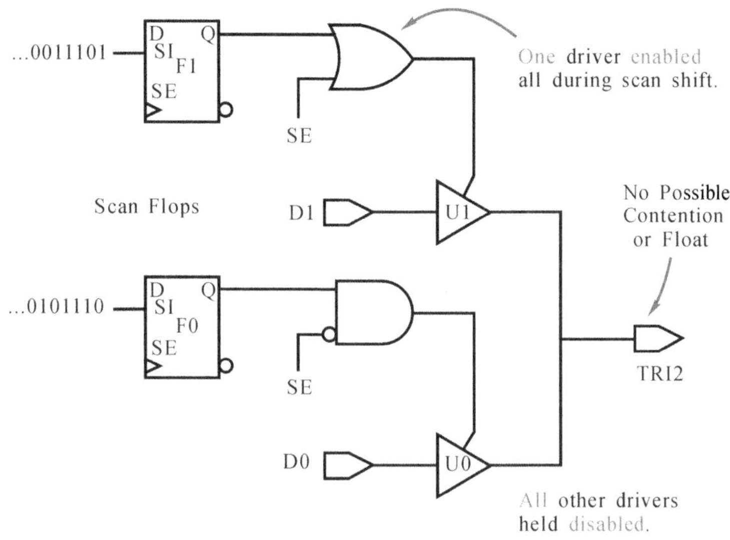

图 8.4.19

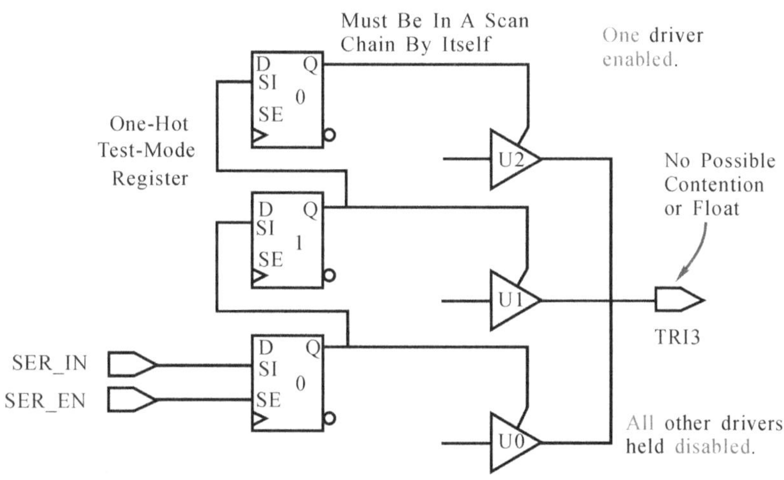

图 8.4.20

态使能信号，使每条总线只有一个使能信号线输出为“1”(1-of-n hot)。

我们可以在编写 RTL 代码时就避免产生总线的竞争和浮动问题；也可以使用 DFTC 工具解决总线的竞争和浮动问题。使用 DFTC 工具解决总线问题，需要设置下面的 DFTC 环境。

```
# Fixing of buses is enabled by default
# All buses are fixed using enable_one method
set_dft_configuration -fix_bus enable
```

如果 RTL 代码中，三态使能已经完全解码，即总线 TRI3 只有一个使能线输出为“1”，则做下面的设置。

```
set_autofix_configuration -type internal_bus \
-method no_disabling -include [get_nets TRI3]
```

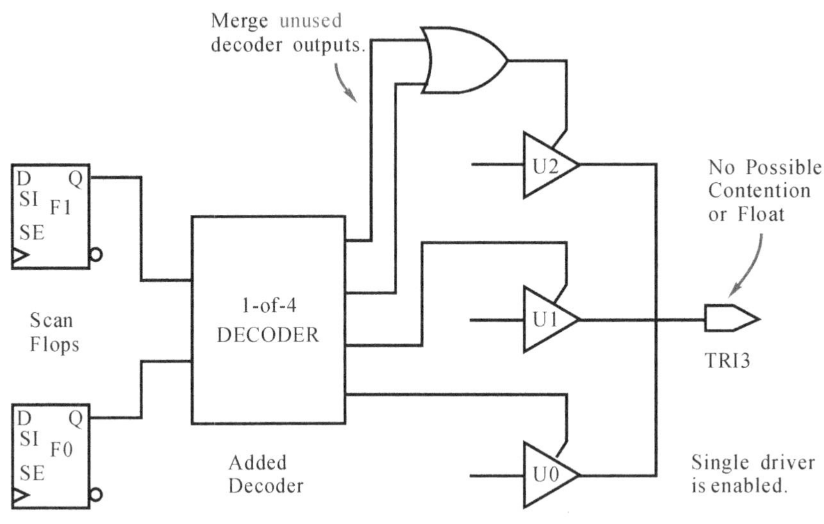

图 8.4.21

这个设置的优先级比全局的 dft 设置优先级高。

在扫描移位周期，由于下面的原因，双向端口有可能产生竞争问题，见图 8.4.22。

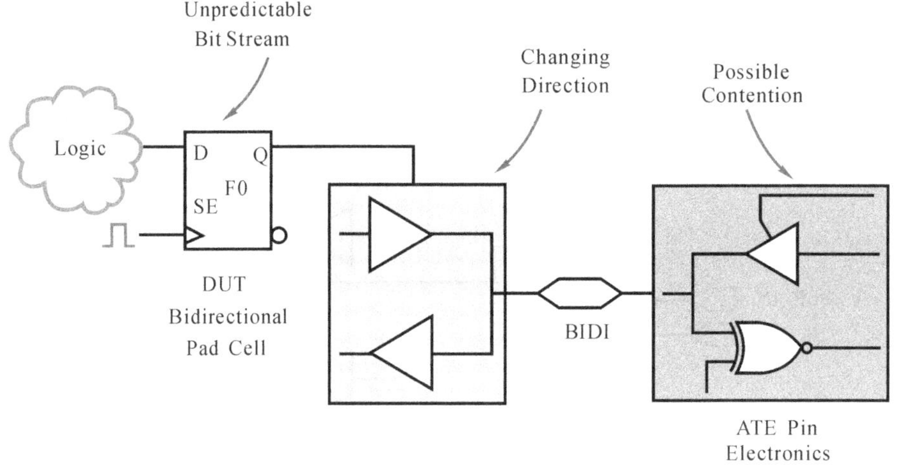

图 8.4.22

· 对于每个测试向量来说，通过扫描路径的移位比特流是不可预知的

· 三态驱动器在扫描周期，不必要地被反复激活(enabled)或关闭(disabled)；从而使端口的方向不断地改变，即消耗功率又产生过多的噪音

· 被测试的芯片和 ATE 设备之间的连线可能产生竞争，导致损坏芯片

图 8.4.23 为解决芯片和 ATE 设备之间的连线产生竞争的一个方案。

在扫描移位时，双向端口的方向是固定的，为输入。因此芯片和 ATE 设备之间不可能产生竞争。这种方案只解决了扫描移位时的竞争问题，并没有解决扫描捕获时的竞争问题。

图 8.4.24 是解决双向端口的完整方案，图中双向端口的方向可以通过输入端口，由 ATE 完全控制。在扫描移位时：ASIC_TEST 和 BIDI_EN 分别为 1 和 0，此时 BIDI 端口作为输入端口。扫描捕获时：ASIC_TEST 等于 1，如果此时 BIDI_EN 等于 0，BIDI 端口作为

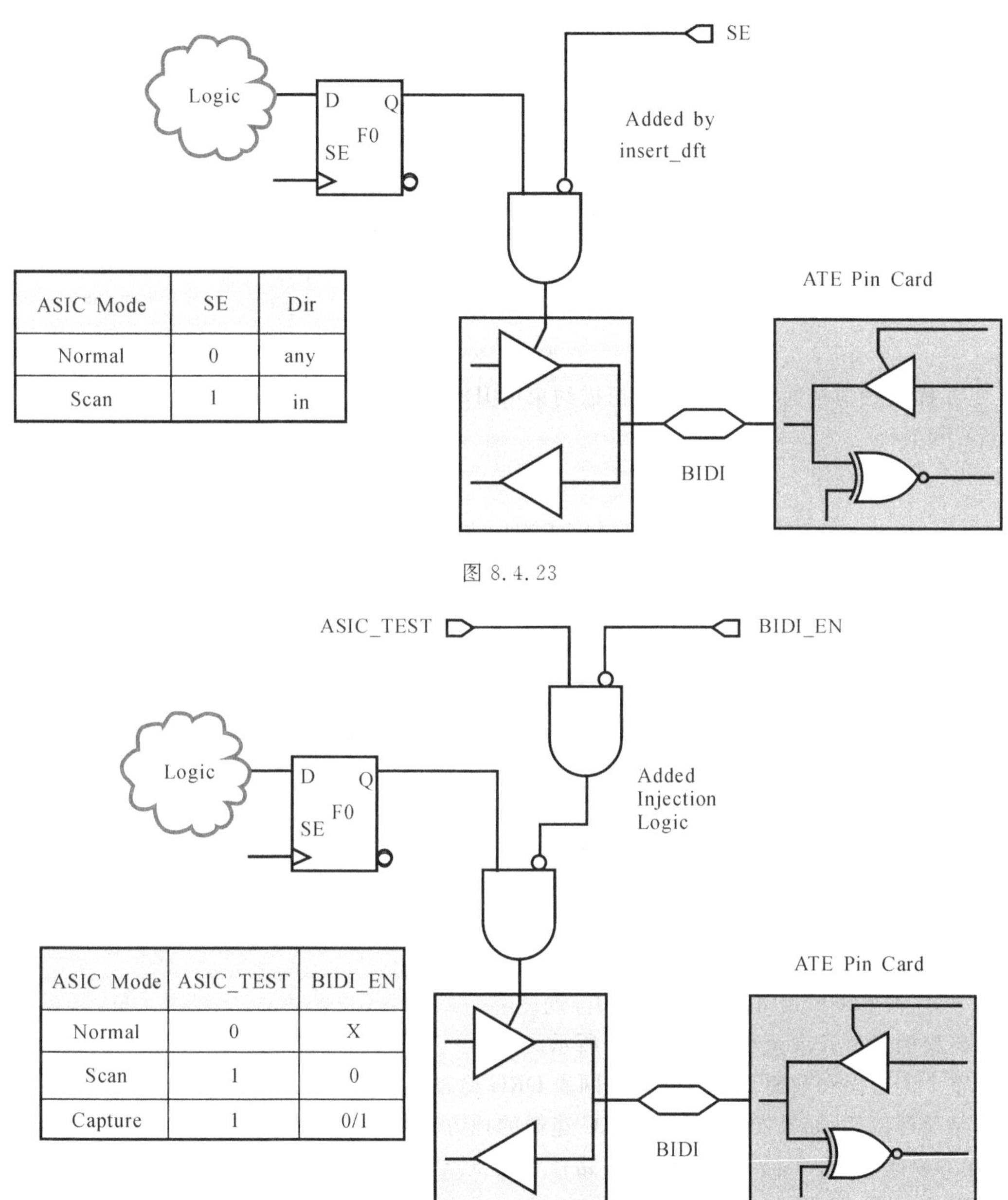

ASIC Mode	SE	Dir
Normal	0	any
Scan	1	in

图 8.4.23

ASIC Mode	ASIC_TEST	BIDI_EN
Normal	0	X
Scan	1	0
Capture	1	0/1

图 8.4.24

输入端口；如果此时 BIDI_EN 等于 1，BIDI 端口为输出。

我们可以在 DFTC 的环境里，指定双向端口的可测试控制逻辑，例如要在测试时把双向端口“BIDI3 和 BIDI5”设置为输入，使用下面的命令：

```
set_autofix_configuration -type bidirectional \
-method input -include {BIDI3 BIDI5}
```

在插入扫描链（运行 insert_dft 命令）时，DFTC 会按设置在双向端口加入控制逻辑。

如图 8.4.25 左图所示，如果要把双向端口用作扫描输出端，可用扫描使能信号（Scan Enable）激活双向端口的使能信号，见图 8.4.25 右图。

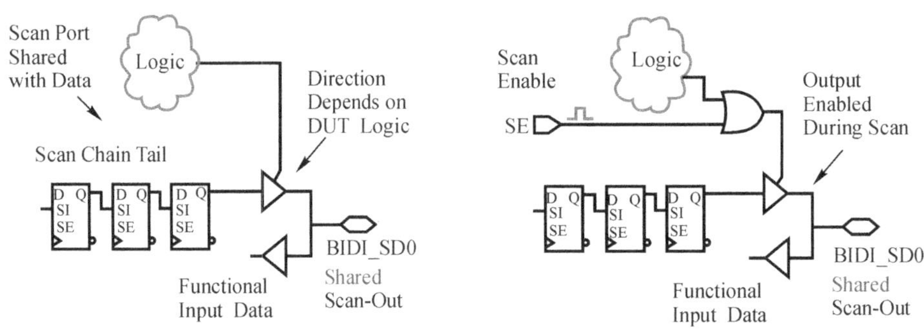

图 8.4.25

在插入扫描链时,DFTC 会按扫描约束(BIDI_SDO 作为扫描输出端),自动加入或逻辑(or logic)。

8.5 门级网表可测试问题的自动修正

进行 DFT 设计时,如果设计中有 DFT 设计规则的违规,我们建议设计者尽量修改原创的 RTL 代码来修正 DFT 的违规。但是在下列情况下,不能修改原创的 RTL 代码。

- 已有的代码已固定下来不能修改
- 只有门级网表,没有 RTL 代码
- 设计者对已有的(其他人设计的)RTL 代码不精通

对于门级网表,我们可以使用 DFTC 的 AutoFix 程序解决大部分重大的 DFT 问题,例如:

- 不可控制的时钟信号
- 不可控制的复位信号
- 三态总线和双向端口的竞争和浮动

典型的 AutoFix 流程如图 8.5.1 所示。

整个流程图和前面介绍的做门级网表 DRC 检查完全一样。在做完 dft_drc 和详细说明扫描路径等以后,如果设计有测试 DRC 违规的地方,可以通过自动插入逻辑和测试点的方法,用 insert_dft 命令插入和优化扫描路径和测试点。

用 AutoFix 程序加入的逻辑见图 8.5.2.

AutoFix 程序加入了一个可设置的测试点结构,具体的结构实现在优化过程中可以改变。图中的测试点使能(TPE)端口留作将来扩展用。上图中,我们可以指定用输入端 ASIC_TEST 来驱动所有的输入 test-mode。

图 8.5.3 为 AutoFix 加入测试点的两个例子。

左图是用 MUX 来解决分频时钟的不可控制问题,DIV_CLK 是分频时钟,不可以由输入端口直接控制;EXT_CLK 是外部时钟,由输入端口直接控制。显然,ASIC_TEST=1 时,外部时钟 EXT_CLK 直接控制内部时钟信号 INT_CLK。右图则是用 MUX 来解决不可控制的复位信号,INT_RSTn 是内部信号,不可以由输入端直接控制;PI_RSTn 是输入端口。当 ASIC_TEST=1 时,输入端口 PI_RSTn 直接控制 SYNC_RSTn。

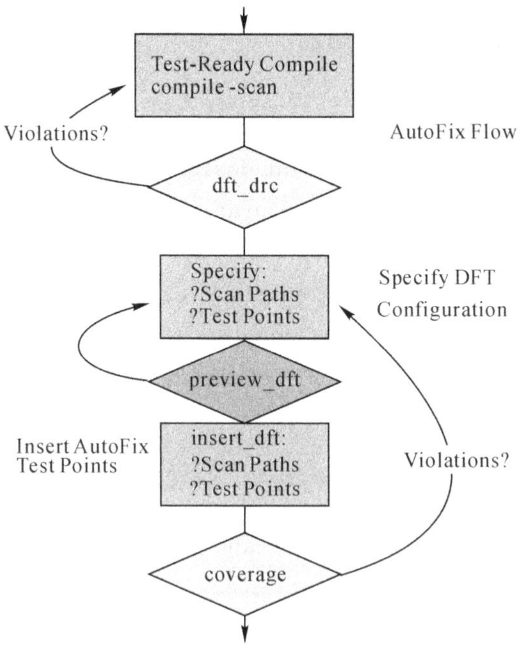

图 8.5.1

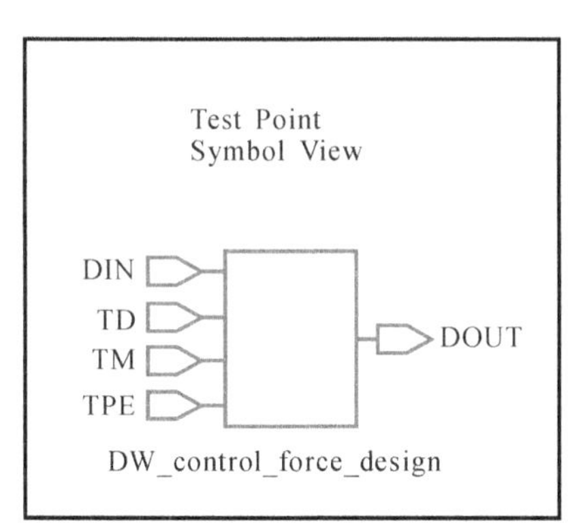

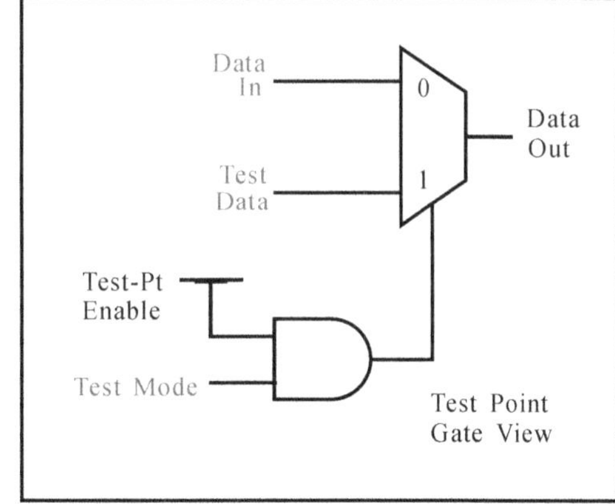

图 8.5.2

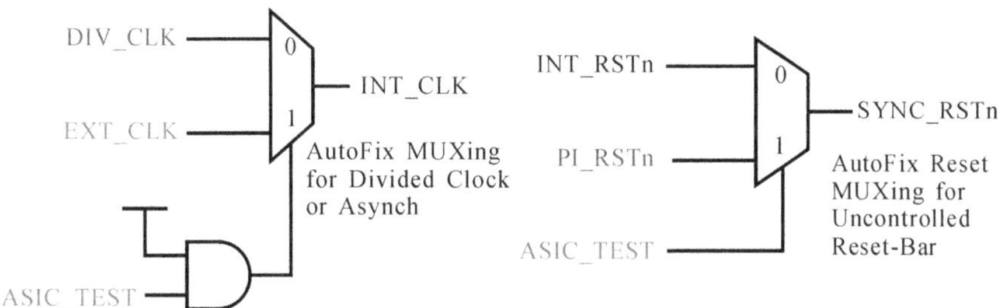

图 8.5.3

在这两个例子里，设计者要指定用输入端 ASIC_TEST 来驱动 test-mode 信号。图

8.5.3左图中的与门(AND gate)可以被优化掉，只留下 MUX。

例 8.5.1 是一个使用 AutoFix 的脚本。

例 8.5.1

```
# Turn on AutoFix and fix all clock and set/reset violations.
# Global command; applies to current design.
# Then report the present DFT configuration.
current_design ORCA
set_dft_configuration -fix_clock enable \
        fix_set enable -fix_reset enable
# The above command Fix All Clock, Set and Reset Violations in Current Design
report_dft_configuration

# SET AutoFixing of CLOCKs:
set_dft_signal -view exist -type Constant \
        active 1 -port ASIC_TEST
# The constraint is to use existing port ASIC_TEST as the test -mode signal.
set_dft_signal -view spec -type TestMode -port ASIC_TEST
set_dft_signal -view exist -type TestClock \
        timing {45 55} -port CLK

# Specify Signals Used to Fix Clocks
set_dft_signal -view spec -type TestData -port CLK
set_autofix_configuration -type clock -control ASIC_TEST -test_data CLK
. . .

# SET AutoFixing of Sets and Resets:
set_dft_signal -view exist -type Reset \
        active 0 -port RST_N

# Specify Signals Used to Fix Sets and Resets
set_dft_signal -view spec -type TestData -port RST_N
set_autofix_configuration -type set \
-control ASIC_TEST -test_data RST_N
set_autofix_configuration -type reset \
-control ASIC_TEST -test_data RST_N

# INSERT AutoFix LOGIC:
# Uses dft_drc to spot fixable violations..
```

```
dft_drc
preview_dft-test_points all > reports/autofix.pts
insert_dft
dft_drc -coverage
# AutoFix done.
# Details are in preview_dft-test_points all transcript.
```

使用 AutoFix 程序加入测试点前，可以用下列命令事先查看要加入的测试点是否满足我们的要求，见例 8.5.2。

例 8.5.2

```
dc_shell -xg -t> preview_dft -test_points all

* * * * * * Test Point Plan Report * * * * * * *
. . .
Number of Autofix test points: 9
Number of test modes         : 1
Number of data sources       : 4
* * * * * * * * * * * * * * * * * * * * * * * * * * * * *
              TEST POINTS
------------------------------------
CLIENT     NAME      TYPE     LOCATIONS
------------------------------------
Autofix     test_point      F—01      ANGLE_reg[0]/CP
                                      ANGLE_reg[1]/CP
                                      ANGLE_reg[2]/CP
                                      ANGLE_reg[3]/CP
. . .
------------------------------------
Autofix     test_point_10     F-1     ANGLE_reg[0]/CDN
                                      ANGLE_reg[1]/CDN
                                      ANGLE_reg[2]/CDN
                                      ANGLE_reg[3]/CDN
. . .
------------------------------------
           TEST MODES
------------------------------------
TAG     NEW/EXIST      TYPE      NAME
------------------------------------
```

```
handler_12      Existing      Port      ASIC_TEST
------------------------------------------------
```

8.6 扫描链的插入

扫描链的插入可以用自顶向下(top-down)或自底向上(bottom-up)的插入方法。自顶向下的方法是比较自动的,设计者一般从芯片级(包括 pad 单元)或核心(core)级插入扫描链。扫描插入的算法根据子模块内容作出如何构成扫描链的大部分决定。

而自底向上的方法则需要比较多的人工干预。扫描链的插入以模块为基础,然后在芯片级把它们集成在一起。这种方法适用于规模很大的设计。

由于计算机的运算速度越来越快,计算机的内存越来越大,一般情况下,使用 top-down 的扫描链插入方法,运行时间不会很长(例如少于等于一个晚上)。由于在使用 top-down 的扫描链插入方法时,DFTC 看到了整个设计的测试需求,可以立即平衡所有的扫描链。自顶向下的方法自动化程度高,使用方便,结果也好,一般建议使用这种方法。本节介绍 top-down 的扫描链插入方法。

扫描链插入方法见图 8.6.1。

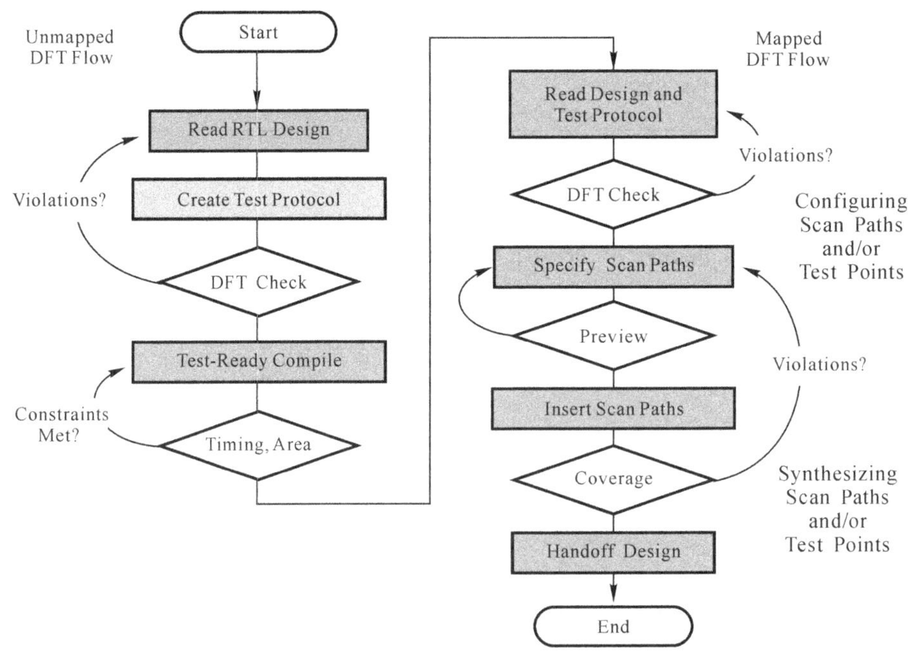

图 8.6.1

在插入扫描链前,设计者要提供扫描路径的资料,例如设计中有几条扫描链、扫描链的长度、扫描链的输入和输出端、扫描使能信号和测试点等。在 DFTC 中,可以用下面的命令进行扫描路径的管理:

```
set_scan_configuration -chain_count 6
```

```
set_scan_configuration -clock_mixing mix_clocks
set_scan_configuration -internal_clocks true
set_scan_configuration -add_lockup false
set_scan_configuration -lockup_type flip_flop
set_scan_configuration -insert_terminal_lockup true
set_scan_configuration -share_scan_in 4
```

设计中如有三态总线或/和双向端口，用下面的命令为所有的三态逻辑设置属性。

三态总线的管理命令有：

```
set_dft_configuration -fix_bus true
set_autofix_configuration -type internal_tri -method enable_one
set_autofix_configuration -type external_tri -method disable_all
```

双向端口的管理：

```
set_dft_configuration -fix_bidirectional true
set_autofix_configuration -type bidirectional -method input
```

我们可以使用 man 命令来仔细查看这些设置命令的使用方法和命令的选项，例如用命令"man set_scan_configuration"可以查看 set_scan_configuration 命令的用途和详细使用方法，以及该命令的所有选项和使用范例。

在进行 DFT 设计时，需要一些端口作为专用的扫描输入/输出端口，如扫描使能(scan enable)，测试模式(test mode)等。

设计者可以在编写顶级 RTL 代码时定义这些端口，其好处有：

- 避免在插入扫描链以后再编辑修改 HDL 的测试向量(testbench)以匹配端口清单
- 为了减少端口的数目，可以将现有的功能端口和扫描输入/输出等共用。确定专用的端口并且使用 set_dft_signal 命令重复使用功能端口作为扫描输入/输出端口

下面的顶层 RTL 代码中，包含了扫描使能和测试模式端口。

```
entity SINE_GEN
port(
    CLOCK:in BIT;
    SE:in BIT;
    TM:in BIT;
    .....
    SINE:out ......
);
```

图 8.6.2 的设计，用下面的命令定义设计中其中一条扫描链。

```
set_dft_signal -view spec -type ScanDataIn -port SI1
set_dft_signal -view spec -type ScanDataOut -port SO1
```

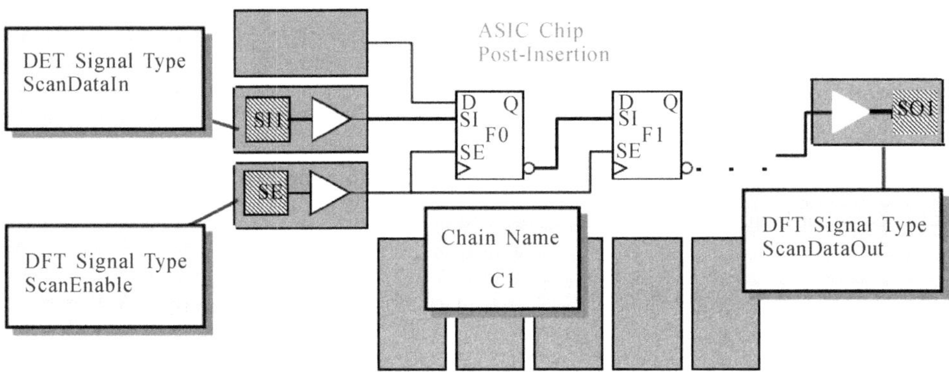

图 8.6.2

```
set_dft_signal -view spec -type ScanEnable -port SE -active_state 1
set_scan_path -view spec C1 -scan_data_in SI1 -scan_data_out SO1
```

如果信号的路径对 DFTC 来说不是很明显，要用选项 "-hookup_pin"来说明扫描信号连接到单元的哪个引脚上。例如，SE 信号是通过 SE 端口直接连接到核心逻辑(core logic)，或先通过 BUF 再连接到核心逻辑呢？见下面的命令。

```
set_dft_signal -type ScanEnable -port SE \
-hookup_pin BUF/Z -view spec -active 1
```

如果扫描链经过某子模块，而该子模块中已经包含了扫描路径，可以用下面的命令把该子模块中的扫描路径放入到整条扫描链里，见图 8.6.3。

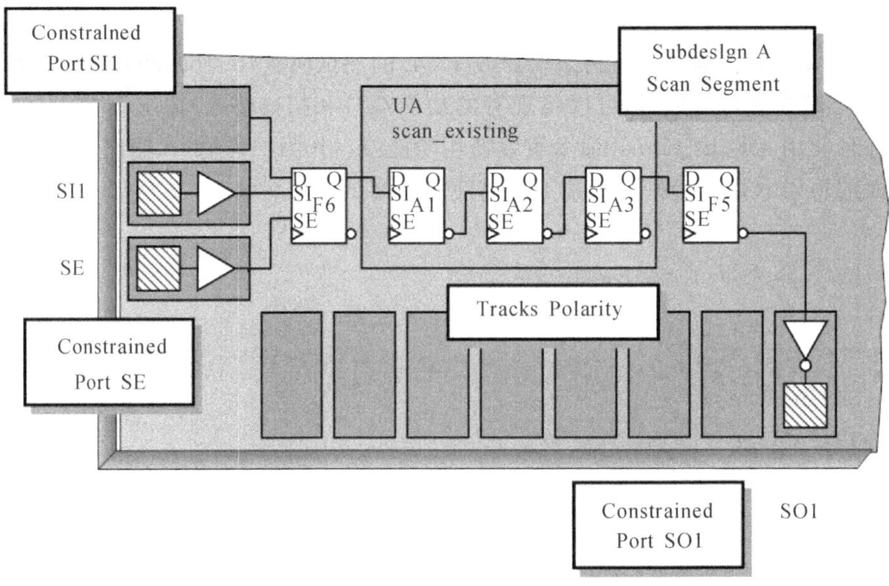

图 8.6.3

```
set_scan_path-view spec C1 -scan_data_in SI1 \
-scan_data_out SO1 -scan_enable SE -head_elements F6 \
```

```
-tail_elements F5 -include_elements UA
```

扫描路径信号从 SI1 端口通过子模块 UA 到达 SO1 端口。

进行 DFT 设计时，为了降低测试成本，需要使扫描链的长度比较平衡。如果扫描链的长度不平衡，见图 8.6.4，会导致如下结果：

- 浪费在测试机上的测试应用时间
- 浪费在测试机上的向量内存(pattern memory)
- 浪费测试费用

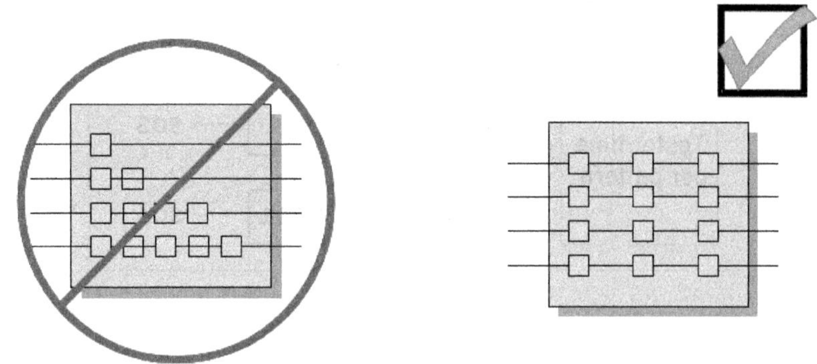

图 8.6.4

测试机 ATE 向量内存的使用情况见图 8.6.5。

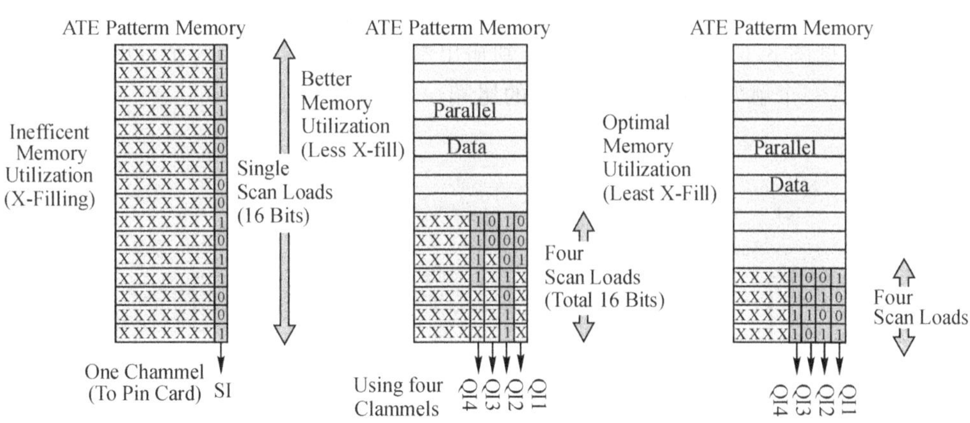

图 8.6.5

左图只有 1 条长扫描链，ATE 向量内存未被充分使用。中间的图有 4 条扫描链，虽然它们的长度长短不一，但 ATE 向量内存的使用率比左图高。右图的 4 条扫描链长度相同，ATE 向量内存的使用率最高。

1 条 32 比特的扫描链，需要 3 个扫描端口。如果把他分成 4 条扫描链，需要 9 个端口，见图 8.6.6。测试的时间减少 4 倍。

我们可以在 DFTC 中，用命令明确地说明设计中扫描链的数目。上例中，设计的扫描链为 4 条，则执行：

```
dc_shell-xg-t> set_scan_configuration -chain_count 4
```

4 条扫描链共用一个 SE 端口。

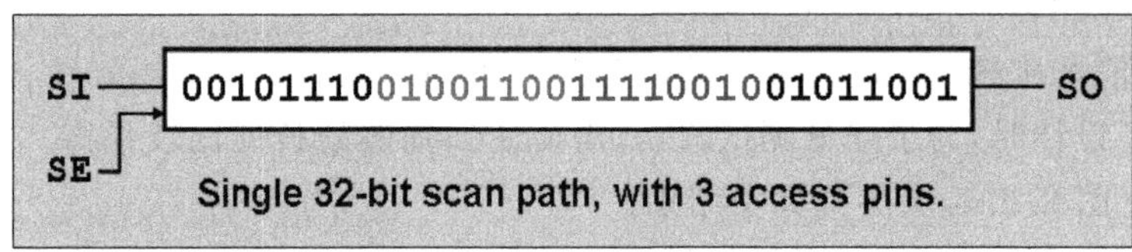

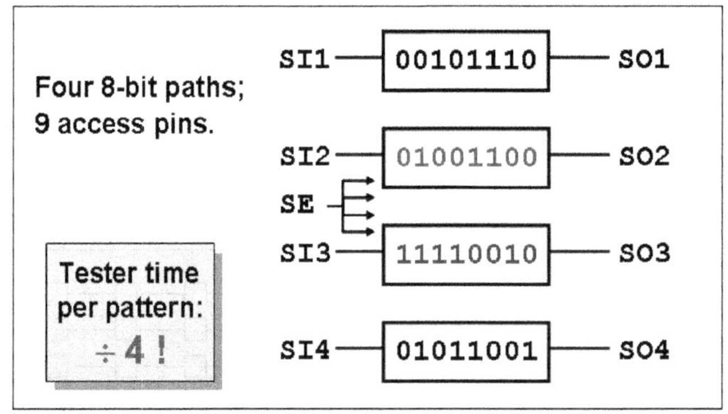

图 8.6.6

如前所述，为了减少端口的数目，可以将现有的功能端口和扫描输入/输出等共用。在默认的情况下，插入扫描链时，扫描链中的触发器按照文字数字(alphanumeric)次序排列摆放，连接成扫描路径。如果扫描输出端 SO 和某输出端口共用，DFTC 会寻找直接连接到输出端口的触发器，并把这个触发器摆放在扫描链的尾端，这个触发器的摆放不考虑默认的文字数字的次序，见图 8.6.7。如果直接连接到输出端口的触发器多于一个，DFTC 按文字数字的次序把最后一个触发器摆放在扫描链的尾端。

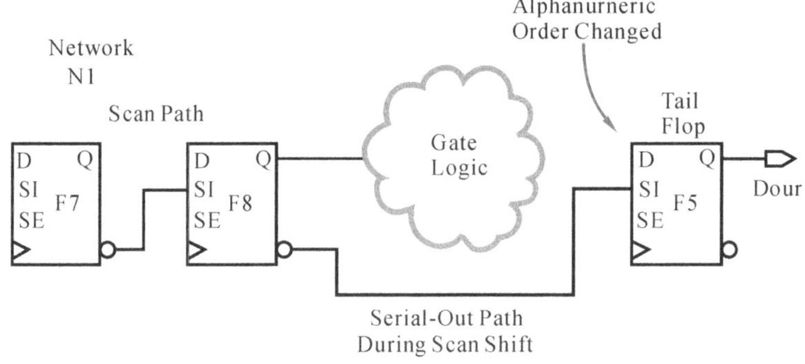

图 8.6.7

如果与扫描输出端共用的功能输出端口不直接连接到触发器的输出引脚，见图 8.6.8，我们可以通过对下面的命令对扫描输出端作约束，insert_dft 命令根据约束在设计中加入多路器(MUX)，使电路在扫描移位时，旁路门逻辑(gate logic)。

dc_shell-xg-t> set_dft_signal -type ScanDataOut -port DO_SO -view spec

set_dft_signal 命令用来约束扫描插入的算法，在执行扫描链插入命令时，MUX 被自动综合出来。MUX 的选择信号是 SE 而不是 ASIC_TEST，以保持门逻辑(gate logic)的可观测性(observable)。

如果扫描输入端与功能输入端口共用，用下面的命令对扫描输入端做约束，insert_dft

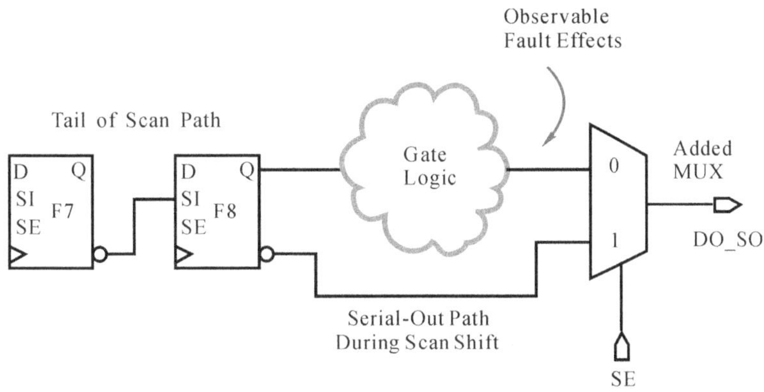

图 8.6.8

命令根据约束把输入端直接连接到扫描触发器的扫描输入引脚(SI),见图 8.6.9。

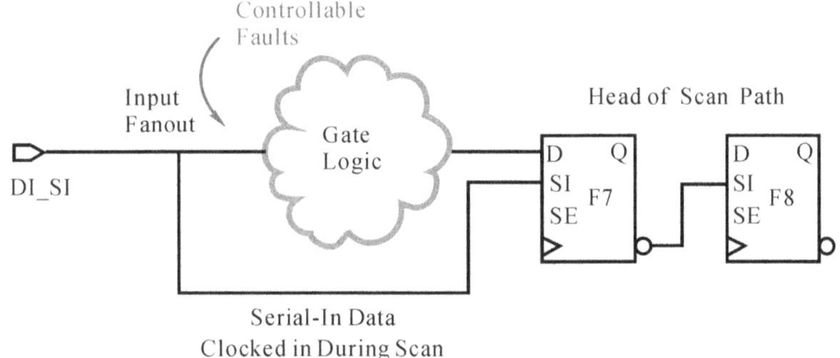

图 8.6.9

```
dc_shell-xg-t> set_scan_signal test_scan_in -port DI_SI
```

在默认的情况下,DFTC 会自动平衡扫描链的长度:

- 在单条扫描链里,从不使用多于一个时钟
- 不会拆开现有的扫描链段

为了节省测试成本,设计者可以通过下面两种的方法,修改默认的设置,平衡扫描链的长度。

1. 非默认的时钟混合

更好的平衡因为它允许:

- 一条单一的扫描链里有多个时钟,即扫描链里的触发器可以由不同的时钟驱动
- 一条单一的扫描链里有多个时钟沿,即扫描链里的触发器可以由不同的时钟沿(上升沿和下降沿)驱动

2. 用户指定的重新平衡

按需要把现有的扫描链段拆开:

- 由工具推断出的子模块扫描段可以拆开
- 用户定义的扫描段从不会被修改

预览(preview_dft)和插入扫描链(insert_dft)时,DFTC 按测试时钟域(clock domain)

分配触发器到不同的扫描链。我们用 set_dft_signal 命令明确地定义测试时钟和其周期波形。如果没有定义测试时钟，在执行 create_test_protocol 时，DFTC 推断出时钟端口，使用默认的测试时钟、时钟周期和波形。对于用 MUXed 类型的扫描触发器，默认的测试时钟周期为 100 ns，波形为-timing {45 55}。

有了测试时钟，就定义了测试时钟域。以图 8.6.10 为例，触发器 F0 的触发时钟为 CLK；同样，在 ASIC_TEST=1 时，时钟产生器(clock generator)的输出并不能到达触发器 F1 和 F2，F1 和 F2 的触发时钟也为 CLK。DFTC 认为设计中只有一个时钟域，触发器 F0、F1 和 F2 摆放在同一条扫描链里。图 8.6.11 的设计，ASIC_TEST=1 时，F0 和 F1 由时钟 CLK 的上升沿触发，F2 由时钟 CLK 的下降沿触发；设计中的触发器使用了同一测试时钟的两个边沿。在测试时，这两类触发器在不同的时刻改变状态，DFTC 认为有两个时钟域。

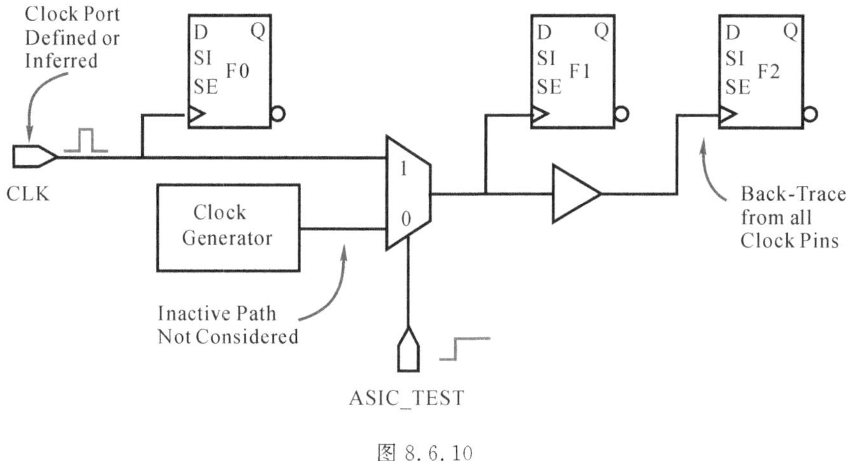

图 8.6.10

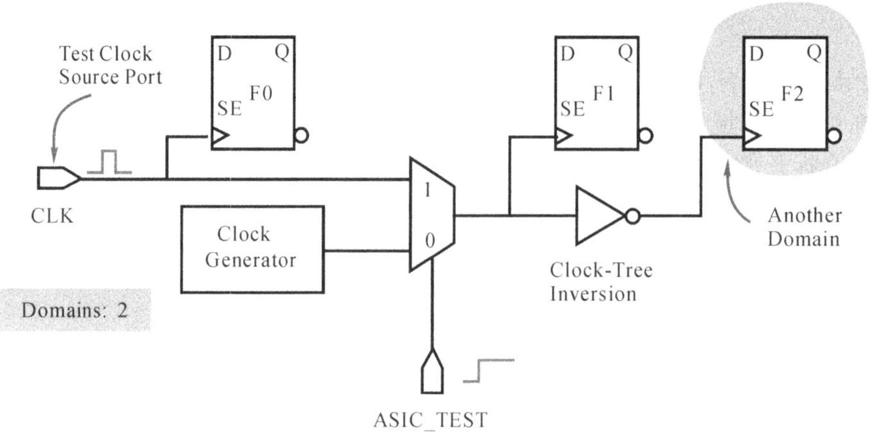

图 8.6.11

门控时钟或 MUXed 时钟不会产生时钟域，如设计者要定义它们为另一个时钟域，可使用 set_scan_configuration 命令，或 set_dft_signal 命令加选项"-internal_clocks"。

门控时钟或 MUX 逻辑可以驱动内部时钟信号。要注意内部时钟信号不可能由单输入的缓冲器或反向器产生。

定义内部时钟信号有两种方法，一是对整个设计定义内部时钟，命令如下：

```
dc_shell-xg-t> set_scan_configuration \
-internal_clocks true
```

二是只对指定的测试时钟定义内部时钟，命令如下：

```
dc_shell-xg-t> set_dft_signal -type TestClock \
-internal_clocks true ...
```

定义内部时钟后，图 8.6.11 所示的电路将有三个时钟域。

使用 MUXed 触发器作为扫描寄存器时，整个设计默认的扫描设置为-clock_mixing no_mix，即"set_scan_configuration -clock_mixing no_mix"。由于这个默认的设置，插入扫描链时，每一个时钟域会产生一条扫描链。这种设置在策略上来说是最安全的，一般来说不会产生测试设计规则的违例，即建立或/和保持时间的违例。但是使用默认的设置，可能会产生太多的扫描链，扫描链的长度也可能很不平衡。例如一个有 2 个时钟的 IC，如果设计中大部分的触发器由一个时钟树触发，按照默认的设置，设计中会有两条很不平衡的扫描链。不平衡的扫描链意味着测试成本高。我们要设法降低测试成本。

为了平衡扫描链的长度，我们可以在设置 dft 时，可以使用混合边沿"-clock_mixing mix_edges"或混合时钟"-clock_mixing mix_clocks"的选项。

混合边沿的选项允许在同一条扫描链里混合使用同一时钟的两个边沿。扫描路径里的寄存器按 NICE 规则排序。NICE 是英文"Next Instance must be clocked Concurrently or Earlier"的缩写，即下一个寄存器必须同时或早点被时钟触发。例如，在图 8.6.12 中，触发器 F3 的扫描输出位(数据)必须在它被覆盖(代替)前被触发器 F4 读取。把由时钟下降沿触发的寄存器摆放在由时钟上升沿触发的寄存器前就可以保证每个扫描位在被覆盖(代替)前已被下一个寄存器读取。使用这个选项，扫描链的数目默认为时钟信号的数目，而不是时钟域的数目。除非 Clock Skew 很大，与时钟的脉冲宽度相当，否则使用这个选项产生违规的风险很低。

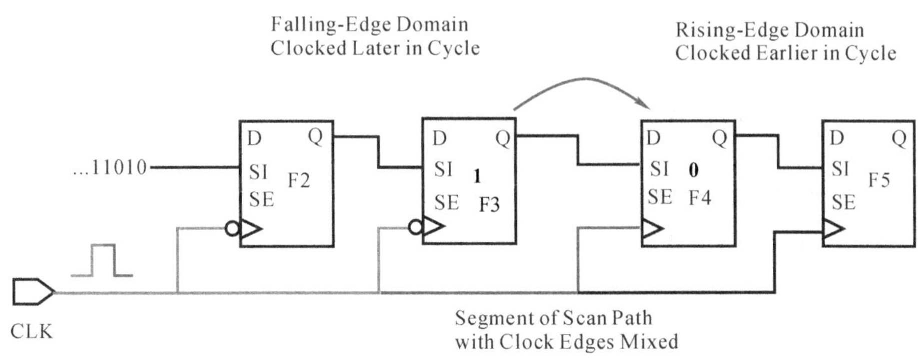

图 8.6.12

使用混合边沿可以让 DFTC 有更多的自由度进行扫描链的平衡。但是，在一些设计里，扫描链的长度还是非常不同。

混合时钟允许更好的扫描链平衡，但很可能会产生扫描的时序问题。命令如下：

```
dc_shell-xg-t> set_scan_configuration -clock_mixing \
mix_clocks_not_edges
```

或

```
dc_shell-xg-t> set_scan_configuration -clock_mixing \
mix_clocks
```

选项 mix_clocks_not_edges 允许在一条扫描链里有使用不同的时钟触发的寄存器，但触发的时钟边沿必须相同。产生扫描的时间问题的风险较小。

选项 mix_clocks 既允许在一条扫描链里有使用不同时钟触发的寄存器，又允许混合的触发时钟边沿。这种方法最进取，可以做到非常平衡的扫描链长度。但这种方法极有可能产生保持时间或与 Clock Skew 相关的违规。

选项 mix_clocks 允许混合所有时钟域的寄存器在同一条扫描链里。由不同边沿时钟触发的寄存器自动地按 NICE 规则排列。如果设计中有 Clock Skew，有可能会产生保持时间的违规(hold violations)。当移位寄存器之间满足 $t_{CLK-Q} + t_{net} < t_{hold} + t_{skew}$ 条件时，产生保持时间的违规。为了防止这种情况，可以在两个时钟域之间插入一个锁相锁存器(lock-up latch)，见图 8.6.13。这样即使设计中有很大的 Clock Skew，也可以保证扫描链不会产生保持时间的违规风险。混合时钟可以做到最佳的扫描链平衡，但是设计中多加了锁相锁存器。

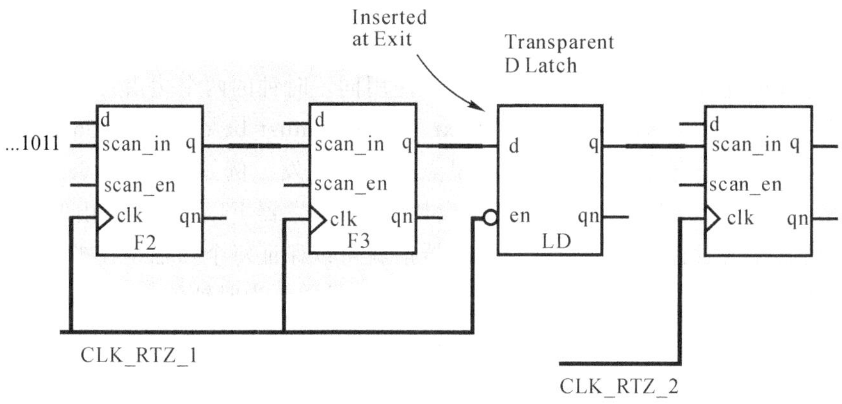

图 8.6.13

在图 8.6.13 中，CLK_RTZ_1 和 CLK_RTZ_2 来自 ATE，同频同相。锁相锁存器插入在两个在不同时钟域的寄存器之间。如果两个时钟域在不同的模块，锁存器放在第一个模块的终端。

锁相锁存器的工作原理见图 8.6.14。锁存器为低电平透明(接通)。这样，当扫描位移进 F3 时，锁存器的输出不变，F3 的输出值在半个周期后才输入到锁存器。在下一个 CLK_RTZ_1 触发沿，虽然 F3 的输出值改变了，但锁存器还是锁住上个周期 F3 的输出值。这样为穿越时钟域的扫描路径提供了额外半个周期的时间来保持扫描位信号。如果没有这个锁存器，由于 Clock Skew 所引起的 CLK_RTZ_2 信号迟到可能会产生扫描位的丢失。

插入锁相锁存器的规则如下：

DFTC 假设 ATE 只有一个时钟驱动要测试的 IC(DUT-Design Under Test)。测试的时钟频率相同，相位可以不同(例如，RTZ or RT1)。如果扫描链穿越不同的时钟域，分两种情况：

1. 用“create_test_clock -waveform”命令产生波形不同的测试时钟，同频不同相。

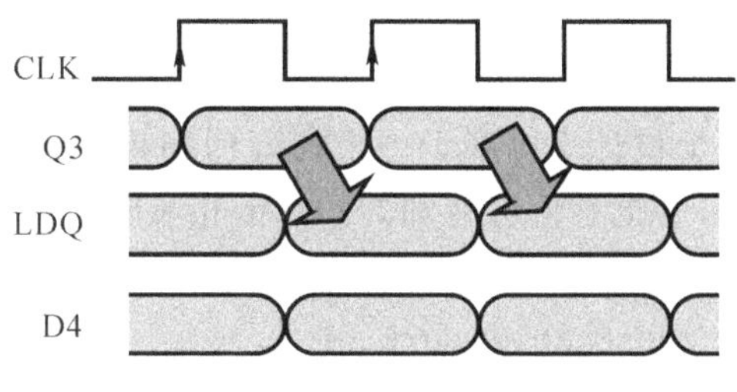

图 8.6.14

Clock Skew 可以忽略不计：

相位不同时，扫描寄存器以 NICE 次序排列。可以认为 Clock Skew 不产生问题，因为 DFTC 假定相位差比最差情形的 Clock Skew 大。这时，不需要插入锁相锁存器。

2. 测试时钟不仅同频而且同相，时钟偏差可能导致问题：

当不同时钟域的移位寄存器之间满足 $t_{CLK-Q}+t_{net}<t_{hold}+t_{skew}$ 条件时，产生保持时间的违规。

在默认的情况下，在移位寄存器之间插入锁相锁存器，从而得到半个周期的额外保持时间。

使用下面的设置可以避免插入锁相锁存器：

1. 指定不用混合时钟，使用单时钟的扫描路径。

2. 保证时钟之间的相位差大于 Clock Skew。

在默认的情况下，DFTC 会在整个设计需要的地方插入锁相锁存器。如果设计中不要加入锁相锁存器，可以用下面的命令：

```
dc_shell-xg-t> set_scan_configuration -add_lockup false
```

如果触发器加了下面的属性，它们将不能摆放在扫描路径里，它们以标准的寄存器(非扫描触发器)出现在设计里。

1. 触发器单元的 scan_element 属性设置为 false，即

```
dc_shell-xg-t> set_scan_element false {F59 F60 F71}
```

2. 触发器单元设置了 dont_touch 的属性，即

```
dc_shell-xg-t> set_dont_touch [get_cells DT * ]
```

为了把触发器排除在扫描链外，建议使用方法 1，尽量避免方法 2。

注意：使用 dont_touch 的属性要小心，该属性主要用于非扫描电路的综合。逻辑中意外加入的 dont_touch 属性会阻碍扫描寄存器的替代和测试问题的自动修正(autofixing)。

我们可以使用下面的命令指定扫描链中寄存器排列的次序，扫描链的长度和相关联的时钟：

```
set_scan_path scan_chain_name
[-head_elements <scan_chain_elements_name>]
[-tail_elements <scan_chain_elements_name>]
[-ordered_elements <scan_chain_elements_names>]
[-exact_length integer]
```

```
[-scan_master_clock clock_name]
```

DFT Compiler 允许一个设计中有多于一个的专门扫描使能(scan enable)端口。我们可以指定多个扫描使能端口并把它们与特别的扫描链相关联。例如:

```
set_dft_signal -type ScanEnable -port se1 ...
set_dft_signal -type ScanEnable -port se2 ...
set_scan_path c1 -scan_enable se1
set_scan_path c2 -scan_enable se2
```

DFT Compiler 也允许多于一条扫描链共用一个扫描输入引脚或端口(scan-in pin)。我们可以选择明确定义共用的扫描输入或隐含定义共用的扫描输入。共用的扫描输入适用于设计中有重复结构的模块。明确定义共用的扫描输入命令如下,其逻辑见图 8.6.15。

```
set_dft_signal -type ScanDataIn -port my_ssi ...
set_scan_path C1 -scan_data_in my_ssi -scan_data_out ...
set_scan_path C2 -scan_data_in my_ssi -scan_data_out ...
```

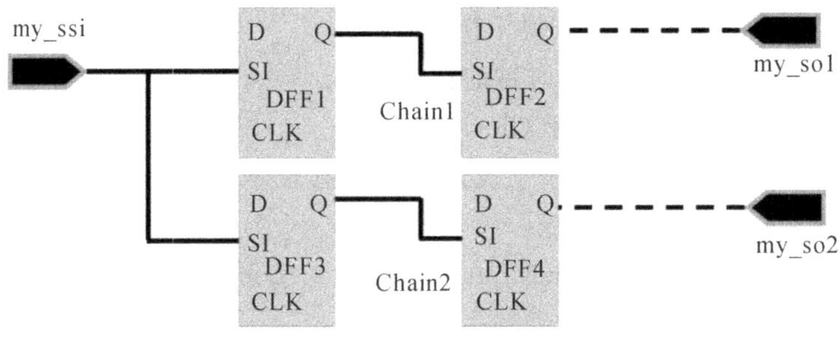

图 8.6.15

DFTC 中用下面的命令产生指定数目的测试扫描输入引脚,并且在设计的扫描链中共用这些输入引脚:

```
set_scan_configuration -chain_count 10
set_scan_configuration -shared_scan_in 5      preview_dft; # 5 scan ins; 
10 chains
set_scan_configuration -share default
preview_dft; # 10 scan ins; 10 chains
```

在设置了设计的约束,定义了测试模式,指定测试端口,标识哪些不放在扫描链里的触发器和说明扫描链的数目等以后,设计的扫描结构已确定下来。

由于执行 insert_dft 命令来插入扫描链需要使用一些计算强度很高的算法,需要花费很多的计算机资源,在插入扫描链之前,我们先使用 preview_dft 命令来预览(检查)设计中的扫描链和其结构是否满足测试要求。预览命令并不对设计做综合,执行该命令 DFTC 返回一些文字信息,这些信息概述了预期扫描结构的特征。如果结果与我们的要求不符,我们可以修改整个设计的设置选项或修改具体的设置。这样可以避免在经过漫长的扫描插入后,才发现结果是不对的。

如果跳过 preview_dft 命令,就执行 insert_dft 命令,preview_dft 命令会先被静静地执行。

先说明,再预览,最后插入的流程见图 8.6.16。

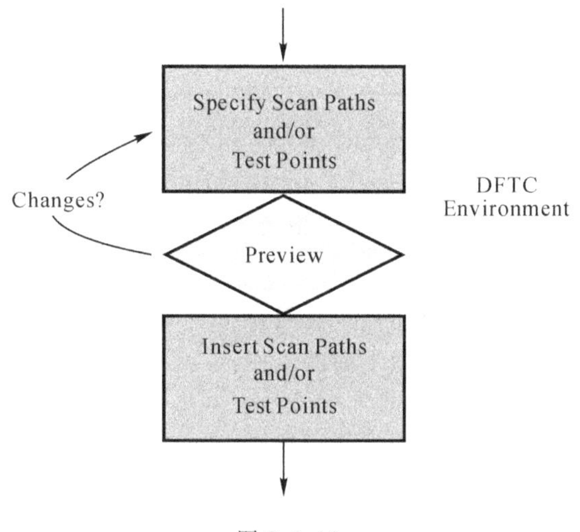

图 8.6.16

我们用 preview_dft 命令快速地检查扫描的结构。

执行 preview_dft 命令时,DFTC 做下面的工作:

1. 检查扫描路径的一致性

标记 DFT 问题,例如设计中是否有重叠的路径(同一个单元出现在两条扫描链)。

2. 确定扫描链的数目

根据测试时钟域的数目,混合时钟和重新平衡的选项,列出扫描路径的数目。

3. 分派扫描单元和为扫描单元排次序

根据 set_scan_path 命令,先构造明确的扫描路径。然后再分派其他的寄存器,相关的寄存器会被分派到相同的路径。例如,由同一时钟触发的寄存器会优先地摆放在相同的路径里。在同一子模块里的寄存器也会优先地摆放在相同的路径里。扫描链里寄存器单元的默认摆放次序是:根据它们全层次路径名(full hierarchical pathname),再按文字数字(alphanumeric)的次序来排列。

4. 加入连接的硬件

插入扫描连接(scan links),例如连接扫描段,锁存器和 MUXes。找到指定的扫描输入/输出端口,或产生专门的端口。

下面是使用 preview_dft 命令的一个例子。

```
dc_shell-xg-t> preview_dft
preview_dft
Loading design 'ORCA'
Loading test protocol
...
Architecting Scan Chains
```

```
...
Number of chains: 6
...
Scan enable: scan_en (no hookup pin)
Scan chain 'chain0' (pad[0] --> sd_A[0]) contains 488 cells
Scan chain 'chain1' (pad[1] --> sd_A[1]) contains 488 cells
Scan chain 'chain2' (pad[2] --> sd_A[2]) contains 488 cells
Scan chain 'chain3' (pad[3] --> sd_A[3]) contains 488 cells
Scan chain 'chain4' (pad[4] --> sd_A[4]) contains 487 cells
Scan chain 'chain5' (pad[5] --> sd_A[5]) contains 487 cells
```

预览完成后，如果扫描结构没有问题，就用 insert_dft 命令插入扫描链。

执行 insert_dft 命令时，DFTC 做下面的工作：

1. 读取已预览的扫描结构

如果还没有执行 preview_dft 命令，先静静地执行该命令。

2. 进行所需要的扫描代替

代替剩余的适合加入扫描链的标准(非扫描)触发器。

3. 保证没有竞争(contention)

如需要，加入通用逻辑，强制三态总线遵守单一三态驱动(single-tristate-driver，STD)的规则，保证三态总线和双向端口没有竞争和浮动的违规。

4. 插入测试点

使用 AutoFix 等程序，加入指定的测试点逻辑。

5. 装配(连接)扫描路径

把扫描输入/输出端口，扫描单元等连接在一起。

6. 把违规减少到最少

映射和再优化通用逻辑。通过门级的重新映射解决设计中的违规问题。如果扫描触发器不能放在扫描路径里，用标准的触发器替换它们。

使用 set_dft_insertion_configuration 可以控制执行 insert_dft 命令时所做的优化。

下面是使用 insert_dft 命令的一个例子。

```
dc_shell-xg-t> insert_dft
Loading design 'ORCA'
Loading test protocol
Checking test design rules
  Running AutoFix
Architecting Test Points
Checking test design rules
Allocating blocks in 'I_ORCA_TOP/test_point'
Structuring 'DW_control_force_1'
Mapping 'DW_control_force_1'
```

```
Architecting Scan Chains
Routing Scan Chains
Routing Global Signals
Mapping New Logic
Beginning Mapping Optimizations
```

执行扫描插入就像对门级电路运行“compile -inc”一样，会对电路做优化。这时候，门级电路的重新映射和优化算法主要集中在以扫描链为主导的转化，见图 8.6.17。

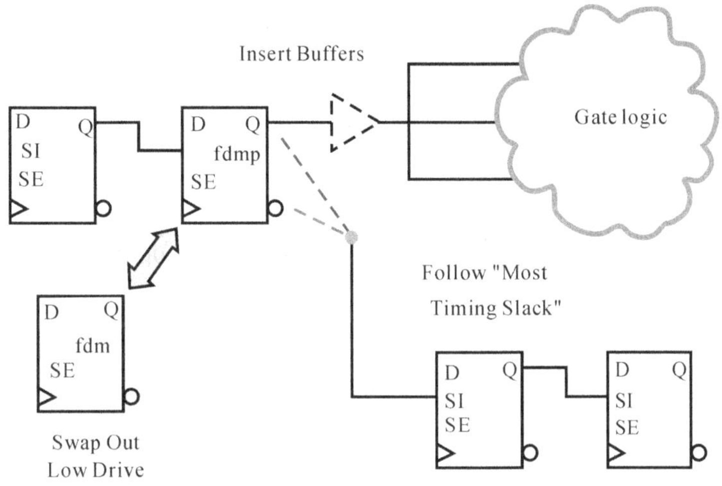

图 8.6.17

以扫描链为主导的转化是在插入扫描链时，替换扫描路径上的触发器或缓冲器，增加它们的驱动能力。插入反向缓冲器或放大缓冲器，以增加驱动能力或分开扇出负载。

一些半导体厂商不支持在扫描链中使用触发器的 QB 引脚。为了禁止使用 QB 引脚，将变量 test_disable_find_best_scan_out 设置为 true，即：

```
dc_shell-xg-t> set test_disable_find_best_scan_out true
```

插入扫描链时，DFTC 默认的行为是存储和保留所有原来的设计，并且在当前设计的层次里进行“测试的唯一化”(test uniquified)，见图 8.6.18。

为了使运行速度快，我们可以避免把设计名字从“xyz”改为“xyz_test_1”，并且避免产生多次例化(multiply instantiated)的设计复制的问题；同时也避免在验证(verification)流程中修改名字的问题。我们建议在插入扫描链时，禁止重新映射和改变设计的名字。设置的命令如下：

```
dc_shell-xg-t> set_dft_insertion_configuration \
          -synthesis_optimization none \
          -preserve_design_name true
```

第一个选项用于禁止对所有用户定义的时间约束、面积约束和设计规则约束做任何修理。这样可以显著加快插入扫描链的 CPU 运行时间。插链引起的较小 DRC 和时序问题，可以在后续的优化步骤或者后端设计时得到修复。第二个选项作用在于，当插入扫描链和模块的逻辑改变时，防止设计的名字被改变以及设计被复制。

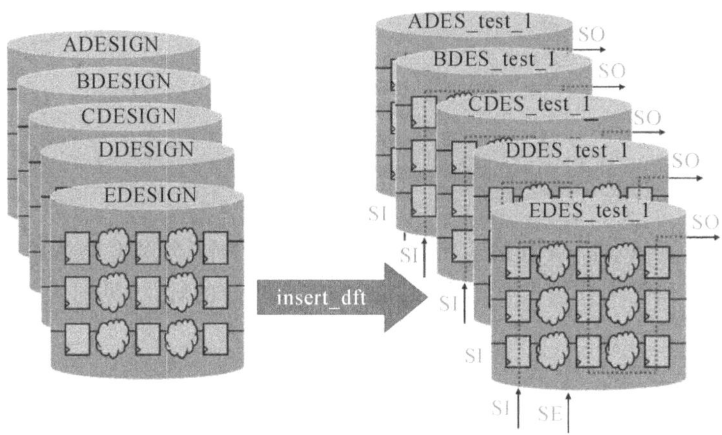

图 8.6.18

8.7　可测试设计的输出和流程

插入扫描链后，可用"dft_drc -coverage_estimate"命令来估算设计的测试覆盖率。如果覆盖率满足我们的要求，输出门级网表和测试协议两个文件，作为 ATPG 工具 TetraMAX 的输入，产生测试向量。

DFTC 到 TetraMAX 流程见图 8.7.1。

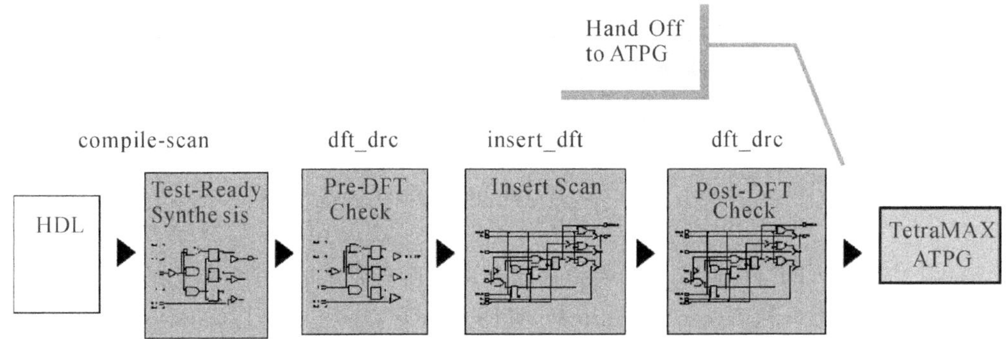

图 8.7.1

产生 DFTC 输出交接文件的脚本如下：

```
# DFTC -to -TetraMAX Handoff Script
# Write out gate -level netlist in HDL format.
# Save the final test protocol in STIL format.
change_names -rules verilog -hierarchy
write -format verilog -hier RISC_CORE \
-out mapped_scan/RISC_CORE.v
write -fddc -hier -out mapped_scan/RISC_CORE.ddc
```

```
set test_stil_netlist_format verilog

write_test_protocol -out tmax/RISC_CORE.spf
```

TetraMAX 支持格式为 VHDL、Verilog 和 EDIF 的门级网表，它不能读入格式为 .db 或 .ddc 的门级网表。在输出门级网表前，先执行 change_names 命令去掉设计中的特殊字符。

可测试设计的设计流程如图 8.7.2 所示。

例 8.7.1 为可测性设计流程的一个脚本。

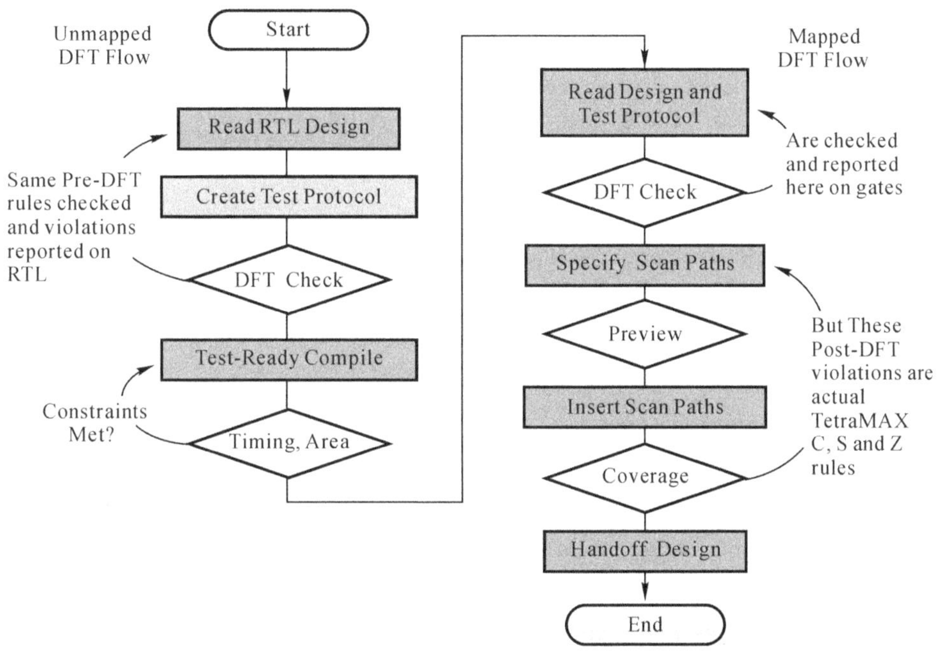

图 8.7.2

例 8.7.1

```
set hdlin_enable_rtldrc_info true; # enable rtl code checking

acs_read_hdl -f vhdl -hdl_source {../rtl/RISC_CORE/vhdl} RISC_CORE

# find out if there are any multiple instantiations of a block
check_design -summary

#specify test components in preparation for create_test_protocol

set_dft_signal -view existing_dft -type TestClock -timing {45 55} -port Clk
```

```
set_dft_signal -view existing_dft -port Reset -type Reset -active_state 0
set_dft_signal -view spec -port TEST_SE -type ScanEnable -active_state 1
set_dft_signal -view existing_dft -type Constant -active_state 1 -port TEST_MODE

#From the above specifications, create the test protocal
create_test_protocol

#check the test_protocol
dft_drc

#write out the test protocol to use again in the mapped flow
write_test_protocol -out unmapped/unmapped_flow.spf

source -echo -verbose scripts/constraints.tcl; # apply non test constraints to
the design

compile -scan
write -format ddc -hierarchy -output mapped/RISC_CORE.ddc

dft_drc

# no change to design names
set_dft_insertion_configuration -preserve_design_name true

# Specify number of scan chain and scan in/out ports
set_dft_signal -view spec -port Instrn[0] -type ScanDataIn
set_dft_signal -view spec -port Xecutng_Instrn[0] -type ScanDataOut
set_dft_signal -view spec -port Instrn[1] -type ScanDataIn
set_dft_signal -view spec -port Xecutng_Instrn[2] -type ScanDataOut
set_scan_configuration -chain_count 2

# allow clock domains to be mixed together on same chain
set_scan_configuration -clock_mixing mix_clocks

preview_dft ;# lets you know what you will get -iterate from here-
insert_dft ;# do it

dft_drc -coverage_estimate
change_names -rule verilog -hierarchy
```

```
report_scan_configuration > reports/scan_config
report_dft_signal -view spec > reports/dft_signals
report_dft_signal -view existing_dft >> reports/dft_signals
report_scan_path -view existing_dft -chain all > reports/scan_chains
report_scan_path -view existing_dft -cell all > reports/scan_cells
set test_stil_netlist_format verilog; # hand off
write -f verilog -h -o tmax/RISC_CORE_SCAN.v
write_test_protocol -o tmax/RISC_CORE_SCAN.spf
write -format ddc -hierarchy-output mapped_scan/RISC_CORE.ddc
write_sdc scripts/RISC_CORE.sdc

exit
```

8.8　自适应性扫描压缩技术

如图 8.8.1 所示，超深亚微米设计带来了新的故障类型，这些故障类型是传统的 Stuck-at 测试技术所无法检测出来的。这些故障类型只能采用在速测试技术(at-speed)和桥接测试技术来检测，而这类测试导致测试向量的数量更多，从而导致较高的测试成本。为了降低测试成本，我们必须进行测试压缩。

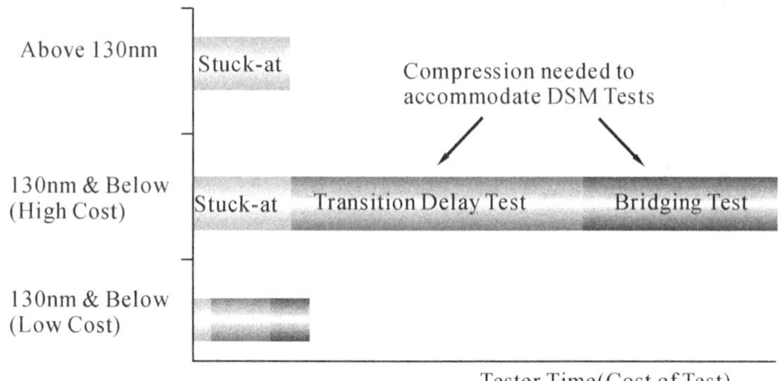

图 8.8.1

DFT Compiler MAX 采用自适应性扫描技术生成了一种高效的扫描结构，达到了以最短的测试时间和最小的电路面积代价实现测试压缩，见图 8.8.2。自适应扫描技术是一种与传统扫描相类似的技术，在芯片扫描引脚与数量众多的内部扫描链之间插入了一个组合逻辑的压缩与解压缩模块。解压缩后的扫描输入数值传入到自适应扫描模块中，而这些模块将这些数值与内部扫描链从内部关联起来。为了让测试覆盖率最大化，这种关联能够适应 ATPG 的需求，在扫描单元内提供所要求的数值，所以得到了“自适应扫描”的名称。自适应扫描优化了传统的扫描链，将其分成较短的扫描链，从而节约了测试时间和测试芯片所需要的测试数据量。采用自适应性扫描技术，我们可以以 0.1%～0.5%的总面积开销为代价，换来了 10～50 倍的测试时间和测试数据（向量）的减少。只需对原有的扫描设计脚本加上 2、3 个命令，就可达到与传统扫描相同的测试覆盖率。

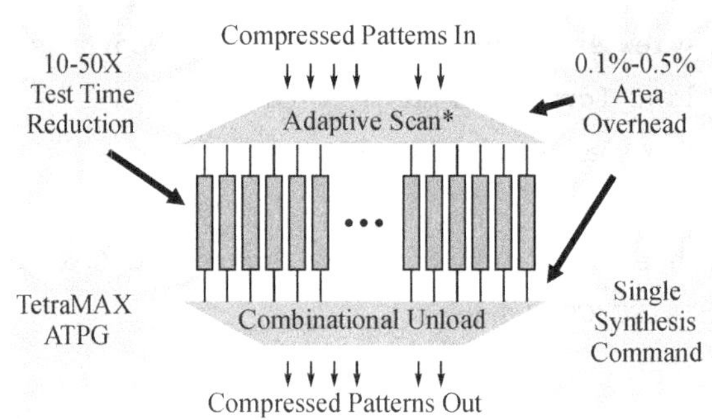

图 8.8.2

扫描压缩技术在扫描输入边加入了解除压缩器（以下简称解压器）。使用解压器，ATPG工具可以利用少数目的扫描输入来控制很多的内部扫描链。这个解压器（也称为负载压缩器）是包含 MUX 的组合电路模块，见图 8.8.3。

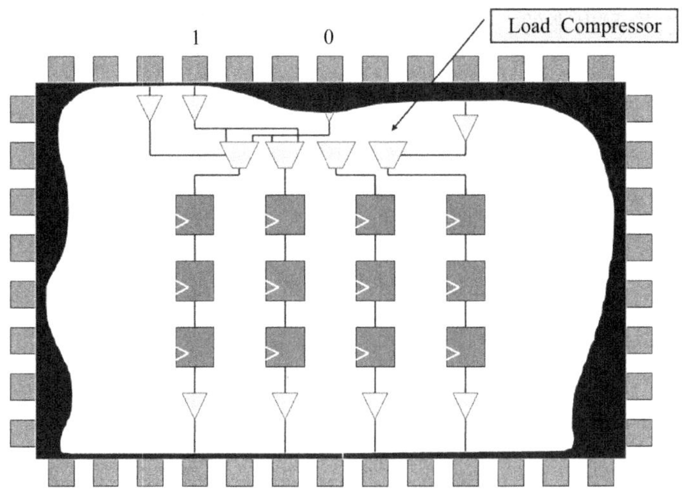

图 8.8.3

扫描压缩技术在扫描输出边使用 XOR 门压缩数据，把来自很多内部扫描链的数据压缩为少数目的扫描输出，见图 8.8.4。

扫描压缩模式和前面介绍的基本扫描模式共用扫描输入、扫描输出和扫描使能端口。为了区分扫描压缩模式和基本扫描模式，需要一个额外的测试模式信号。使用扫描压缩技术后，内部的扫描链数目如下：

```
# internal chains = chain_count * min_compression * 1.2
```

例如：对于 10 倍的压缩，将有 12N 条内部扫描链。

N 为基本模式下的扫描链数目。

在 DFT Compiler 中，进行扫描压缩的主要命令有：

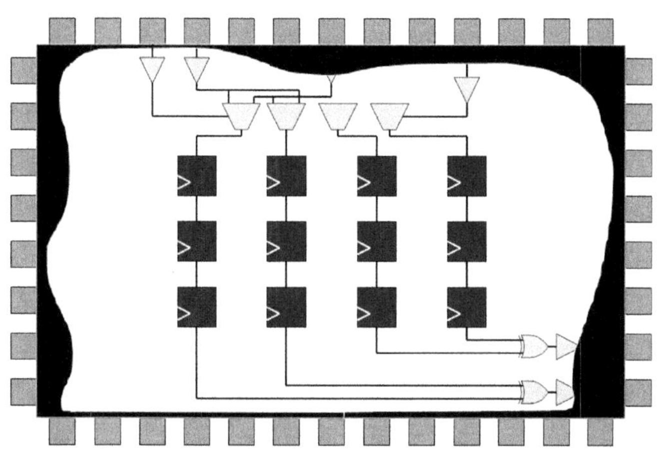

图 8.8.4

1. 授权进行扫描压缩

```
set_dft_configuration \
-scan_compression enable | disable
```

2. 扫描压缩的设置

```
set_scan_compression_configuration \
-minumum_compression 2<X<50
```

扫描压缩的范围是 2～50 倍。

3. 扫描链结构(数目)的设置

```
set_scan_configuration -chain_count N
```

使用 set_dft_signal 命令来定义进行扫描压缩所需要的额外测试模式信号。这个信号不能与 AutoFix 程序所用的测试模式信号共用，它们必须是不同的信号。如果我们不提供一个现有的输入端口来控制扫描压缩所需要的测试模式信号，DFT Compiler 将产生一个新的端口。

例如：

```
set_dft_signal test_mode -port tmode1
set_dft_signal test_mode -port tmode2
set_autofix_configuration -control_signal tmode1
```

端口"tmode2"将用作测试模式信号，由它来区分扫描压缩模式和基本扫描模式。端口"tmode1"用作 AutoFix 程序的测试模式控制信号。

基本扫描模式的设计脚本如下：

```
set_scan_configuration -chain_count <N>
set_dft_signal -type ScanClock -port clk
create_test_protocol
dft_drc
preview_dft
```

```
insert_dft
write -f verilog -hier -o block1.v
write_test_protocol-out scan.spf \
-test_mode Internal_scan
```

相应的电路见图 8.8.5(a)。

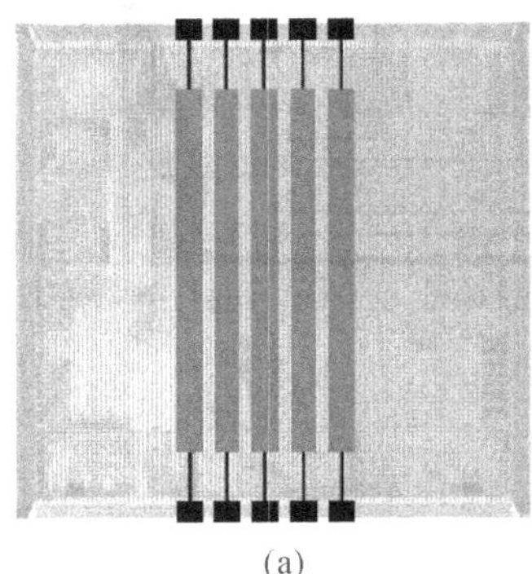

(a)

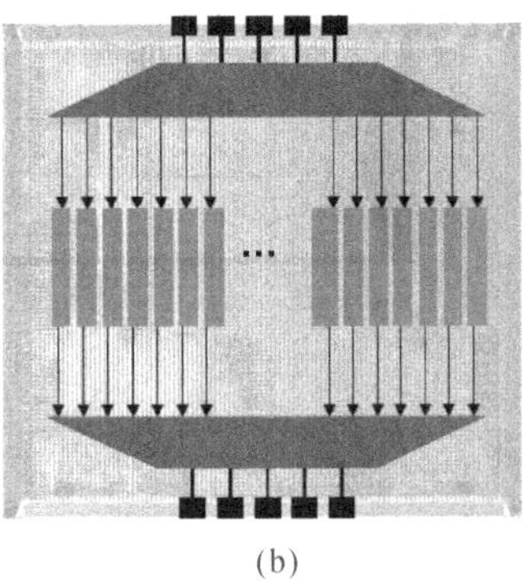

(b)

图 8.8.5

扫描压缩模式的设计脚本如下：

```
set_dft_configuration -scan_compression enable
set_scan_compression_configuration \
  -minimum_compression 10
set_scan_configuration -chain_count <N>
set_dft_signal -type ScanClock -port clk
create_test_protocol
dft_drc
preview_dft
insert_dft
write -f verilog -hier -o block1.v
write_test_protocol -out scan.spf \
-test_mode Internal_scan
write_test_protocol -out scancompress.spf \
-test_mode ScanCompression_mode
```

脚本中的斜体部分为进行扫描压缩时所加的命令。

相应的电路见图 8.8.5(b)。

从上面的例子可见，自适应性扫描技术与基本扫描的设计流程非常相似，很容易实现。

第九章

低功耗设计和分析

在过去的多年里，集成电路大多用在直接连接到电源的有线设备里，微电子领域的很多研究工作都集中到了数字系统速度的提高上。由于个人计算机的迅速普及，高速的计算能力对于百姓大众来说是触指可及的。另外，用户希望在任何地方都能访问到这种计算能力，而不是被一个有线的物理网络所束缚。便携能力对产品的尺寸、重量和功耗加上严格的要求。由于半导体和电子科技的进步，便携式设备(Portable Devices)到处可见，大大方便了人们的生活。人们在日常生活、工作和旅行时，常常携带移动电话(Mobile Phone)，个人数字助理(Personal Digital Assistant)，便携媒体播放器(Portable Media Player)和笔记本电脑(Notebook Computer)等。这些设备的供电往往要靠电池。为了延长便携式设备的工作时间，要求电子器件和设备的功耗要低。低功耗的设计有以下特点：

1. 低功耗低成本

· 封装成本——塑料封装和陶瓷封装的成本是不同的。低功耗的设计可以选用低成本的塑料封装。否则，可能要选用成本较高的陶瓷封装或其他封装

· 电源的成本——功耗越低，电源的成本越低

· 散热的成本——功耗大的器件可能需要加通风设备，这样一来一方面加大了成本，另一方面设备所占的体积大了

2. 方便携带

· 便携式设备要求电池小，工作时间长

· 低功耗是产品的特性

3. 可靠性

· 产品的平均故障间隔时间(Mean Time Between Failures，简写为 MTBF)与工作温度有关，即 MTBF = f (operating temperature)，功耗越低，MTBF 越长

使用传统的电子数据表(spreadsheet)方法进行功耗估算和设计往往是不够精确的。不同的模块，不同的设计风格(如 datapath、custom、memory)需要用不同的公式进行计算。此外通过降低供电电压可以减少功耗，但是低供电电压可能使设计的时序变差，难以满足时序要求。

由于传统的方法不能满足低功耗设计的要求，EDA 厂商提出了一系列的解决问题方案。目前广泛使用的一种方法是 Synopsys 公司的 Galaxy 功耗设计流程，见图 9.1。

进行低功耗设计时，需要三方面的内容，见图 9.1.0。

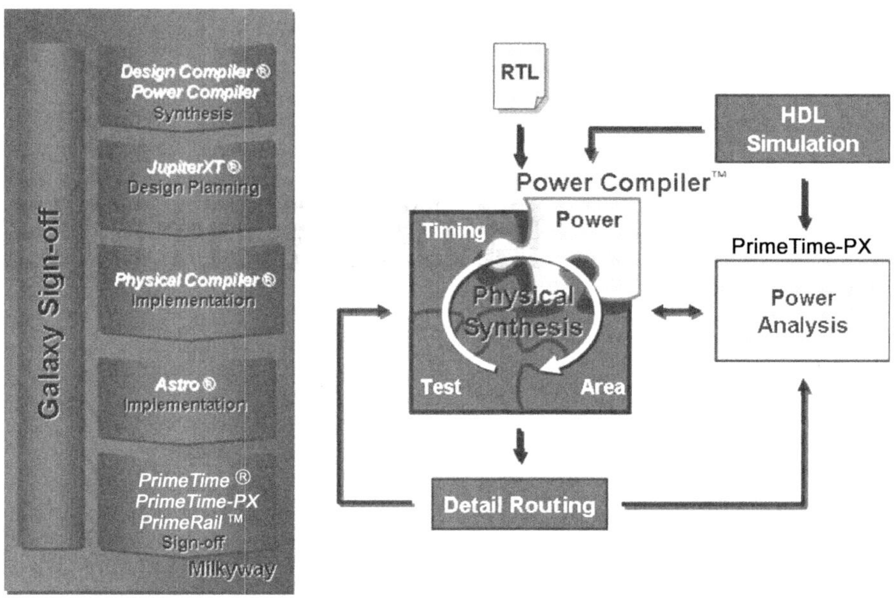

图 9.1

1. 功耗模型
- 功耗管理的基本结构
- IC 设计所用工艺库的功耗模型

2. 功耗分析
- 分析设计中每个单元的功耗
- 分析所有级设计(RTL 代码,门级网表和版图设计)的功耗
- 根据仿真的结果进行功耗分析

3. 功耗优化
- 在所有级的设计都能降低功耗

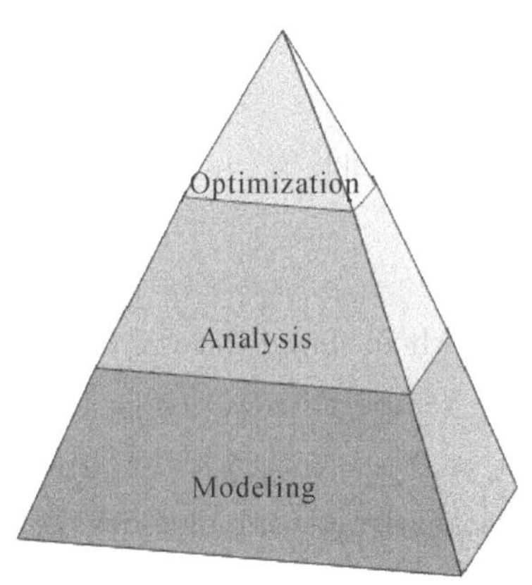

图 9.1.0

降低功耗的方法有:
- 门控时钟电路
- 操作数分离

- 门级电路的功耗优化
- 多个供电电压
- 多域值电压
- 门控功耗

前四种方法用于降低动态功耗，后两种方法用于降低静态功耗。

9.1　工艺库的功耗模型

我们需要器件的功耗模型进行功率的分析与运算。图 9.1.1 是 CMOS 电路，它的功耗由三部分组成：

1. 开关功耗（Switch power）

对输出电容负载充电

2. 内部功耗（Internal power）

短路功率

对内部电容负载充电

3. 漏电功耗（Leakage power）

稳定态（静态）功率

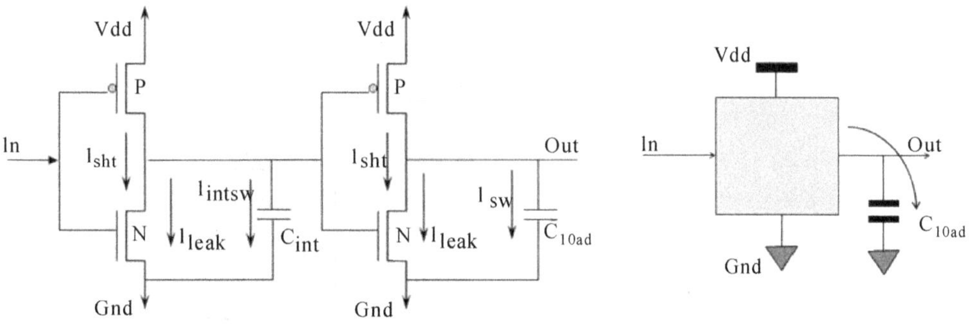

图 9.1.1

其中开关功耗和内部功耗为动态功耗；漏电功耗为静态功耗。器件的总功耗等于动态功耗加上静态功耗，即总功耗 ＝ 开关功耗 ＋ 内部功耗 ＋ 漏电功耗。

开关功耗是指对外部电容负载进行充电时从电源 VDD 抽取的功耗。要注意，内部功耗中的短路功耗是指单元的输入从低电压（逻辑 0）到高电压（逻辑 1）或从高电压到低电压的转换过程中，单元内部 P 管和 N 管同时导通那个瞬间的功耗，而不是因为单元损坏产生的短路功耗，见图 9.1.2。

计算单元功耗或能量的方法如下：

- 开关能量

$Esw = C_{load} \times V_{dd}^2$

- 内部能量

由特性描述工具预先处理，存放在工艺库的功耗查找表里。比较精确的功耗模型，功耗

与状态有关，与路径有关(state dependent path dependent，简称 SDPD)

- 漏电功耗

由特性描述工具预先处理，存放在工艺库里。

漏电功耗与状态有关(state dependent，简称 SD)

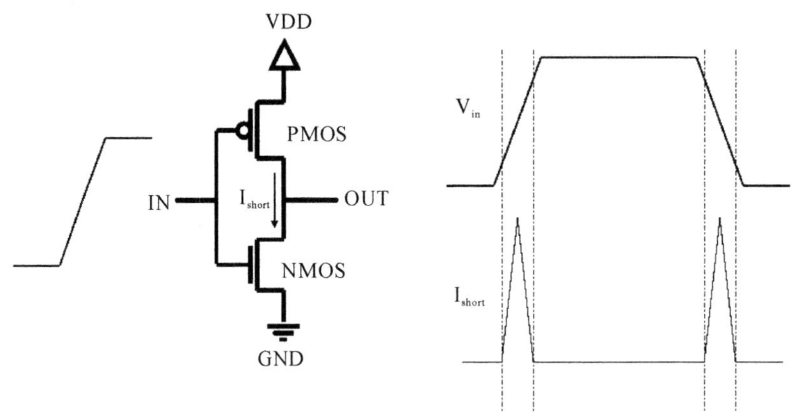

图 9.1.2

特性描述工具用下面的公式计算内部能量，见图 9.1.3。

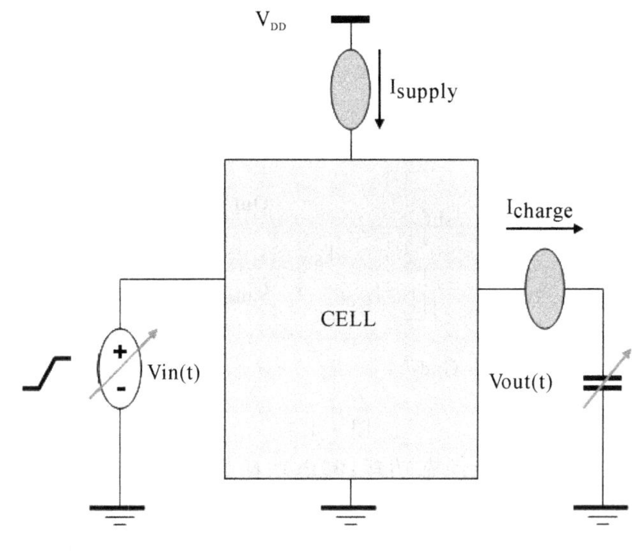

图 9.1.3

$$E_{total} = \int (V_{DD} * I_{supply})dt$$

$$E_{charge} = 2\times\int (V_{out}\times I_{charge})dt = CV^2$$

$$E_{internal}(rise) = E_{total}(rise) - E_{charge} - E_{leak}$$

$$E_{internal}(fall) = E_{total}(fall) - E_{leak}$$

工艺库包含了很多的功率信息，其中与开关功率相关的信息见例 9.1.1。

例 9.1.1

```
library(power){
    time_unit : "1ns"
    voltage_unit : "1V"
    capacitive_load_unit(1,ff)
    nom_process: 1.0;
    nom_temperature  : 25.0;
    nom_voltage: 3.3;
    power_supply() {   /* default is 3.3 */
     default_power_rail : vdd ;
     power_rail (vdda, 3.3);
     power_rail (vddb, 5.0);
     power_rail (gnd, 0.0);
         }
    cell (cell1) {
     pin(A, B) {
          direction : input
          capacitance : 1.0 }
     pin(Z) {
          direction : output
          capacitance : 1.0
          output_signal_level: vddb
          .......
```

· 定义时间，电容和电压的单位

· “nom_voltage”用作默认的电压

· “power_supply”部分定义了在库中用到的多个电压

· 输入引脚电容是驱动单元输出电容负载的一部分

· “output signal_level”指定用来计算开关功率的电压

例 9.1.2 为库中的内部功率，单元的内部功率与其输入转换时间以及输出电容负载有关。即 Internal_Power =

f(total_output_net_capacitance, input_transition_time)

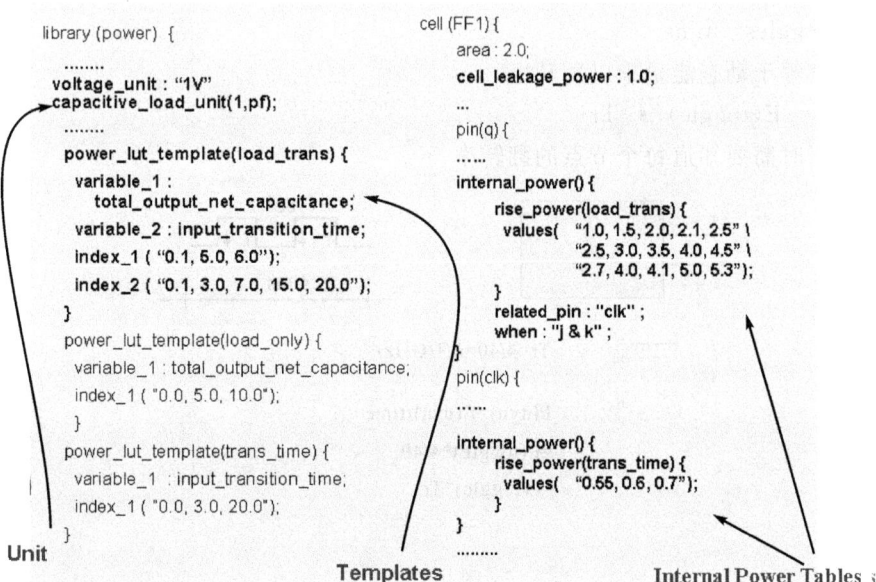

例 9.1.2

```
library (power) {
  ........
 voltage_unit : "1V"
 capacitive_load_unit(1,pf);
  ........
  power_lut_template(load_trans) {
    variable_1 :
       total_output_net_capacitance;
    variable_2 : input_transition_time;
    index_1 ( "0.1, 5.0, 6.0");
    index_2 ( "0.1, 3.0, 7.0, 15.0, 20.0");
  }
  power_lut_template(load_only) {
    variable_1 : total_output_net_capacitance;
    index_1 ( "0.0, 5.0, 10.0");
    }
  power_lut_template(trans_time) {
    variable_1 : input_transition_time;
    index_1 ( "0.0, 3.0, 20.0");
  }
```

```
cell (FF1) {
    area : 2.0;
    cell_leakage_power : 1.0;
    ...
    pin(q) {
    ......
    internal_power() {
          rise_power(load_trans) {
           values(   "1.0, 1.5, 2.0, 2.1, 2.5" \
                     "2.5, 3.0, 3.5, 4.0, 4.5" \
                     "2.7, 4.0, 4.1, 5.0, 5.3");
          }
          related_pin : "clk" ;
          when : "j & k" ;
    }
    pin(clk) {
    ......
    internal_power() {
          rise_power(trans_time) {
           values(   "0.55, 0.6, 0.7");
          }
    }
    .........
```

Unit

Templates

Internal Power Tables

例 9.1.3 为库中的漏电功耗，漏电功耗与单元的状态有关。

例 9.1.3

```
library (power) {
        .........
        leakage_power_unit : 1pW;
        default_cell_leakage_power : 0.2;
        k_volt_cell_leakage_power :  0.23;
        k_temp_cell_leakage_power :  0.32;
        k_process_cell_leakage_power : 0.35;
        .......
  cell (AN2) {
        area : 2.0;
        cell_leakage_power : 0.5678;
        leakage_power() {
              when : "!A & !B" ;
              value : 0.0175811 ;
        }
        leakage_power() {
              when : "!A & B" ;
              value : 0.0184178 ;
        }
  }
}
```

在计算动态功耗时，我们需要按照单元的输入/输出信号活动情况，计算其平均功耗。信号活动情况可用翻转率来表示。

数字电路在每次信号翻转时消耗动态能量。图 9.1.4 中，信号翻转了 4 次，其消耗的动态能量为：

E(dyn) = E(toggle) * 4

翻转率(Toggle rate，简称 Tr)是单位时间的翻转次数(Toggles)，即

Tr = Toggles / time

动态功率等于动态能量乘以翻转率。

P(dyn) = E(toggle) * Tr

功率分析时需要知道每个节点的翻转率。

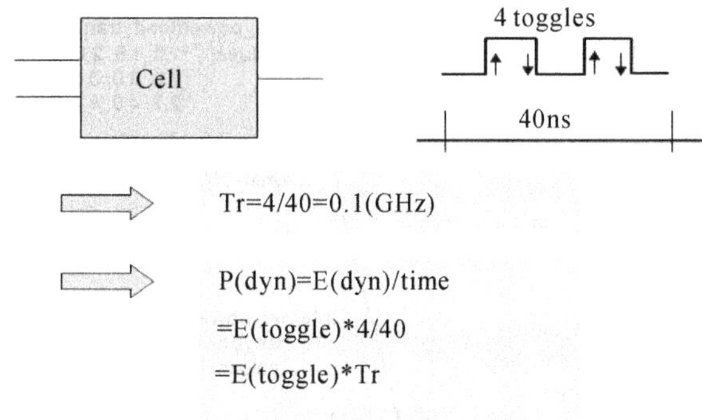

图 9.1.4

下面举例说明使用翻转率和工艺库的功率信息计算电路的功率。图 9.1.5 是一个反向器，输入转换时间为 1.2ns，输出电容负载为 0.27pF，翻转率为 0.02GHz。

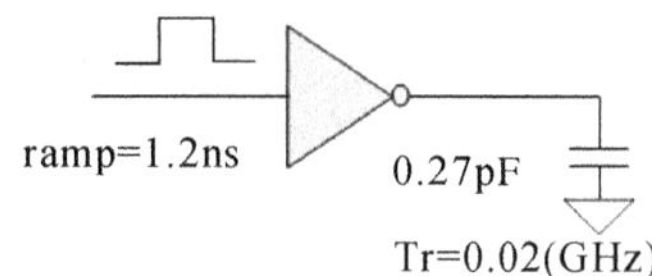

图 9.1.5

根据例 9.1.4 的库描述，内部功率为：

Internal power = $(E_{rise} + E_{fall}) * 0.5 * Tr$

= (0.214947 + 0.094129) * .5 * .02e9

= 3.09076 μw

开关功率为：

Switching power = $CV^2 * Tr * 0.5$

= 0.27 * 3.3 * 3.3 * 0.02e9 * 0.5 = 29.403 μw

动态功率为：

Dynamic power = $P_{Internal} + P_{switching}$

= 3.09076 + 29.403 = 32.494 μw

例 9.1.4

```
power_lut_template(pwarc_rl_1) {
   variable_1 : input_transition_time ;
   variable_2 : total_output_net_capacitance ;
   index_1 ("0.40000, 1.20000, 2.80000, 4.20000") ;
   index_2 ("0.04000, 0.13000, 0.27000, 0.41000,") ;
}
internal_power() {
  rise_power(pwarc_rl_1) {
   values( "0.15375, 0.13449, 0.12584, 0.12271",\
           "0.33069, 0.26098, 0.214947, 0.1920",\
           "0.74832, 0.60830, 0.49841, 0.43109",\
           "1.12893, 0.95332, 0.79195, 0.69608",\
  }
  fall_power(pwarc_rl_1) {
        values("0.04088, 0.02297, 0.0144, 0.01221",\
           "0.20804, 0.13735, 0.094129, 0.07289",\
           "0.62267, 0.46962, 0.355640, 0.29089",\
           "1.00024, 0.81523, 0.638252, 0.53733",\
  }
  related_pin : "a" ;
}
```

单元的功率可能与状态有关，与路径有关，见图 9.1.6。

左图的 RAM 单元，在读状态和写状态，其功率是不同的。因此，为了精确地描述单元的功率，工艺库中应包含与状态有关的功率信息。单元的功耗在不同的操作模式下有不同的值。右图表示，单元的功率与路径有关。单元的不同输入到输出路径，其功耗是不同的。

工艺库中 SDPD 的描述见图 9.1.7。

在 Power Compiler 中，用 report_lib 命令可以列出库中的功率信息，见例 9.1.5。

例 9.1.5

```
dc_shell -xg -t> report_lib slow -power
```

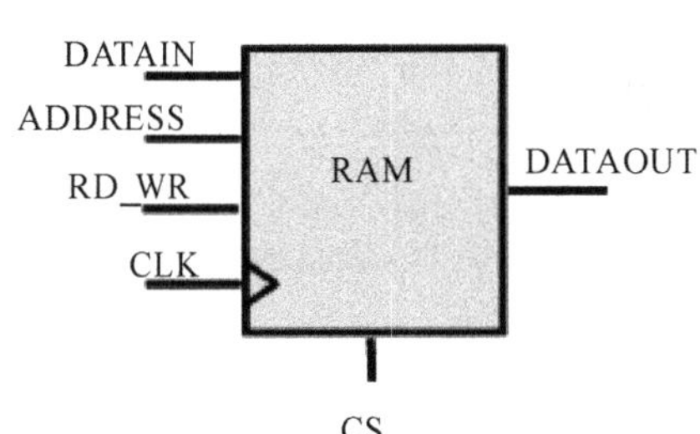

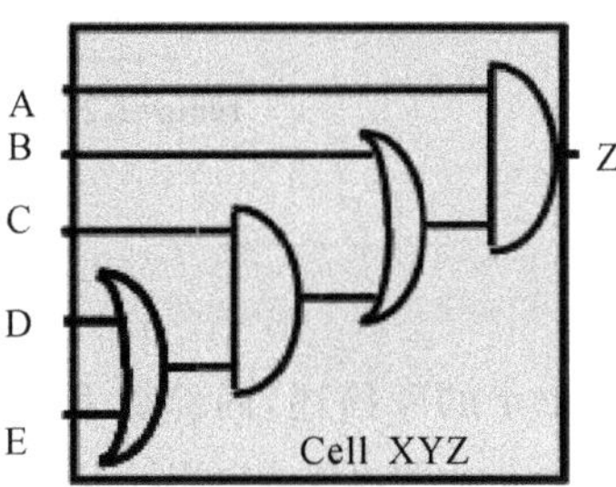

图 9.1.6

```
pin(Y) {
   direction : output;

    internal_power() {
      rise_power(PWRTBL_00) {
         values(" 0.2, 0.5, 1.0 ", \
               " 1.0, 1.5, 2.0 ");
      }
      fall_power(PWRTBL_00) {
         values(" 0.2, 0.4, 0.9 ", \
                " 0.9, 1.4, 1.9 ");
      }
     related_pin  :  "D";
     when         :  "A*!B*C";
    }

    internal_power() {
      rise_power(PWRTBL_00) {
         values(" 0.1, 0.7, 1.3 ", \
               " 1.1, 1.6, 2.1 ");
      }
      fall_power(PWRTBL_00) {
         values(" 0.1, 0.6, 1.2 ", \
                " 1.0, 1.5, 2.3 ");
      }
     related_pin  :  "A";
     when         :  "!B*C*!D";
    }
```

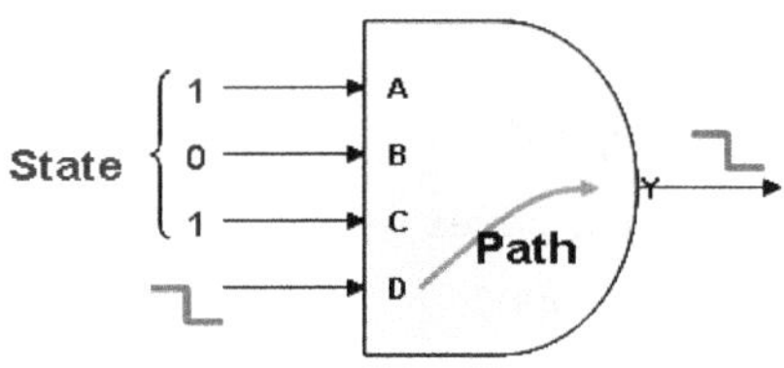

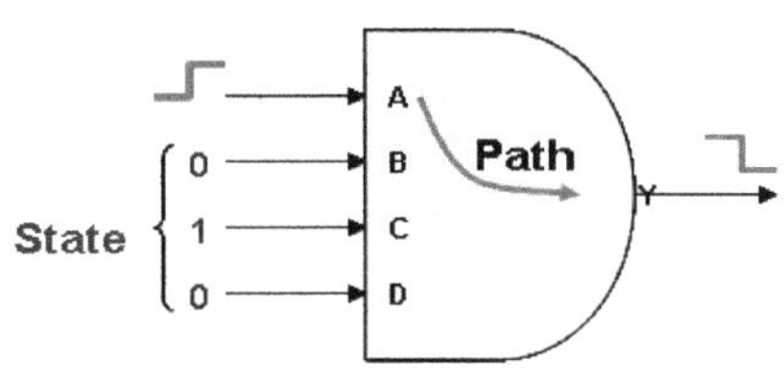

图 9.1.7

Power Information:

Attributes:

a- average power specification

i- internal power

l- leakage power

rf- rise and fall power specification

Cell	Attributes	#	Power Toggling pin	Source of path	When
and2a1	l	0			
	i,rf	1	A		
	i,rf	2	B		
	i,rf	3	Y	A	B
	i,rf	4	Y	B	A
	i,a	5	Y		
and2a15	l	0			

9.2　功耗的分析

对电路进行功耗分析时，我们需要计算每个单元的功耗。单元的功耗包括开关功耗、内部功耗和静态功耗。计算开关功耗时，我们需要知道每个单元的外部电容负载和供电电源VDD的电压值，以及节点的翻转率。

Switching power = CV^2 * Tr * 0.5

计算内部功耗时，需要知道电路的状态，以及有包含功率信息的工艺库和节点的翻转率。计算静态功耗时，需要知道电路的状态，以及包含功率信息的工艺库。由此可见，进行功耗分析时，输入输出如图 9.2.1 所示。

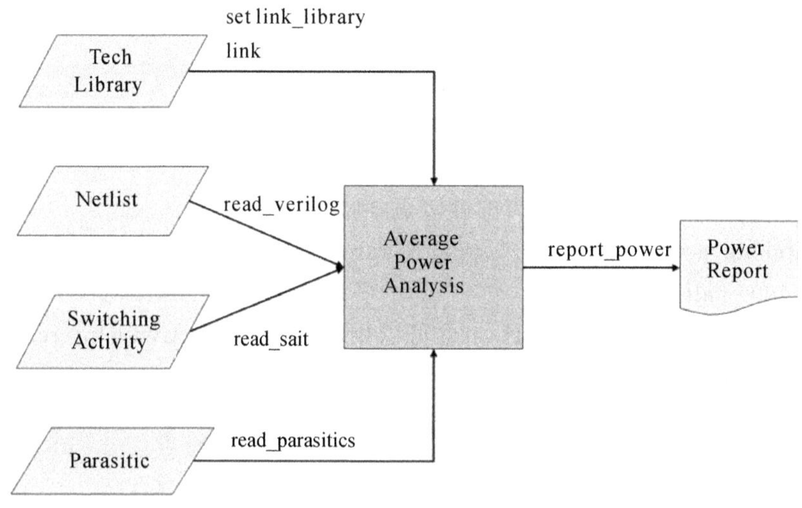

图 9.2.1

在图 9.2.1 中，Netlist 为设计的门级网表，是要分析的电路。Tech Library 为包含功率信息的工艺库，比较精确的库里应包含 SDPD 的功率信息。Switch Activity 表示设计中每个节点的开关行为情况，用它可以计算出节点的翻转率 Tr。Parasitic 文件包含了设计中连线的寄生参数，即连线的电阻 R 和电容 C 值。

开关行为(Switching Activity)的几个概念如下：

- 翻转(Toggle)和翻转数(TC)：

翻转是逻辑值的变化，例如

逻辑值 0 —> 1 或 1 —> 0

翻转数是翻转的次数

- 翻转率(Toggle Rate，简称 Tr)：

单位时间的翻转的次数

Tr = TC / duration

- T1，T0：

一个设计物体在逻辑值为 1 和 0 的持续时间

• 静态概率(Static Probability，简称 SP)：

一个节点逻辑值为 1 的概率

SP = T1 / duration

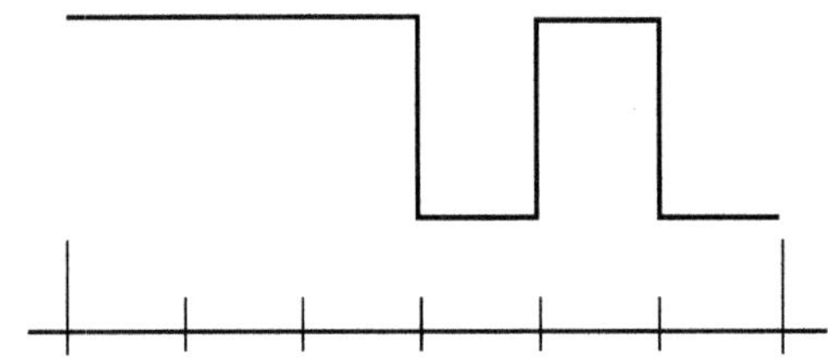

上图中，TC = 3、Tr = 1/2、T1 = 4、SP= 4/6 = 2/3。

如前节所述，数字电路在每次信号翻转时消耗动态能量，其消耗的动态能量为：

E(dyn) = E(toggle) * TC

动态功耗等于动态能量乘以翻转率，即

P(dyn) = E(toggle) * Tr

进行功耗分析需要每个节点的翻转率。

我们可以直接用命令来表示节点的翻转率，例如

```
set_switching_activity -static 0.2 -toggle_rate 20 \
-period 1000 [all_inputs]
```

这时，Tr= 20/1000 = 0.02GHz。也可以用 Switching Activity Interchange Format (简写 SAIF)或 Value Change Dump(简写 VCD)来表示。

SAIF 文件和 VCD 文件通过对电路做仿真(Simulation)得到，它们是仿真接口格式(Simulation Interface Format)文件，其中：

SAIF 是用于在仿真器和功率工具之间交换信息的 ASCII 文件。

ASCII 是 American Standard Code for Information Interchange 的缩写，即为美国信息交换标准码。

VCD 文件是这样一个 ASCII 文件，文件中包括一个设计中所选择的变量其(逻辑)值变化的信息，这些信息由"值变化的转储系统任务程序"(value change dump system task)所存储。

在 Synopsys 的低功耗设计流程里，我们既可以用无向量(vector-free)分析法，即用命令来定义节点的翻转率的方法来分析功耗；也可以用 VCS 仿真器产生 SAIF 或 VCD 文件的方法分析功耗。为了使分析结果比较精确，建议使用 SAIF 或 VCD 文件，计算每个节点的翻转率。

在 Power Compiler 里，有两个默认的翻转变量：

```
power_default_toggle_rate
power_default_static_probability
```

它们的默认值为 0.5。

在用无向量(vector-free)的方法分析功耗时，我们不需要提供节点的翻转率。默认的翻转变量将加到传播的起点。传播的起点定义为设计的输入端和黑盒子(black box)的输

出端，见图 9.2.2。

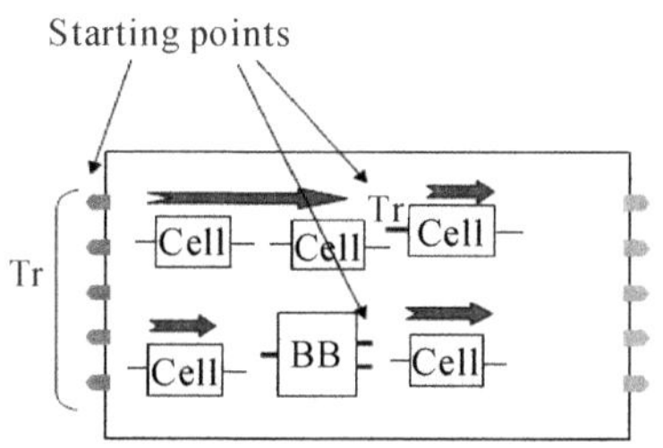

图 9.2.2

黑盒子是指在工艺库里没有功能描述的单元，如 RAM、ROM 或一些 IP 核。

我们可以改变这两个翻转变量的默认值．例如：

```
set power_default_toggle_rate 0.01
set power_default_static_probability 0.02
```

标记(annotated)的翻转率比传播的翻转率优先级更高。被标记(annotated)翻转率的节点作为一个新的(传播)起点。用 power_default_toggle_rate 变量定义的翻转率是个相对值，如果设计中定义了时钟，默认的翻转率以最快的时钟作为参考。例如 power_default_toggle_rate 等于 0.5，设计中最快的时钟周期为 10 ns，则 Tr = 0.5/10ns = 0.05GHz。如果设计中无时钟，则以工艺库中的时间单位作为参考。例如工艺库中的时间单位为 ns，设计中无时钟，则 Tr = 0.5/1ns = 0.5GHz。

默认的 Tr 和 SP 是 0.5，翻转率非常高。在具体的设计里，应按照实际的功能，设置比较切合实际的值。置位信号“reset”和其他的特殊信号需要用“set_switching_activity”命令或“set_case_analysis”命令来指定一个静态的逻辑值。这两个命令将在以后讨论。

设计中没有标记翻转率的节点，可以通过传播得到其翻转率。输入端的翻转率通过仿真传播下去。传播不可以穿过没有功能描述的单元，即翻转不能传播穿过黑盒子。由于节点的翻转可以传播，有了设计输入端和黑盒子输出端的翻转率，就可以通过传播，得到设计中所有节点的翻转率。传播以零延迟的功能仿真进行，见图 9.2.2。

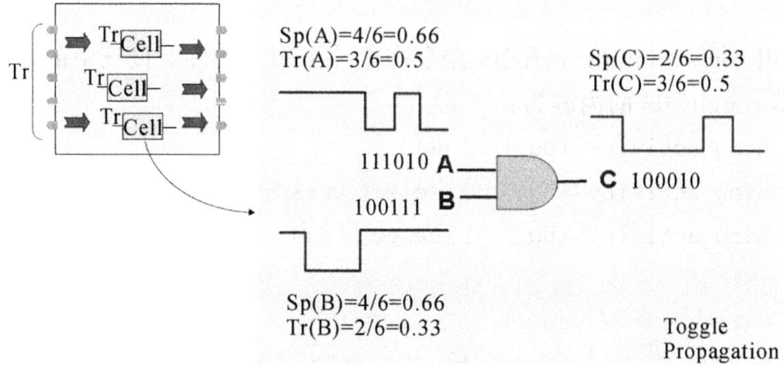

图 9.2.2

在 Power Compiler 中，我们可以使用 set_switching_activity 命令设置翻转率。命令如下：

```
set_switching_activity [-static_probability <sp_value>] \
```

```
[-toggle_rate <tr_value>]
[-period <period_value>] #reference of Tr
[-clock <clock_name>] #reference of Tr
[-select <types>] #select group of obj
[<object_list>]
```

用 set_switching_activity 命令可以在指定的物体上标记开关活动(switching activity)。这个命令在设计的物体上设置翻转率和静态概率。在做无向量估算功耗时，广泛地使用这个命令。越多的设计物体上标记已知的翻转率，估算功耗的精确度就越高。

如果信号在功耗分析时为常数值，用 set_case_analysis 命令来描述其值，例如

set_case_analysis 1 [get_ports reset]。

在 set_switching_activity 命令中，选项指定的翻转率(Tr)是一个与选项"-clock"或"-period"相关的相对值。选项"-clock"和"-period"相互排斥，在命令中不能同时使用。命令中的翻转率 Tr 等于在用"-clock"选项指定的时钟周期里或在用"-period"选项指定的时间段里的翻转数目。如果命令中没有用这两个选项，将用工艺库里的时间单位，即翻转率 Tr 等于在每个库单位时间的翻转数目。下面为使用 set_switching_activity 命令的 3 个例子。假设时间单位为 ns。

例 9.2.1

```
create_clock -per 20 [get_ports clk]
set_switching_activity -clock CLK -toggle 0.5 -static 0.015 [all_inputs]
toggle_rate = 0.5 / 20 = 0.025 GHz
```

例 9.2.2

```
set_switching_activity -period 1000 -toggle 25 -static 0.015 [all_inputs]
toggle_rate = 25 / 1000 = 0.025 GHz
```

例 9.2.3

```
set_switching_activity -toggle 0.025 -static 0.015 [all_inputs]
```

若库中时间单位为 ns，toggle_rate = 0.025 /1 = 0.025 GHz

我们可以用 set_switching_activity 命令产生一个脚本文件对设计中的物体标记开关活动。例如，脚本 toggle.tcl 的内容为：

```
set_switching_activity -tog 0.02 net1
set_switching_activity -tog 0.06 -select tris
set_switching_activity -tog 0.01 -select regs
......
```

下面是用无向量(vector-free)的方法分析功耗的一个例子。

对于图 9.2.3 所示的电路，分析步骤如下：

1. 正确地定义时钟；
2. 使用 set_case_analysis 命令设置常数控制信号 reset；
3. 在传输起点设置翻转率

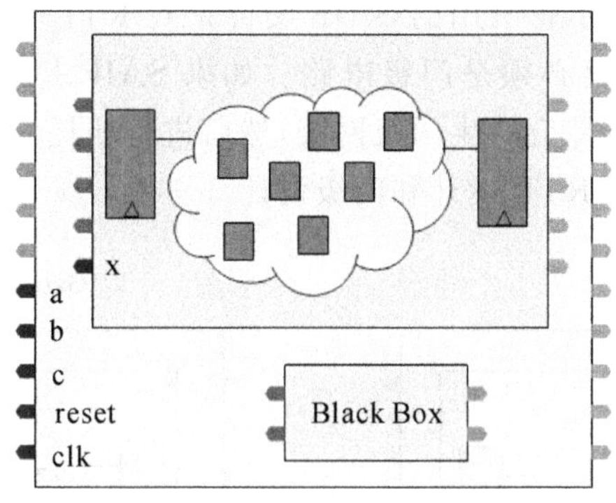

图 9.2.3

在输入端和黑盒子输出端设置任何已知的翻转率

其他的起点将使用默认的翻转率

4. 让工具在设计中把翻转率传播下去

用 TCL 编写的脚本如下：

```
create_clock -p 4 [get_ports clk]
set_case_analysis 0 reset [get_ports reset]
set power_default_toggle_rate 0.003
set_switching_activity -tog 0.02 a
set_switching_activity -tog 0.06 b
set_switching_activity -tog 0.11 x
report_power
......
```

用仿真工具产生 SAIF 文件，有两种方法，其一是产生 RTL Backward SAIF 文件，其二是产生 Gate Backward SAIF 文件，见图 9.2.4。

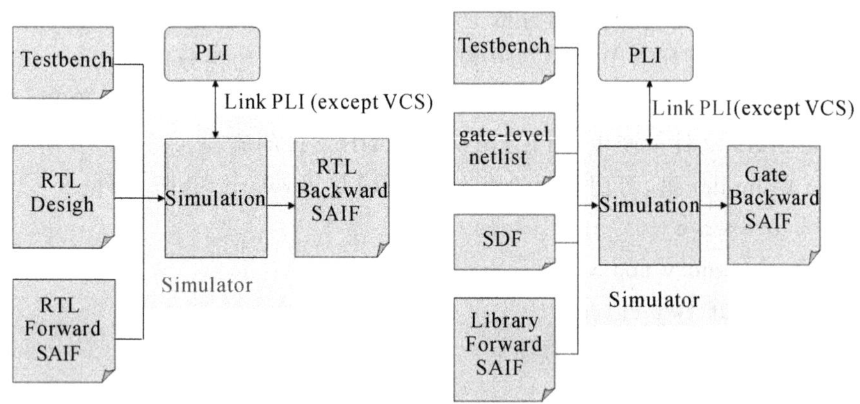

图 9.2.4

如图 9.2.4 所示，RTL Backward SAIF 文件是通过对 RTL 代码进行仿真所得到的。如果设计很大，对门级设计进行仿真需要的时间很长。对 RTL 代码仿真的速度则比较快，可以用这种方法做折衷处理，其代价是精确度降低了。

注意：进行功耗分析时，不管所用的 SAIF 文件是对 RTL 代码仿真得到的或是对门级电路仿真得到的，输入的网表必须是门级电路。如果 SAIF 是通过对 RTL 代码仿真得到的，需要对相同的 RTL 进行综合产生门级网表，然后进行功耗分析。

图 9.2.5 为一个电路的 RTL 设计和门级设计。

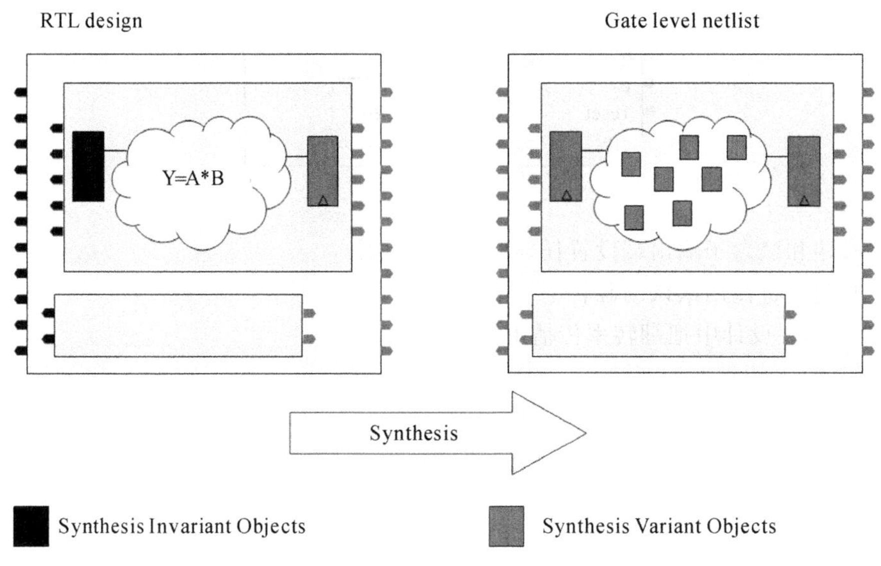

图 9.2.5

根据定义，在综合前和综合后，设计中的寄存器数目和寄存器的结构是不变的，输入/输出端口和层次边界是不变的，设计中的黑盒子是不变的。这些不变的物体称为综合不变物体(Synthesis Invariant Objects)。设计中大部分的组合电路生成与设计约束有很大的关系，不同的约束产生不同的组合电路。这些变化的物体称为综合变化的物体(Synthesis Variant Objects)。

对 RTL 代码仿真后，所得到的 RTL Backward SAIF 文件包含了设计中综合不变物体的开关行为信息。进行功耗分析时，分析工具通过其内部仿真器把综合不变物体的翻转率传播下去，从而得到其他所有节点的翻转率，进行门级电路的功耗分析。

产生 RTL Backward SAIF 文件，需要在仿真器里输入 Test bench，RTL Design 和 RTL Forward SAIF 文件。产生 RTL Forward SAIF 文件的流程如图 9.2.6 所示。

在 Power Compiler 里，可用下面的脚本产生 RTL Forward SAIF 文件。

```
set power_preserve_rtl_hier_names true
read_verilog "sub.v top.v"
rtl2saif -output fwd_rtl.saif
```

RTL forward SAIF 文件的内容如下：

```
(SAIFILE
(SAIFVERSION "2.0")
(DIRECTION "forward")
(DESIGN )
(DATE "Wed May 12 18:31:19 2004")
```

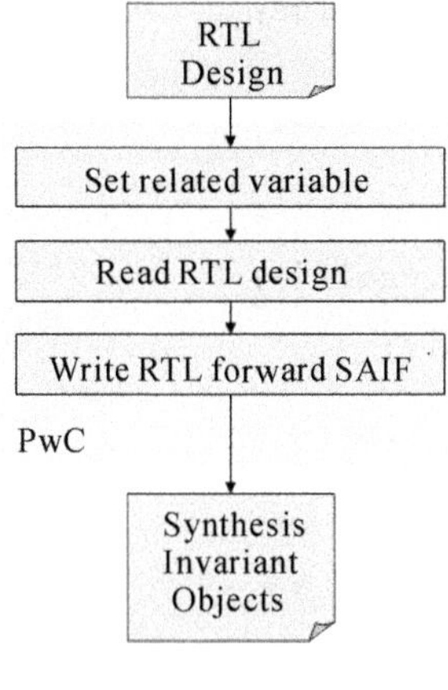

图 9.2.6

```
(VENDOR "Synopsys, Inc")
(PROGRAM_NAME "rtl2saif")
(VERSION "1.0")
(DIVIDER / )
(INSTANCE top
  (PORT
    (address\15\ address\15\)
    (address\14\ address\14\)
    (address\13\ address\13\)
    (address\12\ address\12\)
    (address\11\ address\11\)
    (address\10\ address\10\)
......
```

可见，文件里包含设计中一系列综合不变的物体。仿真时，仿真器只监视这些物体的开关行为。

用 VCS 产生 SAIF 文件，要用到程序设计语言接口(Programming Language Interface，简写 PLI)。通过 PLI 监测节点的翻转可以用下面的 8 个系统任务程序(system tasks)：

- $ set_gate_level_monitoring ("on"|"off"|"rtl_on");
- $ set_toggle_region (obj);
- $ read_rtl_saif(rtl_saif_file_name,tb_pathname);
- $ read_lib_saif(lib_saif_file_name);
- $ toggle_start;
- $ toggle_stop;
- $ toggle_reset();
- $ toggle_report(file_name, type,unit);

测试向量文件 testbench.v 的内容如下：

```
module testbench;
top inst1 (a, b, c, s);
initial begin
    $ read_rtl_saif (“myrtl.saif”);
    $ set_toggle_region (u1);
    $ toggle_start;
      . . . . . .
      #120 a = 0;
      #STEP in_a = temp_in_a;
      . . . . . .
    $ toggle_stop;
    $ toggle_report(“rtl.saif”, 1.0e-9, “top”);
  end
endmodule // testbench
```

向量中，用了系统任务程序 $ read_rtl_saif (“myrtl. saif”)，该命令读入综合不变物体文件——RTL forward SAIF。因此，仿真时，仿真器仅仅监视这些综合不变物体的开关行为。向量中 $ set_toggle_region (u1) 命令选择要监视的模块。$ toggle_start 和 $ toggle_stop 命令用于控制监视的起始和终止时间。$ toggle_report(“rtl. saif”,1.0e-9,“top”)命令输出 SAIF 信息到指定的文件。

用 VCS 运行仿真命令如下：

vcs -R rtl. v testbench. v

仿真完成后，VCS 将输出 rtl. saif 文件。

有了门级网表和 SAIF 文件，使用图 9.2.7 的流程，在 Power Compiler 中就可以对门级电路进行功耗分析。

脚本如下：

```
set target_library my.db
set link_library “ *  $ target_library”
read_verilog mynetlist.v
current_design top
link
read_saif -input myrtl.saif -inst testbench/top
report_power
```

上面的流程和脚本适用于前版图(pre-layout)的设计，没有用到寄生参数文件。连线的 RC 参数使用工艺库里的线负载模型。如果是后版图(post-layout)的设计，要尽量使用寄生参数文件，提高功耗分析的精确度。

如图 9.2.4 所示，Gate Backward SAIF 文件是通过对门级网表进行仿真所得到的。如

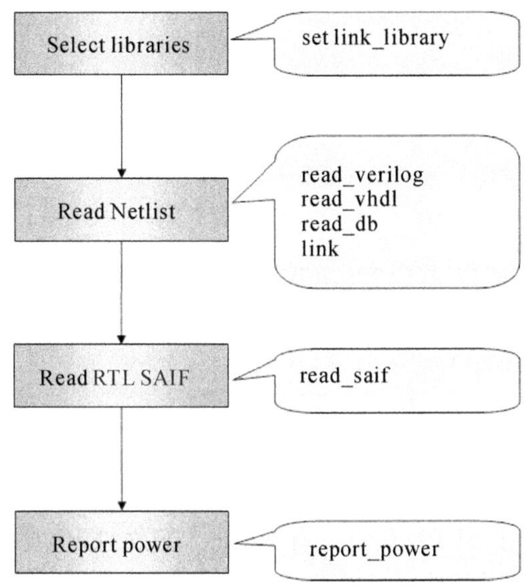

图 9.2.7

果设计很大，仿真需要的时间很长。好处是精确度很高。

产生 Gate Backward SAIF 文件，需要在仿真器里输入 Test bench、Gate Level Design、SDF 和 Library Forward SAIF(简称库 SAIF)文件。产生库 SAIF 文件的流程如图 9.2.8 所示。

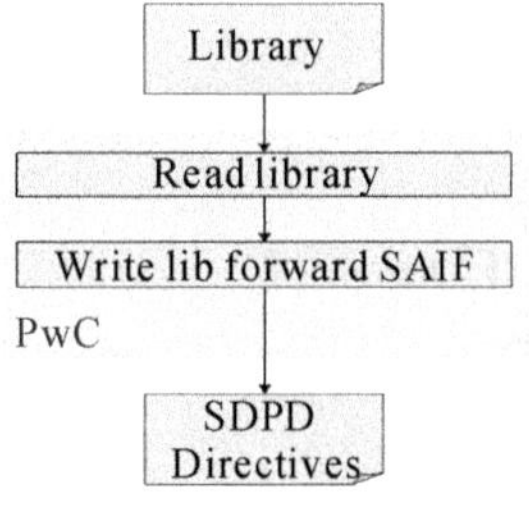

图 9.2.8

在 Power Compiler 使用如下脚本得到库 SAIF 文件：

```
read_db mylib.db
lib2saif -output mylib.saif -lib_pathname mylib.db
```

库 SAIF 文件的内容如下：

```
(SAIFILE
(SAIFVERSION "2.0" "lib")
(DIRECTION "forward")
(DESIGN )
(DATE "Mon May 10 15:40:19 2004")
(VENDOR "Synopsys, Inc")
(PROGRAM_NAME "lib2saif")
```

```
(VERSION "3.0")
(DIVIDER / )
(LIBRARY "ssc_core_typ"
  (MODULE "and2a1"
    (PORT
      (Y
        (COND A RISE_FALL (IOPATH B )
         COND B RISE_FALL (IOPATH A )
         COND_DEFAULT )
      )
......
```

库 SAIF 文件中包含了 SDPD 信息。有了库 SAIF 文件,仿真时,仿真器会根据库中的 SDPD 信息,监视节点的开关行为。所产生的 Gate Backward SAIF 文件中包含了一些或所有连线的开关行为和单元的开关行为。这些开关行为分别以上升和下降表示,与状态和路径有关。用这个信息可以进行精确的功耗分析。

用 VCS 对设计进行仿真的测试向量文件 testbench.v 的内容如下:

```
module testbench;
top inst1 (a, b, c, s);
initial
$sdf_annotate("my.sdf", dut);
initial begin
$read_lib_saif ("mylib.saif");
$set_toggle_region (u1);
$toggle_start;
#120 a = 0;
#STEP in_a = temp_in_a;
......
$toggle_stop;
$toggle_report("gate.saif", 1.0e-9, "top");
end
endmodule // testbench
```

向量中,用 $sdf_annotate("my.sdf", dut)命令作 SDF 标记,以保证时序的正确性,从而得到正确的翻转数目。$read_lib_saif ("mylib.saif")命令读取库 SAIF 文件中的 SDPD 信息。仿真器只监视在 SAIF 文件里列出的 SDPD 开关行为。

$set_toggle_region (u1)命令选择要监视的模块。$toggle_start 和 $toggle_stop 命令控制开始和结束时间。$toggle_report("gate.saif",1.0e-9,"top")命令把 SAIF 输出到指定的文件。

用 VCS 运行仿真命令如下：

vcs -R top. v testbench. v

仿真完成后，VCS 将输出 gate. saif 文件。

Gate Backward SAIF 文件的内容如下：

```
(SAIFILE
(SAIFVERSION "2.0")
(DIRECTION "backward")
(DESIGN )
(DATE "Mon May 17 02:33:48 2006")
(VENDOR "Synopsys, Inc")
(PROGRAM_NAME "VCS-Scirocco-MX Power Compiler")
(VERSION "1.0")
(DIVIDER / )
(TIMESCALE 1 ns)
(DURATION 10000.00)
(INSTANCE tb
    (INSTANCE top
      (NET
        (z\3\
          (T0 6488) (T1 3493) (TX 18)
          (TC 26) (IG 0)
        )
        ......
(z\32\
        (T0 6488) (T1 3493) (TX 18)
        (TC 26) (IG 0)
    )
  ......
)
(INSTANCE U3
  (PORT
  (Y
    (T0 4989) (T1 5005) (TX 6)
    (COND ((D1 * ! D0) | (! D1 * D0)) (RISE)
        (IOPATH S (TC 22) (IG 0)
        )
    COND ((D1 * ! D0) | (! D1 * D0)) (FALL)
        (IOPATH S (TC 21) (IG 0)
        )
```

```
COND_DEFAULT (TC 0) (IG 0)
)
......
```

有了门级网表、SDF 和 SAIF 文件，使用图 9.2.9 的流程，在 Power Compiler 中就可以对门级电路进行功耗分析。

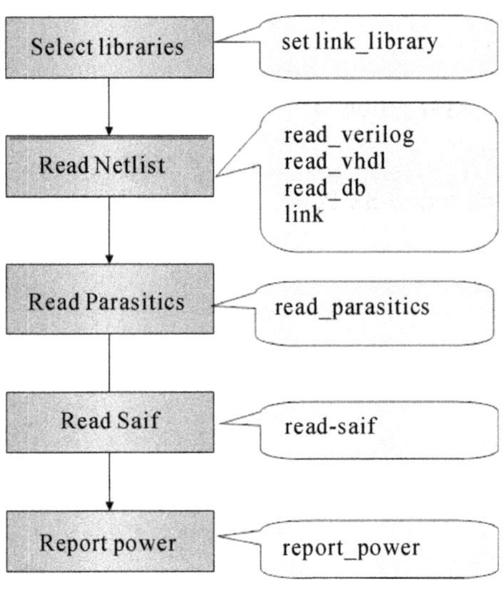

图 9.2.9

脚本如下：

```
set target_library mylib.db
set link_library "* $target_library"
read_verilog mynetlist.v
current_design top
link
read_read_parasitics top.spef
read_saif -input mygate.saif -inst tb/top
report_power
```

上面的流程和脚本适用于后版图(post-layout)的设计，spef 文件在做完版图后产生。使用寄生参数文件，提高了功耗分析的精确度。如果是前版图(pre-layout)的设计，没有寄生参数文件，连线的 RC 参数使用工艺库里的线负载模型。

report_power 命令的结果如下：

```
Cell Internal Power = 883.0439 mW (66%)
Net Switching Power = 453.0173 mW (34%)
                  ----------
Total Dynamic Power = 1.3361 W (100%)
```

```
Cell Leakage Power = 391.5133 nW
```

如果要报告设计中每个模块和单元的功耗，在 report_power 命令后加选项-hier，例如：

```
report_power -hier
```

Hierarchy	Switch Power	Int Power	Leak Power	Total Power	%
mac	4.530	8.830	0.392	13.361	100.0
add_23 (mac_DW01_add_33_0)	0.756	0.714	4.79e-02	1.470	11.0
mult_21 (mac_DW02_mult_16_16_0)	2.246	1.988	0.245	4.234	31.7

仿真时产生的 VCD 文件也包含了设计中节点和连线的开关行为。在 Power Compiler 中，使用程序 vcd2saif 可以把 VCD 文件转化为 SAIF 文件，见图 9.2.10。

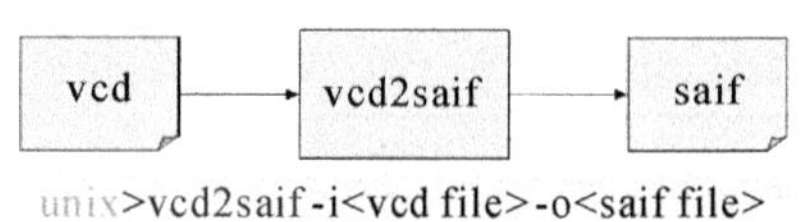

图 9.2.10

vcd2saif 是在 UNIX 命令行使用的一个程序。vcd2saif 程序也可以把 VPD 文件(二进制格式的 VCD 文件)转化为 SAIF 格式的文件。如果设计很大，仿真的时间长，vcd2saif 程序可以用管道传递的方式把 VCD 转化为 SAIF。见图 9.2.11。

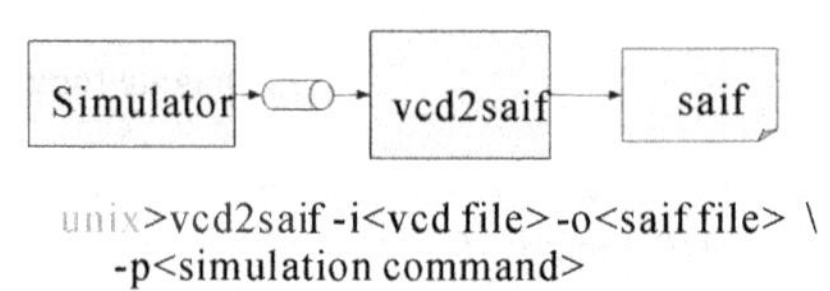

图 9.2.11

这时 VCD 文件不存放在文件里，VCD 通过先入先出(First-In First-Out，简称 FIFO)把数据传给 vcd2saif 程序，然后产生 SAIF 文件。转换的 SAIF 文件里没有 SDPD 的信息。

VCD 文件可由 VCS 或其他的仿真器产生，见图 9.2.12。

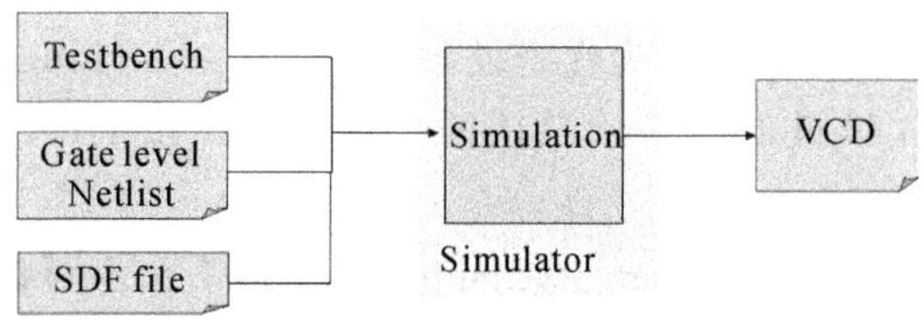

图 9.2.12

用 VCS 产生 VCD 文件，需要在测试向量(Testbench)中加入 VCD 和 SDF 的命令，例如

```
module testbench;
```

```
......
initial
  $sdf_annotate("my.sdf", dut);
initial begin
  $dumpfile("vcd.dump");
  $dumpvars;
......
```

仿真命令如下：

vcs -R dut.v testbench.v +delay_mode_path

使用 vcd2saif 程序的好处在于：

1. VCD 产生的速度快；
2. VCD 是 IEEE 的标准并且适用于进行后仿真；
3. 转换的过程快。

我们已经介绍四种为设计产生开关行为的方法，这些方法可以混合使用，其优先次序见图 9.2.13。

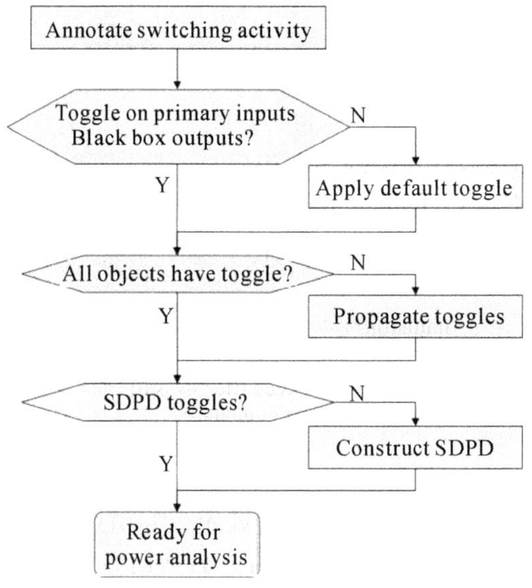

图 9.2.13

用 read_saif 命令标记的开关行为优先级最高；用 set_switching_activity 命令设置的开关行为优先级次之；优先级最低的是用默认的变量 power_default_toggle_rate 指定的翻转率。

开关行为可以被清除，使用"reset_switching_activity"命令可以清除所有被标记的翻转率和通过传输得到的翻转率。用 report_saif 可以显示读入 saif 文件后设计中的开关行为信息。一个完整的 SAIF 文件，"user annotated"应该是 100%。如果 SAIF 不完整，那么默认的翻转率将附加到输入端和黑盒子的输出端。翻转率通过零延迟仿真传输下去，这样就可以计算出设计的功耗。

使用 report_saif 命令的一个例子如下：

```
dc_shell-xg-t> report_saif -hier
************************
Report : saif
         -hier
Design : risc
Version: V-2004.06
Date : Mon May 19 10:53:08 2004
************************
```

Object type	User Annotated (%)	Default Activity (%)	Propagated Activity (%)	Total
Nets	484(17.61%)	2(0.07%)	0(0.00%)	2748
Ports	35(100.00%)	0(0.00%)	0(0.00%)	35
Pins	2058(24.21%)	3(0.04%)	0(0.00%)	8501

与开关行为有关的命令有：

```
merge_saif# 合并 SAIF 文件
read_saif# 读 backward SAIF 文件
report_saif# 报告开关行为的信息
rtl2saif# 产生 RTL forward SAIF 文件
write_saif# 写出一个 backward SAIF 文件
lib2saif# 产生 library forward SAIF 文件
propagate_switching_activity # 传输功耗清除
reset_switching_activity # 清除开关行为和/或翻转率
set_switching_activity # 在指定的物体上设置开关行为
```

9.3 低功耗电路的设计和优化

设计低功耗电路的几种常见方法见图 9.3.1、图 9.3.2 和图 9.3.3。前两图为动态功耗的优化方法，后图为静态功耗的优化方法。

现代电子的发展趋势是：半导体的几何尺寸越来越小、供电电压越来越低、单元的域值电压越来越小、电路的规模越来越大。因此芯片的功耗密度越来越高、漏电电流越来越大、见图 9.3.4。由此可见，在 90nm 或以下的工艺，静态功耗要占整个设计功耗的 20%以上。因此，对于 130μm 或以下的工艺，除了要对动态功耗进行低功耗的设计和优化外，还要进行静态功耗的设计和优化。

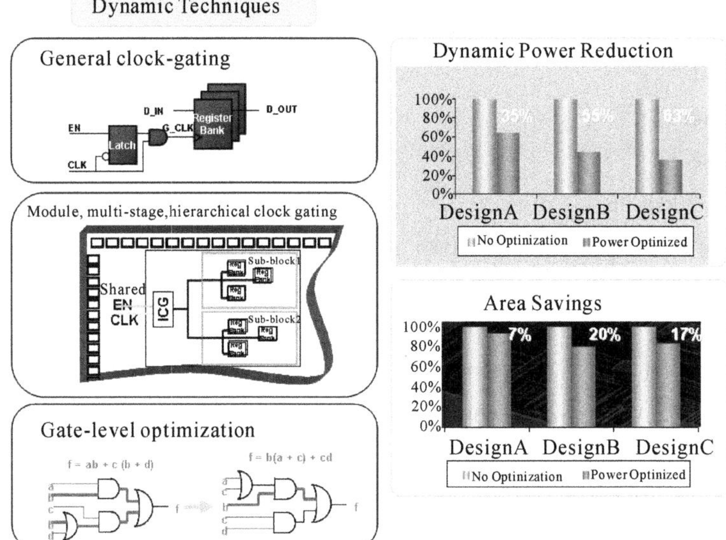

图 9.3.1

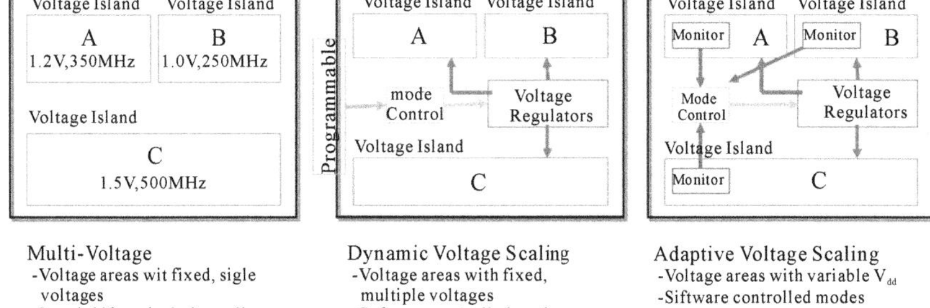

图 9.3.2

9.3.1 门控时钟电路

门控时钟电路是一种非常有效的降低动态功耗的方法。在一般情况下，使用门控时钟电路，可以节省 20%～60%的功耗。

对于下面的 RTL 代码

```
always@ (posedge CLK)
  if (EN)
    Q <= D;
```

典型的综合结果为没有门控时钟的电路图，见图 9.3.5 上方的电路。en=0 时，时钟信号连接到很多寄存器，消费较多的功耗。使用插入门控电路时，结果为图 9.3.5 下面的电路。en=0 时，与门输出为“0”，时钟信号消费功耗大大减少。

在 Power Compiler 里，用 insert_clock_gating 命令可在 GTECH 网表上加入门控时

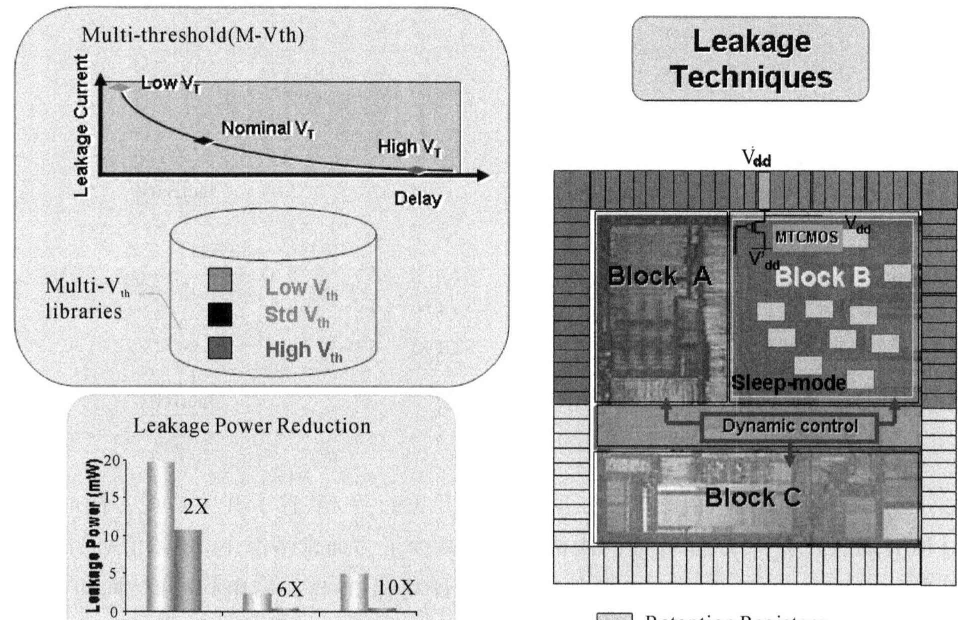

图 9.3.3

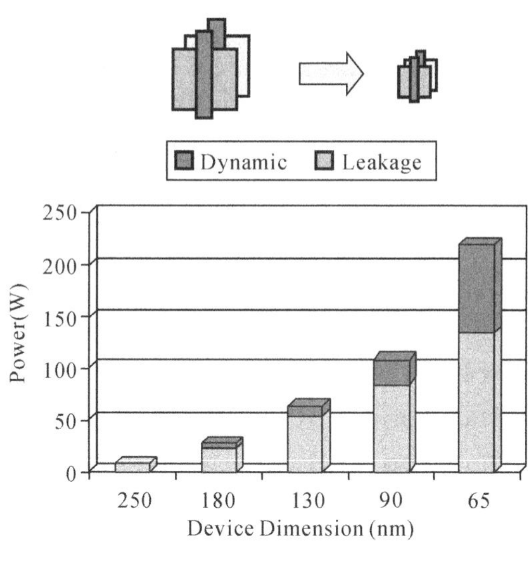

图 9.3.4

钟。在执行 insert_clock_gating 命令前，我们一般先使用 set_clock_gating_style 命令来指定要插入门控时钟电路的结构。

下面的脚本为在 Power Compiler 里插入门控时钟电路的例子：

```
read_verilog risc.v
set_clock_gating_style ...
insert_clock_gating
compile
```

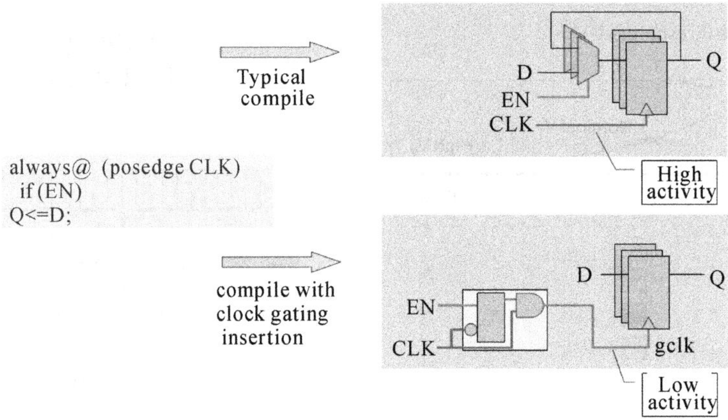

图 9.3.5

加入门控时钟电路后，由于减少了时钟树的开关行为，节省了开关功耗。同时，由于减少了时钟引脚的开关行为，寄存器的内部功耗也减少了。通常情况下，时钟信号为设计中翻转率最高的信号，时钟树的功耗可能高达整个设计功耗 30%。采用门控时钟，可以非常有效地降低设计的功耗。

由于门控时钟不需要用到 MUX 单元，加入门控时钟电路后，设计的面积也减少了。

门控时钟电路的扇出越大，减低功耗和面积的效能越好。当然，扇出太大了，又会产生时序等的问题。

门控时钟电路非常容易实现，用工具自动插入门控时钟，不需要修改 RTL 代码，门控时钟与工艺无关。

门控时钟（简称 CG）单元可以是离散的，也可以是集成的。

· 离散的 CG 单元由 Power Compiler 用工艺库中的锁存器和其他的逻辑门建造出来，它包含了多个单元

· 集成的 CG 单元是工艺库里的一个特殊的单元，这个单元由库商创作出来，它是一个单独的单元

Power Compiler 为离散的 CG 单元创建了一个层次（hierarchy）：

```
module SNPS_CLOCK_GATE_HIGH_cg1 ( CLK, EN, ENCLK );
input CLK;
input EN;
output ENCLK;

ldf1b3 latch ( .D(EN), .G(CLK), .Q(n3) );
and2a3 main_gate ( .A(n3), .B(CLK), .Y(ENCLK) );
endmodule
```

选用离散的CG单元或集成的CG单元可用下面的命令：

· 离散的 CG 单元（默认值）

1. 基于 Latch 的 CG（默认值）

```
set_clock_gating_style -sequential_cell latch
```

2. 不用 Latch 的 CG

```
set_clock_gating_style -sequential_cell none \
-pos "or"
```

· 集成的 CG 单元

```
set_clock_gating_style -negative_edge_logic "integrated"
```

"set_clock_gating_style"命令有很多选项,我们可以在 Power Compiler 用"man set_clock_gating_style"命令来查看其详细的使用方法。

我们也可以用手工的方式设计门控时钟电路,例子如下:

```
assign Gated_Clock = Clock & Enable;

always @(posedge Gated_Clock or negedge Reset)
begin
    if (! Reset)
        Data_Out <= 8'b0;
    else
        Data_Out <= Data_Out + 8'b1;
end
```

对于手工门控时钟,Power Compiler 将不插入 CG,也不能对它进行操作。手工门控时钟可以被取代,取代的脚本如下:

```
......
create_clock -period 5 [get_ports clk]
set_clock_gating_style
replace_clock_gating_cells
......
```

电路见图 9.3.6。

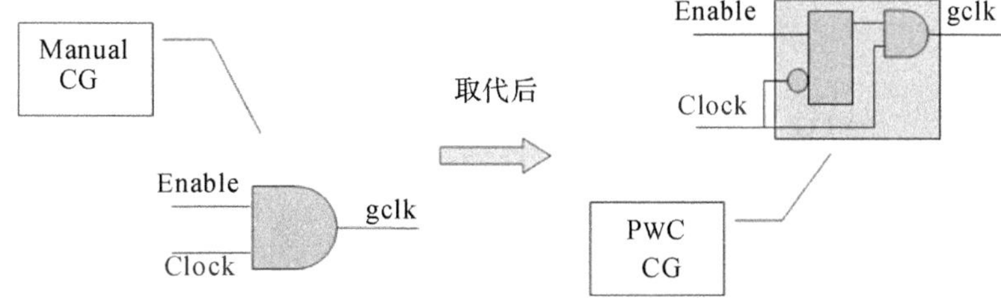

图 9.3.6

取代手工门控时钟的好处在于:取代后,它可以避免产生潜在的毛刺(glitch),也可以允许在它上使用其他的 CG 命令。例如我们可以使用 remove_clock_gating 命令去掉门控时钟或使用 rewire_clock_gating 命令重新连接门控时钟。

对于门控时钟电路，我们可以按需要进行一些处理。

分解门控时钟的公共使能(common enable)因数，见图 9.3.7。

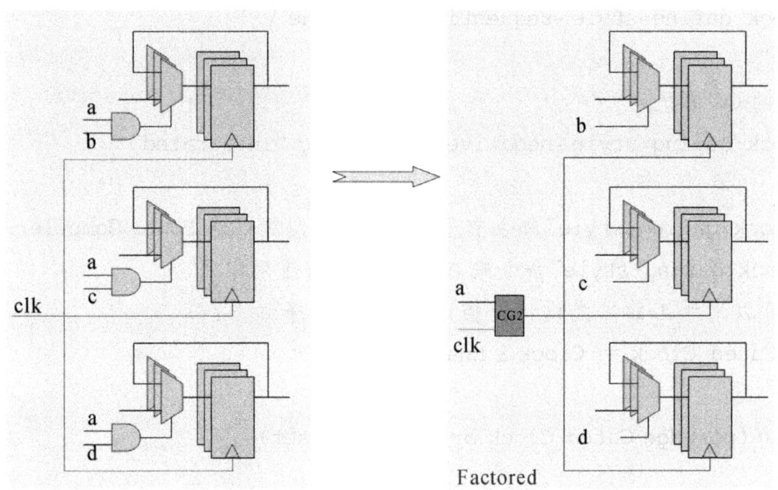

图 9.3.7

假设设计中使用下面的设置：

set_clock_gating_style -minimum_bitwidth 4

意味着一个门控时钟至少要触发 4 个寄存器。左图中有 3 个寄存器组，每组只有 3 个寄存器，不能满足至少要有 4 个寄存器的要求。因此，对于每个组的寄存器，不能用门控时钟。

然而，所有的 3 个寄存器组，都有 1 个公共的使能信号“a”，我们可以把它分解出来作为控制时钟的门控信号。这样一来，信号“a”控制 9 个寄存器，它满足最少要触发 4 个寄存器的要求。

多级门控时钟，见图 9.3.8。

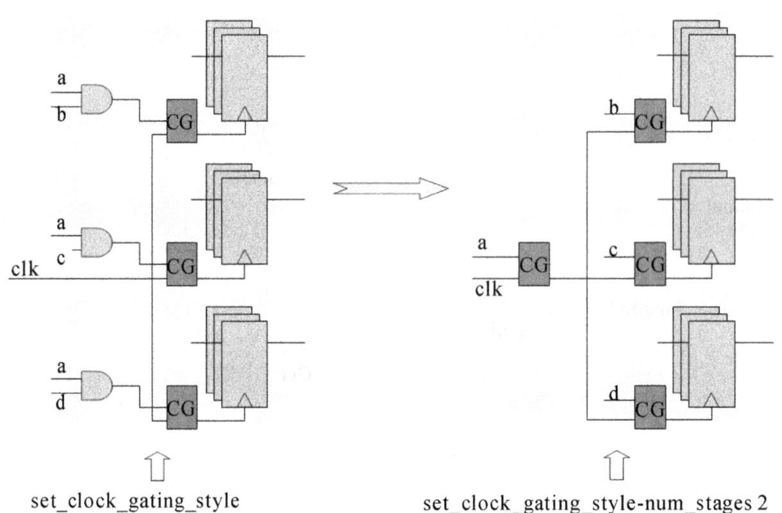

图 9.3.8

左图中，set_clock_gating_style 命令的默认设置为"num_stages"等于"1"。由于所有的 3 个寄存器组都有 1 个公共使能"a"，它可以被分解出来产生 1 个额外(级)的门控时钟单元。在 set_clock_gating_style 命令加选项"-num_stages 2"，就可以产生右图所示的两级门控时钟。

使用多级门控时钟，时钟综合器可以尽量地摆放门控时钟单元，使它靠近时钟源，从而最大限度地降低时钟树的功耗。

门控时钟可以穿越层次结构，插入到设计中。这样一来，既可以省门控时钟，又可以省面积。见图 9.3.9。

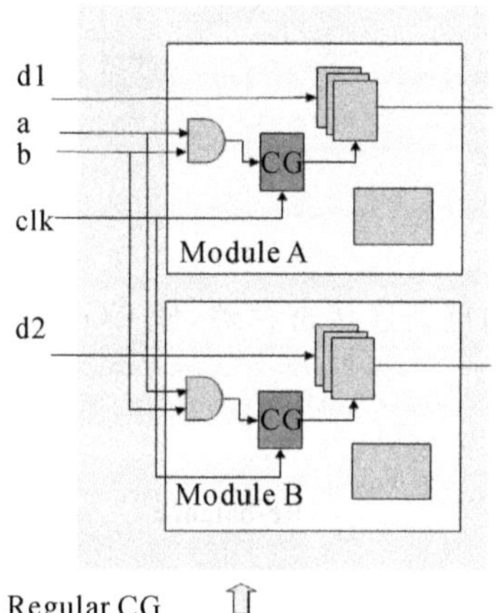

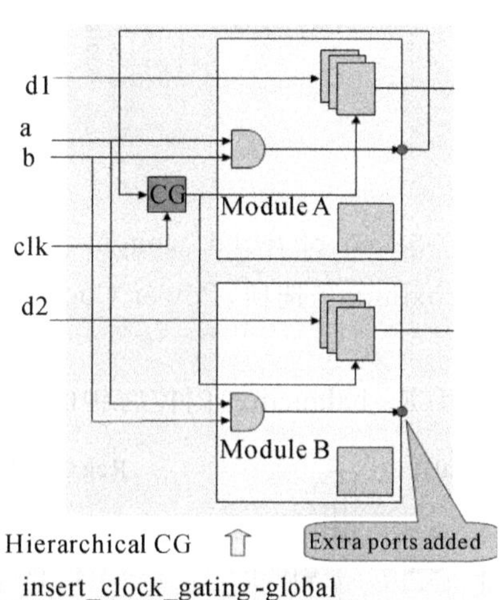

图 9.3.9

上图相应的 RTL 代码为：

```
always@(posedge clk)
begin
        if (a && b) q = d;
end
```

使用 insert_clock_gating 加选项"-global"，可以使门控时钟穿越层次结构。如果不用选项"-global"，在每个模块里有一个门控时钟单元。

重新连接门控时钟(rewire clock gating)，见图 9.3.10。

命令格式如下：

```
rewire_clock_gating
    [-gating_cellnew_CG_cell]
    [-gated_objectsgated_objects_list]
    [-proximity]
```

寄存器 A 原来由 CG1 触发，重新连接后，它由 CG2 触发。图 9.3.10 重新连接的命令如下：

```
rewire_clock_gating -gating_cell CG2 \
```

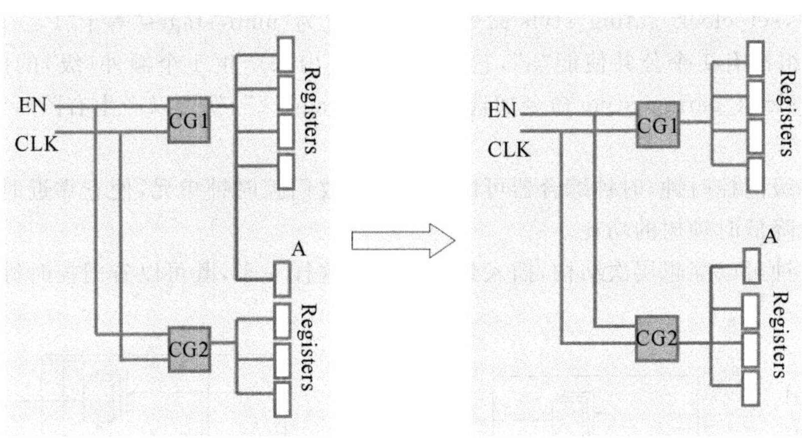

图 9.3.10

```
-gated_objects {reg_A}
```

加上[-proximity]选项，Power Compiler 会自动重新连接寄存器，使 CG 到寄存器的连线最短。

重新平衡(Re-balancing)门控时钟的扇出，见图 9.3.11。

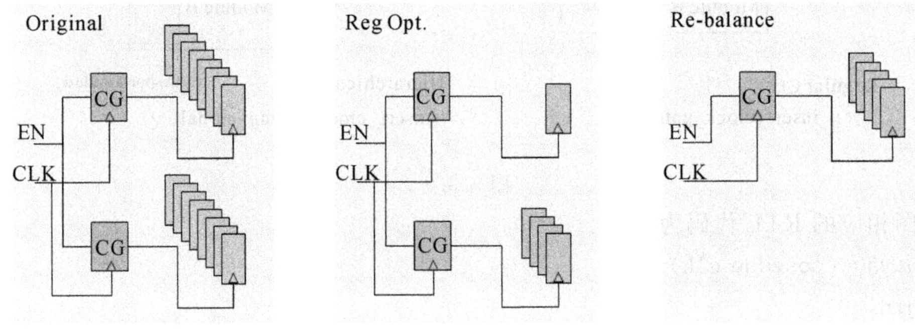

图 9.3.11

图 9.3.11 左图为原来的设计。使用 compile 或 optimize_registers 命令对设计进行编辑和优化后，设计中的寄存器可能被移动或删除(见中图)，即寄存器优化后的设计。寄存器优化后，门控时钟的扇出不平衡。根据门控时钟最小和最大扇出的约束，Power Compiler 可以重新平衡门控时钟的扇出。右图为重新平衡后的设计。图 9.3.12 为重新平衡门控时钟的另一个例子，原来的设计(左图)进行寄存器优化后，对于每一个单独的 CG 单元，如中图所示，最小扇出的条件不能满足。使用重新平衡命令，CG 单元可以被合并，以满足最小/最大扇出的约束。

下面的脚本为使用重新平衡门控时钟的扇出的例子：

```
set_clock_gating_style -min 3 -max 9
insert_clock_gating
compile
......
optimize_registers
```

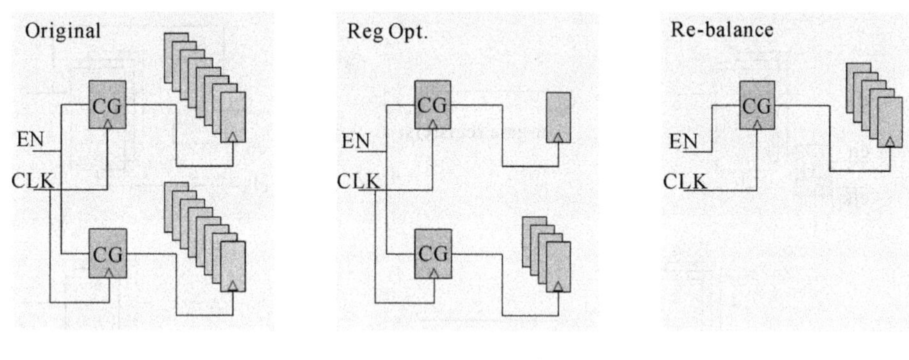

图 9.3.12

```
......
rewire_clock_gating -balance_fanout
```

set_clock_gating_style 命令中的两个选项分别定义 CG 的最小和最大扇出，用于约束重新平衡。

合并门控时钟单元，见图 9.3.13。

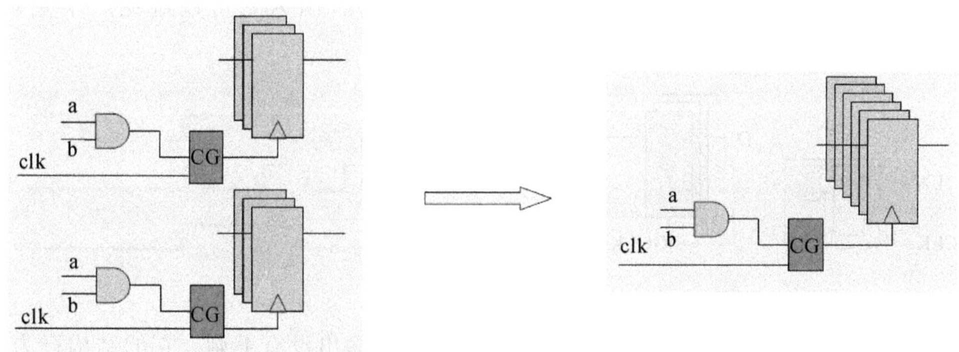

图 9.3.13

如果两个或以上的门控时钟单元的输入逻辑相等，它们可以被合并。合并只能在一个层次内部进行。合并后，冗余的逻辑被删除。合并的命令为“merge_clock_gating_cells”。

前面介绍过用 set_clock_gating_style 命令可以定义 CG 单元最大扇出，定义 CG 单元最大扇出的另一个目的是减少 CG 后面的时钟延迟。门控时钟单元的扇出越大，它到达寄存器的延迟越长。

删除门控时钟，见图 9.3.14。

命令如下：

```
remove_clock_gating
    [-gating_cells CG_cells_list]
    [-gated_registers gated_register_list]
    [-all] [-hier]
```

我们可以通过指定门控时钟单元或通过指定寄存器删除门控时钟。如果在使用删除门

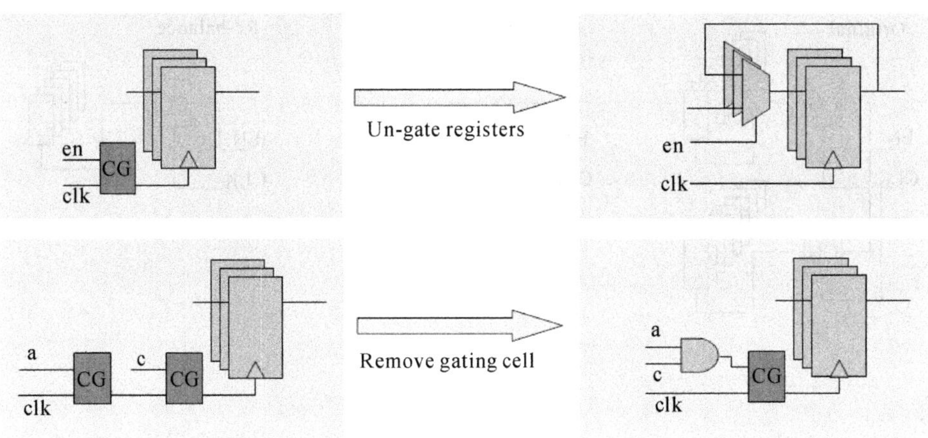

图 9.3.14

控时钟命令时用了开关选项“-all”，当前设计中的所有门控时钟都会被删除。

门控时钟分两种，一种是带有锁存器(latch based)的门控时钟单元，另一种是不带有锁存器(latch free)的门控时钟单元。

我们建议使用一种是带有锁存器的门控时钟单元，因为它可以避免产生毛刺，见图9.3.15。

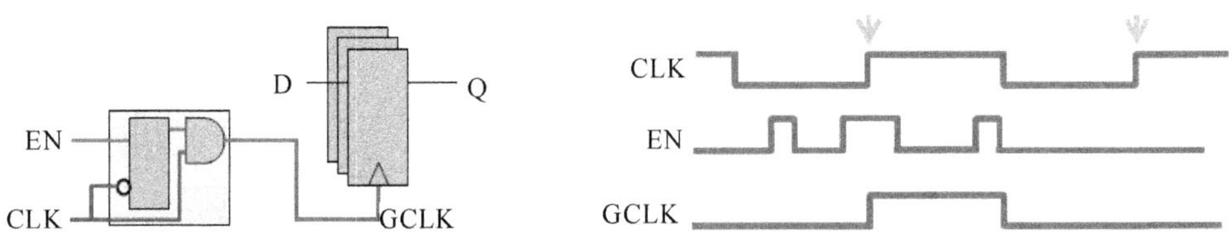

图 9.3.15

由图可见，使用带有锁存器的门控时钟，CG 单元的输出没有毛刺。它的结构行为像个主从寄存器，在时钟的上升沿，把使能信号捕捉进去。

显然，如果使用不带有锁存器的门控时钟单元，使能信号必须满足一些条件，否则将其输出会有毛刺，见图 9.3.16。

为了使 latch free 的门控时钟不产生毛刺，使能信号必须满足条件：它是寄存器的输出，该寄存器的时钟信号与要门控的时钟信号是相同的。使能信号不可以是模块的输入端。

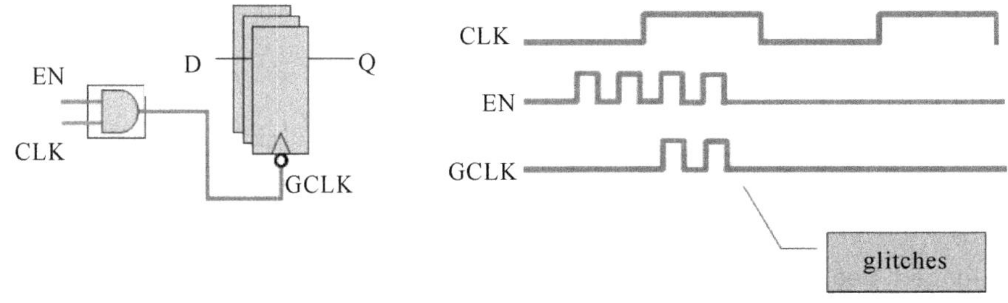

图 9.3.16

值得一提的是，即使用 latch based 的门控时钟单元，如果 Clock Skew 太大，CG 的输出还是会输出毛刺，见图 9.3.17。

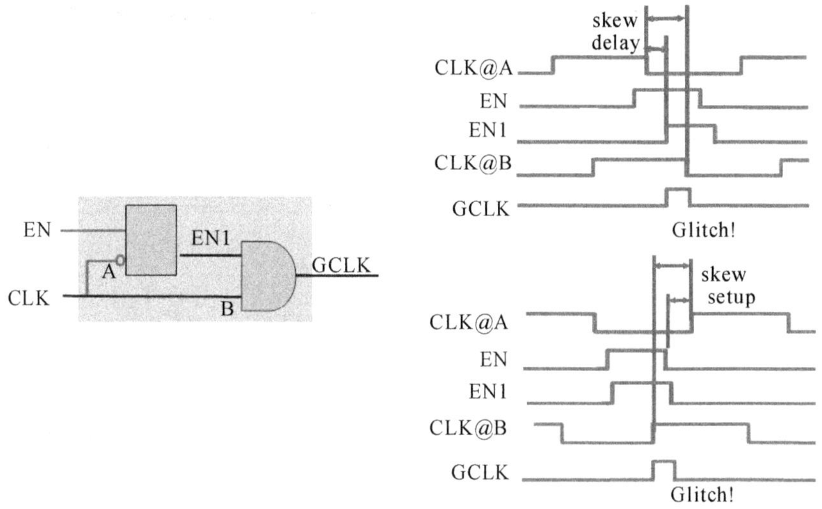

图 9.3.17

图 9.3.17 上面的波形图中，B 点的时钟比 A 时钟迟到，并且 Skew > delay，这种情况下，产生了毛刺。为了消除毛刺，要控制 Clock Skew，使它满足 Skew < Latch delay。

下面的波形图中，B 点的时钟比 A 时钟早到，并且 |Skew| > EN setup－(D->Q)，这种情况下，也产生了毛刺。为了消除毛刺，要控制 Clock Skew，使它满足 |Skew| < EN setup－(D－>Q)。

我们可以通过下面两种方法管理 Clock Skew，使门控时钟单元的输出没有毛刺。

方法一是使用集成的 CG 单元，这个单元取自工艺库，已对 Skew 作了控制。

方法二是在做布局时把与门和锁存器紧密地摆放在一起，例如我们可以用 Physical Compiler 自动控制与门和锁存器在版图中的位置。

为了降低功耗，版图中 CG 单元应该尽量靠近其要驱动的寄存器组。我们可以用物理综合工具加以实现，见图 9.3.18。

9.3.2 操作数分离

对于图 9.3.19 的电路，当 SEL_0 不等于 1、SEL_1 不等于 0 时，加法器 Add_0 的运算结果并不能通过 mux_0 和 mux_1 输出到达寄存器 reg_0。因此，这时候加法器 Add_0 并不需要工作。

为了节省功耗，我们可以用操作数分离的方法，在某些条件下，使加法器不工作，保持静态，见图 9.3.20。

默认情况下，如果操作数隔离(简称 OI)的物体满足下列条件，Power Compiler 自动选择它(们)。

1. OI 的物体是算术运算器或层次组合单元。
2. OI 物体的输出是选择性地使用，例如图 9.3.20。
3. 运算器必须有非零的翻转率。
4. 仅当工具进行功耗估算后，用操作数隔离具有潜在的功耗可节省，才把它(们)作为

OI 物体。

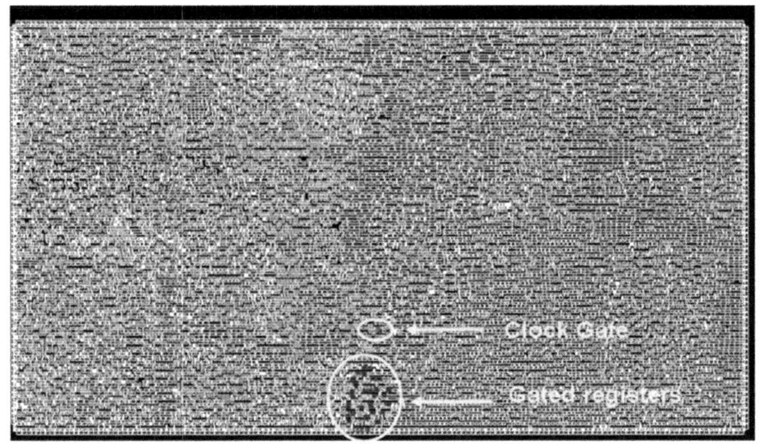


```
set physopt_disable_auto_bound_for_gated_clock false (default)
set physopt_gated_register_area_multilier 20 (default)
```

图 9.3.18

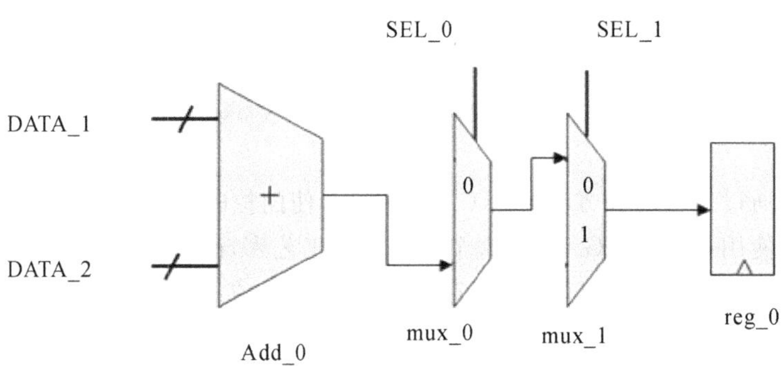

图 9.3.19

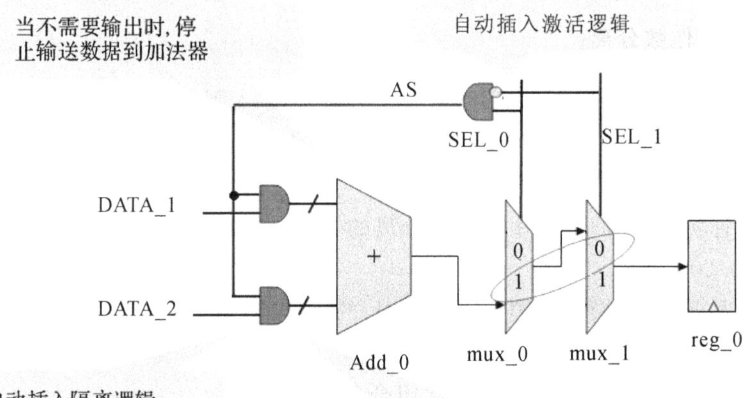

图 9.3.20

自动进行操作数隔离的脚本如下：

```
......
set do_operand_isolation true
set_operand_isolation_style
read_saif ......
compile
```

我们也可以手工指定和选择 OI 的物体。

下面的命令和选项用来手工选择 OI 的物体。首先设定操作数隔离的风格：

set_operand_isolation_style -user_directives

OI 物体可用两种方法指定：

· 用命令指定 OI 物体

set_opreand_isolation_cell

例如：

```
set operand isolation_ style -user_directives
set_opreand_isolation_cell [get_cells U1]
```

· 在 RTL 代码中加综合指引(pragma)

例如，下面的 RTL 中加入了综合指引

"// synopsys_isolate_operands"

```
if (c2 = '1')
  o = a + b;
else
  o = d+ z; // synopsys_isolate_operands
```

在 Power Compiler 中，先执行

set_operand_isolation_style -user_directives

命令，再执行 compile 命令。

要注意，用手工选择 OI 的物体时，只有当物体满足上面所列的前三个条件，才可以进行操作数隔离。

我们也可以使用 set_operand_isolation_scope 命令，在整个设计中指定某些模块要做操作数隔离，某些模块不要做操作数隔离。

图 9.3.21 中，假设我们只对 SUB2 模块中的操作数做隔离，其他的模块不做操作数隔离。

其脚本如下：

```
set_operand_isolation_scope \
  [get_designs top] false
set_operand_isolation_scope \
  [get_cells sub2] true
set_operand_isolation_style
......
```

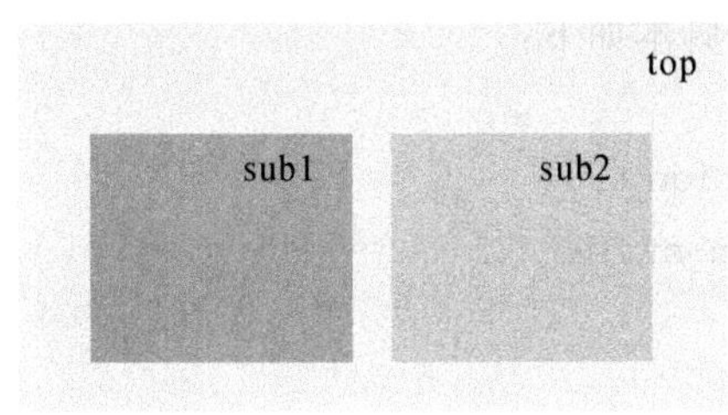

图 9.3.21

默认情况下，隔离逻辑由工具自动选择。工具根据输入数据连线的静态概率(SP)来选择适合的隔离逻辑为"AND"门或"OR"门。

set_operand_isolation_style -logic adaptive

如果 SP > 0.5，选择"OR"门作为隔离逻辑

如果 SP < 0.5，选择"AND"门作为隔离逻辑

我们可以手工地选择隔离逻辑，例如下面命令指定用"AND"门作为隔离逻辑。

set_operand_isolation_style -logic AND

完成操作数隔离后，我们可以用命令报告设计中的操作数隔离。

例如：

report_operand_isolation -isolated -verb 命令显示如下的信息。

```
Isolated Objects Report
------------------------------------------------------------------
  Parent Instance: <top_level>
  Isolated Object: mult_23
    Object Type: operator
      Style: adaptive
      Method: auto
  Control Signal: reset_n
    Gate Count : 26
  Original Data Net        Isolated Pin        Isolation Gate       Type
------------------------------------------------------------------
  B[0]                     mult_23/b[0]        C32                  AND
  B[2]                     mult_23/b[2]        C30                  AND
  ... ...
                     Operand Isolation Summary
------------------------------------------------------------------
    |     Isolation Style                  |     adaptive       |
    |     Isolation Method                 |     automatic      |
    |     Number of Isolation gates        |     128            |
    |     Number of Isolated objects       |     6 (100.00 % )  |
```

```
|    operators                         |    5 (83.33%)   |
|    hierarchical cells                |    0 (0.00%)    |
|    ungrouped objects                 |    1 (16.67%)   |
|    Number of Unisolated objects      |    0 (0.00%)    |
|    operators                         |    0 (0.00%)    |
|    hierarchical cells                |    0 (0.00%)    |
-----------------------------------------------------------
```

操作数隔离的自动复原

如果加了隔离逻辑后，设计的时序变差了，即当 WNS 大于指定的 slack 时，设计自动复原到原来没有操作数隔离的状态。

例如，下面的脚本适用于如果 WNS 大于 0.5 时，设计自动复原到原来的状态。

```
set_operand_isolation_slack 0.5
compile
......
compile -inc
```

我们也可以用手工的方法复原操作数隔离。

用手工的方法进行操作数隔离的复原是在指定的时序路径上删除 OI 逻辑。这时候不考虑 slack。需要执行增量编辑去删除 OI 逻辑。

脚本如下：

```
......
remove_operand_isolation -from <starting_point> \
-to <end_point>

compile -inc
......
```

下面为一个完整的加入操作数隔离的脚本。

```
set do_operand_isolation true
read_verilog mydesign.v
current_design top
link
create_clock -p 10 [get_ports clk]
set_operand_isolation_style
set_operand_isolation_slack 0.1
compile
report_operand_isolation -verb -isolated
```

脚本使用了默认的隔离逻辑类型和操作数隔离的自动恢复。

9.3.3 门级电路的功耗优化

门级电路的功耗优化(Gate Level Power Optimization,简称 GLPO)是从已经映射的门级网表开始,对设计进行功耗的优化以满足功耗的约束,同时设计保持其性能,即满足设计规则和时序的要求。功耗优化前的设计是已经映射到工艺库的电路,见图 9.3.22。

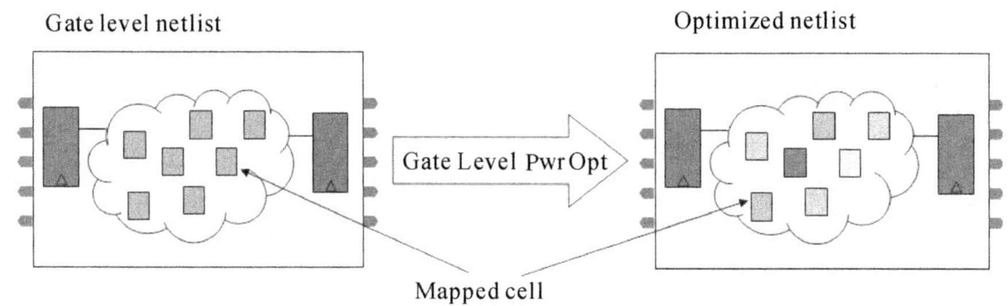

图 9.3.22

门级电路的功耗优化包括了设计总功耗,动态功耗以及漏电功耗的优化。

对设计做优化时,优化的优先次序如下:

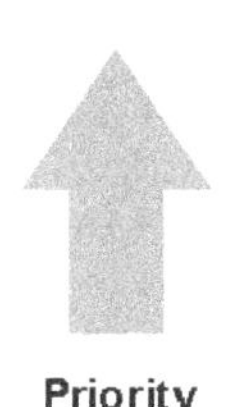

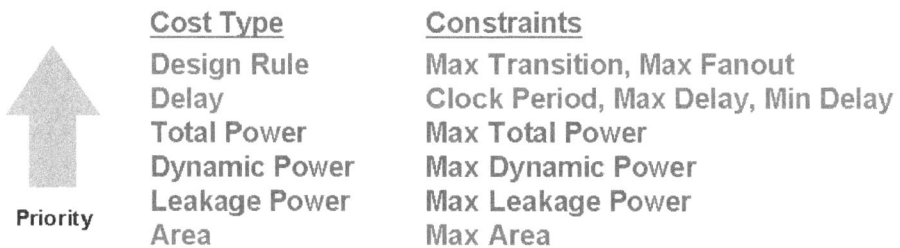

Cost Type	Constraints
Design Rule	Max Transition, Max Fanout
Delay	Clock Period, Max Delay, Min Delay
Total Power	Max Total Power
Dynamic Power	Max Dynamic Power
Leakage Power	Max Leakage Power
Area	Max Area

优化时,所产生的电路首先要满足设计规则的要求,然后满足延迟(时序)约束的要求,在满足时序性能要求的基础上,进行总功耗的优化,再进行动态功耗的优化和漏电功耗的优化,最后对面积进行优化。

优化时先满足更高级优先权的约束。进行低级优先权约束的优化不能以牺牲更高优先权的约束为代价。功耗的优化不能降低设计的时序。

为了有效地进行功耗优化,需要设计中有正的时间冗余(timing slacks)。功耗的减少以时序路径的正时间冗余作为交换,即功耗优化时会减少时序路径上的正的时间冗余。因此,设计中正的时间冗余越多,就越有潜力降低功耗。

静态(漏电)功耗与半导体工艺

由于半导体工艺越来越先进,半导体器件的几何尺寸越来越小,器件中的晶体管(门)数越来越多,器件的供电电压越来越低,单元门的阈值电压越来越低。由于单位面积中的单元门越来越多,功耗密度高,器件的功耗大。因此,设计时,我们要对功耗进行优化和管理。静态功耗与半导体工艺的关系见图 9.3.4。可见,在 90nm 或以下的工艺,静态功耗要占整个设计功耗的 20%以上。因此,使用超深亚微米工艺时,除了要降低动态功耗,还要降低静态功耗。

在超深亚微米工艺，单元门的阈值电压和漏电功耗有如下图所示的关系，见图 9.3.23。

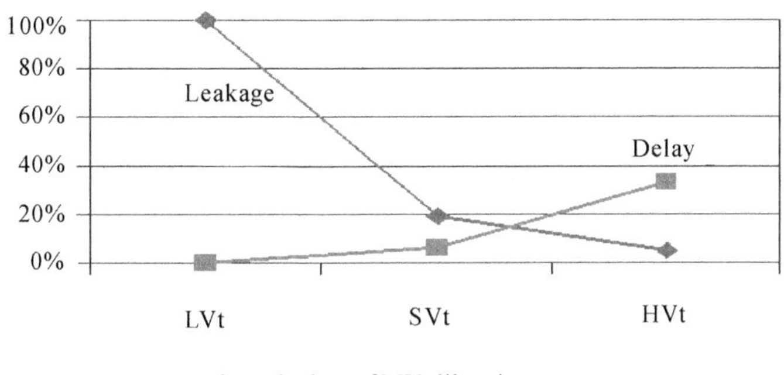

图 9.3.23

由图可见，阈值电压 Vt 以指数关系影响着漏电功耗。阈值电压 Vt 与漏电功耗和单元门延迟有如下关系：

阈值电压 Vt 越高的单元，它的漏电功耗越低，但门延迟越长。

阈值电压 Vt 越低的单元，它的漏电功耗越高，但门延迟越短。

我们可以利用多阈值电压工艺库的这种特点，进行漏电功耗的优化，设计静态功耗低性能高的电路.

一般的设计中，一个时序路径组(timing path group)有多条时序路径，延迟最大的路径称为关键路径。根据多阈值电压单元的特点，为了满足时序的要求，关键路径中使用低阈值电压的单元(low Vt cells)，以减少单元门的延迟，改善路径的时序。而为了减少静态功耗，在非关键路径中使用高阈值电压的单元(high Vt cells)，以降低静态功耗。因此，使用多阈值电压的工艺库，我们可以设计出低静态功耗和高性能的设计，见图 9.3.24。

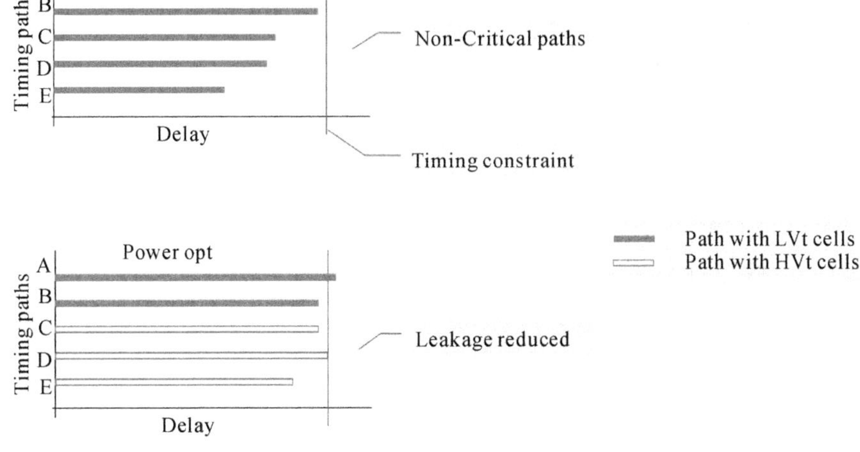

图 9.3.24

对门级网表或 RTL 代码进行静态功耗的优化可用图 9.3.25 所示的流程。

相应的脚本如下：

```
set target_library “hvt.db svt.db lvt.db”
```

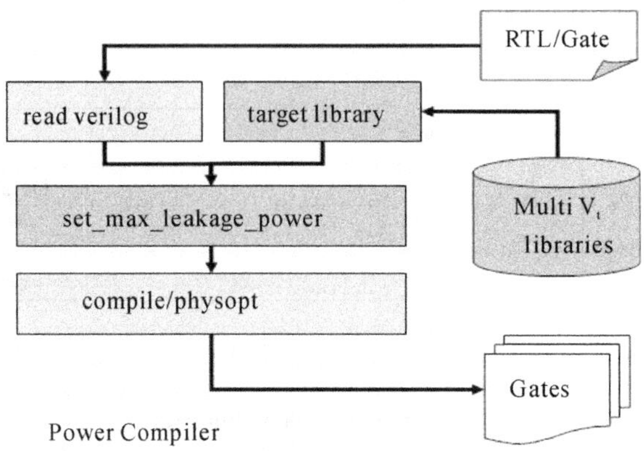

图 9.3.25

```
......
read_verilog mydesign.v
current_design top
source myconstraint.tcl
......
set_max_leakage_power 0 mw
compile
```

与以前的脚本不同，设置 target_library 时，我们用了多个库。上列中，目标库设置为“hvt.db svt.db lvt.db”。脚本中使用 set_max_leakage_power 命令为电路设置静态功耗的约束。

在运行 compile 命令时，Power Compiler 将根据时序和静态功耗的约束，在目标库选择合适的单元，在满足时序约束的前提下，尽量使用 Svt 或 Hvt 单元，使优化出的设计性能高，静态功耗低。

布线完的设计也可以进一步做静态功耗的优化，其流程见图 9.3.26。

相应的脚本如下：

```
set target_library "hvt.db svt.db lvt.db"
read_verilog routed_design.v
current_design top
source top.sdc
......
set_max_leakage_power 0 mw

physopt -preserve_footprint \
  -only_power_recovery -post_route -incremental
```

physopt 命令中使用了“-post_route”的选项，特别用于进行布线后的漏电功耗的优化。

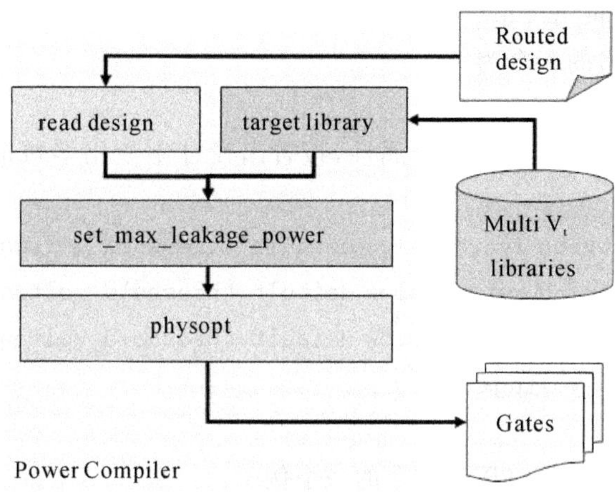

图 9.3.26

优化时，单元的外形名称(footprint)保留下来，原有的布线保持不变。

进行漏电功耗的优化时，Power Compiler 将报告如下的漏电优化的信息：

```
Beginning Leakage Power Optimization (max_leakage_power 0 mw)
------------------------------------------------------------
ELAPSED              WORST NEG  TOTAL NEG  DESIGN                       LEAKAGE
TIME       AREA        SLACK      SLACK    RULE COST    ENDPOINT        POWER
---------  ---------  ---------  ---------  ---------  ---------
0:10:11    3600459.5  0.00       0.0        0.0                     5231321.5000
0:10:11    3600442.6  0.00       0.0        0.0                     5230431.0000
0:10:11    3600422.5  0.00       0.0        0.0                     5229539.0000

......
```

LEAKAGE POWER 的列(Column)列出了内部优化的漏电成本值，它和报告出来的漏电功耗可能不一样。

我们用"report_power"命令得到功耗的准确的报告。

如果在 Physical Compiler 工具里做漏电功耗优化时，我们可以保留一点正的时间冗余(positive slack)，使电路不会在极限的时序下工作，这些时间冗余量也可被后面其他的优化算法所使用。

设置时间冗余的命令如下：

```
set physopt_power_critical_range [<t>]
```

多域值库定义了两个属性，一个为库属性

```
default_threshold_voltage_group
```

另一个为单独库单元的属性

threshold_voltage_group

报告多域值电压组的命令为

report_threshold_voltage_group

我们可以使用多域值库的这两个属性,报告出设计中使用多域值库单元的比例,脚本如下:

```
set_attr -type string lvt.db:slow default_threshold_voltage_group LVt
set_attr -type string svt.db:slow default_threshold_voltage_group HVt
set_attr -type string hvt.db:slow default_threshold_voltage_group HVt
report_threshold_voltage_group
```

下面为使用报告多域值电压组命令的一个例子:

```
psyn_shell-xg-t> report_threshold_voltage_group
* * * * * * * * * * * * * * * * * * * * * * * * * * * * * * * * * * * * *
                Threshold Voltage Group Report
Threshold Voltage Group        Number of Cells        Percentage
* * * * * * * * * * * * * * * * * * * * * * * * * * * * * * * * * * * * *
LVt                            90                     8.33%
HVt                            931                    86.12%
SVt                            59                     5.46%
undefined                      1                      0.09%
* * * * * * * * * * * * * * * * * * * * * * * * * * * * * * * * * * * * *
```

动态功耗优化的流程图见图 9.3.27。

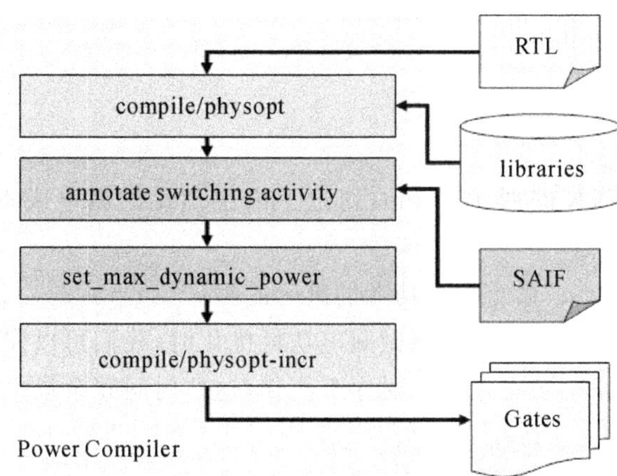

图 9.3.27

动态功耗优化通常在做完时序优化后进行。动态功耗优化时,需要提供电路的开关行为,工具根据每个节点的翻转率,来优化整个电路的动态功耗。用 compile/physopt 命令可以同时对时序和功耗做优化。

设置动态功耗的命令为 set_max_dynamic_power [<p>]。

动态功耗优化的一个脚本如下：

```
read_verilog top.v
source constraints.tcl
set target_library "tech.db"
......
compile
read_saif
set_max_dynamic_power 0 mw
compile -inc
```

Power Compiler 使用下面的技术进行动态功耗的优化。

1. 修改单元的驱动能力(Cell Sizing)，见图 9.3.28。

把关键路径上驱动能力不同的与门交换，时序几乎不受影响。n2 为高频连线，减少其输出负载可以降低功耗。

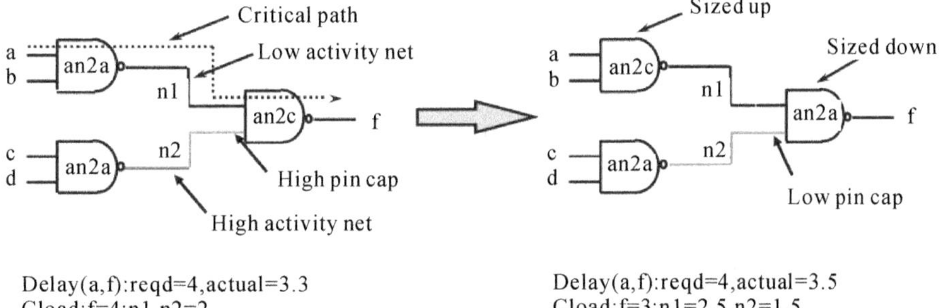

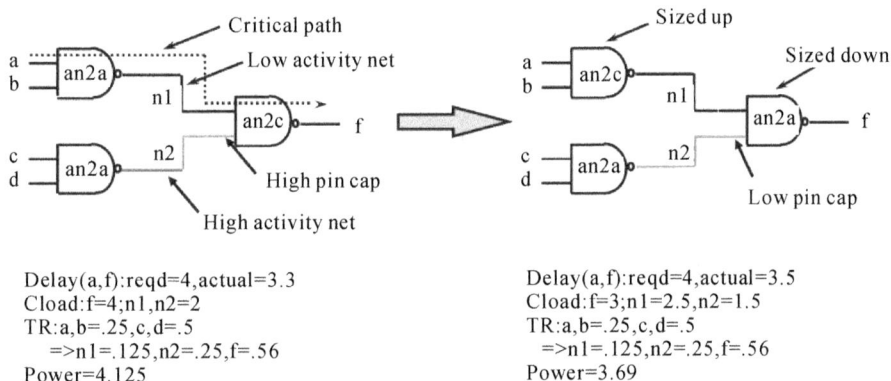

图 9.3.28

2. 技术映射(Technology Mapping)，见图 9.3.29(a)。

把高翻转率的连线放入单元内，从而减小开关功耗。

3. 交换引脚(Pin Swapping)，见图 9.3.29(b)。

把高翻转率的连线连接到电容值小的引脚。

4. 相位分配(Phase Assignment)，见图 9.3.30(a)。

图中，经相位分配后，功耗变小了，但面积变大了。

5. 因式分解(Factoring)，见图 9.3.30(b)。

设计的原来功能为表达式：

$f = ab + bc + cd$

信号 a、b、c 和 d 位宽相同，信号 b 是高翻转率的连线。

如果将表达式进行因式分解，得到：

$f = b(a + c) + cd$

两个等式的功能相等，时序和面积也一样。第一个表达式中高翻转率的信号 b 出现 4 次。而第二个表达式高翻转率的信号 b 只出现两次。因此，降低了功耗。

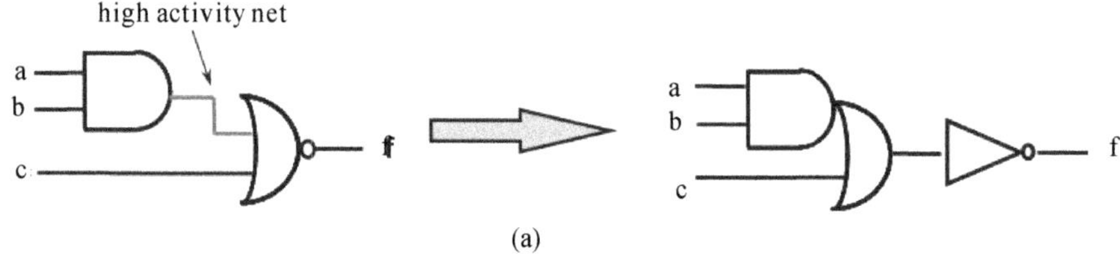

(a)

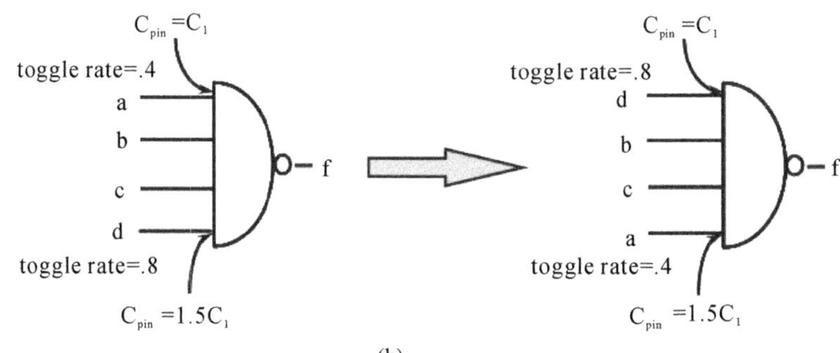

(b)

图 9.3.29

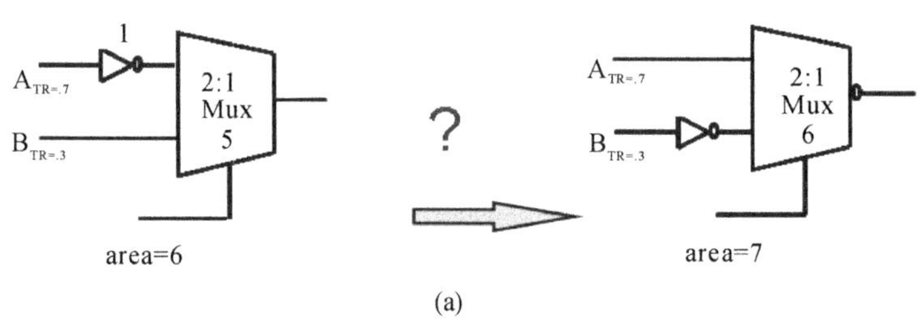

(a)

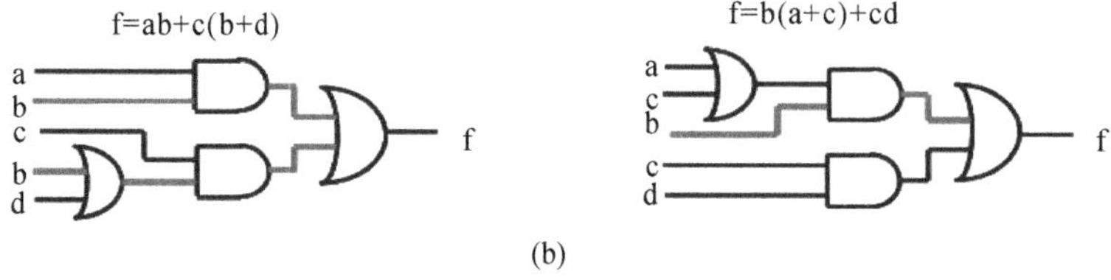

(b)

图 9.3.30

6. 插入缓冲器(Buffer Insertion),见图 9.3.31。

插入缓冲器后,减少了与非门的负载,并使寄存器的输入转移时间变小(陡)。

前面分别介绍了静态功耗和动态功耗的优化方法。我们可以把它们结合在一起,进行整个设计总功耗的优化。

总功耗是动态功耗和静态功耗的和,即

总功耗 = 动态功耗 + 静态功耗

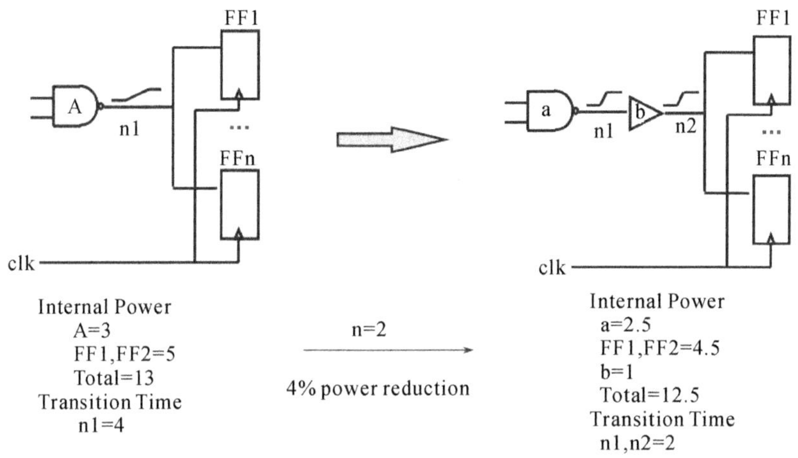

图 9.3.31

总功耗的优先级比动态功耗和静态功耗高。总功耗优化时，工具尽量减少动态功耗和静态功耗的和。优化时如果减少了漏电功耗增加了动态功耗，但它们的和减少了，优化是有效的。反之亦然。我们可以通过设置开关，使动态功耗优化和静态功耗优化用不同的努力级别(effort levels)和权重(weights)进行优化。

总功耗的优化流程如图 9.3.32。

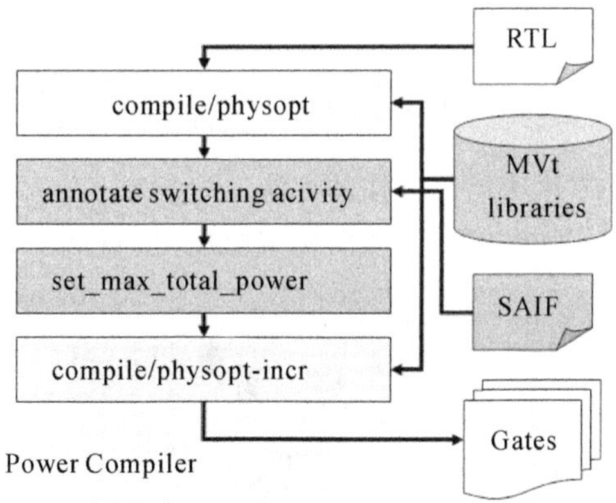

图 9.3.32

相应的脚本如下：

```
read_verilog top.v
source constraints.tcl
set target_library "hvt.db svt.db lvt.db"
......
compile
read_saif
set_max_total_power 0 mw -leakage_weight 30
compile -inc
......
```

脚本中，target_library 设置为多域值电压的库，用于做静态功耗的优化。读入含有开关行为的 saif 文件，用于约束动态功耗的优化。在设置总功耗的约束时，我们可以在 set_max_total_power 命令中使用静态或/和动态功耗权重(weight)的选项，使工具在优化时，偏重于静态或动态功耗。假设 P、Pd 和 Pl 分别为总功耗、动态功耗和静态功耗，Wd 和 Wl 分别为动态功耗和静态功耗的权重，

总功耗 P = (Wd * Pd + Wl * Pl)/ Wd

我们可以在 DC 或 PC 中设定只对功耗做优化。这时候，工具仅优化设计的功耗，而不会对更高优先级的约束做任何的优化和修正设计规则 DRC 违例。但是这种优化也不会使设计的更高优先级约束的性能变差和引起 DRC 违例。这种优化的优点在于运行时间较短，可用于优化设计的动态功耗、静态功耗和总功耗。在 DC 和 PC 中，只能以增量编辑的形式工作。

PC 中只对功耗做优化的命令如下：

```
set_max_total_power 0 mw
physopt -only_power_recovery
```

DC 中只对功耗做优化的命令如下：

```
set compile_power_opto_only true
set_max_leakage_power 0 mw
compile -inc
```

9.3.4 多个供电电压(Multi-VDD)

降低供电电压是降低芯片功耗最直接的方法。

图 9.3.33 是使用多个供电电压(下面简称多电压)进行低功耗设计的例子。

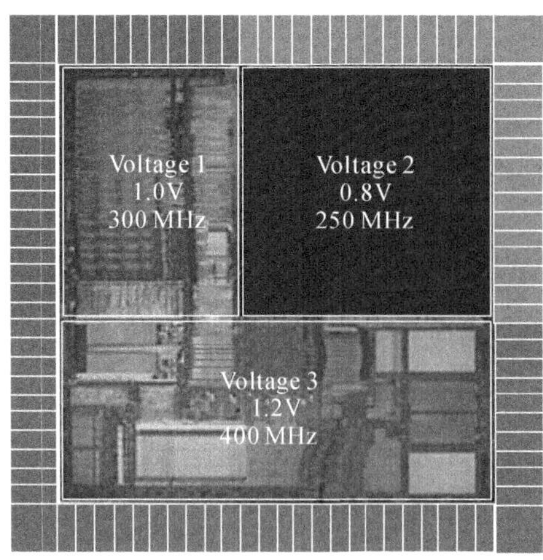

图 9.3.33

图中的设计有 3 个工作频率，分别为 300、250 和 400MHz。由于单元的延迟与供电电压成相反关系，即供电电压越高，单元的延迟越小。因此为了满足时序的要求，对于工作频率高的模块，使用供电电压高的电源，以降低时序路径中单元的延迟，从而降低整条时序路

径的延迟。本例中，工作频率为 400MHz 的模块，时序要求最高，因此供电电压最高，为 1.2V。工作频率为 250 MHz 的模块，时序要求最低，因此供电电压最低，为 0.8V。

通过对不同的模块设置不同的供电电压，可以使整个设计既能满足时序的要求，又可以降低其功耗。使用多电压技术，版图设计时，要产生多个电压区域(Voltage Area)，把供电不同的模块，分配到不同的电压区域。

如图 9.3.2 所示，多电压设计目前有三种设计风格。

1. 左图的设计中，各电压区域有固定的单一电压。

2. 中图的设计中，各电压区域有固定的多个电压，软件控制选用哪一个电压。

3. 右图的设计中，采用自适应方式，各电压区域有可变的电压，软件控制选用电压。

采用多电压技术设计时，如果要在不同的电压区域传递信号，需要使用电平转换器(Level Shift)，把高电压区域的信号传递到低电压区域，反之亦然。

2006.06 和以后版本的 Power Compiler，支持用"Top Down Compile"的方法进行多电压的功耗设计。

脚本样本如下：

```
set compile_mv_check true
set search_path [concat $search_path [ list ../LIB ./]]
set target_library "ss_hvt_0v70_125c.db ss_hvt_1v08_125c.db \
......
......
set link_library [concat [list " * "] $target_library]
set_clock_gating_style -max_fanout 6 -num_stage 2 -positive_edge_logic \
            integrated:TLATNTSCAX20MTH
read_verilog {register_bank.v sub_design.v top.v}
current_design top
link
create_clock -p 4 clk -name CLK
set_operating_conditions -max ss_hvt_0v70_125c \
            -min ff_hvt_1v32_0c \
            -max_library ss_hvt_0v70_125c \
            -min_library ff_hvt_1v32_0c

set_operating_conditions -max ss_hvt_1v08_125c \
            -min ff_hvt_1v32_0c \
            -max_library ss_hvt_1v08_125c \
            -min_library ff_hvt_1v32_0c \
            -object_list sub
set_operating_conditions -max ss_hvt_0v70_125c \
            -min ff_hvt_1v32_0c \
            -max_library ss_hvt_0v90_125c \
```

```
                -min_library ff_hvt_1v32_0c \
                -object_list sub/r0
if { $global=="true"} {
    insert_clock_gating -global
} else {
    insert_clock_gating
}
propagate_constraints -gate_clock
uniquify
compile -scan
check_level_shifters
insert_level_shifters -all_clock_nets -ver
write -f ddc -hier -o top_gate.ddc
......
```

9.3.5 电源门控

电源门控是指芯片中某个区域的供电电源被关掉，即该区域内的逻辑电路的供电电源断开。电源门控(Power Gating)的设计见图 9.3.34。

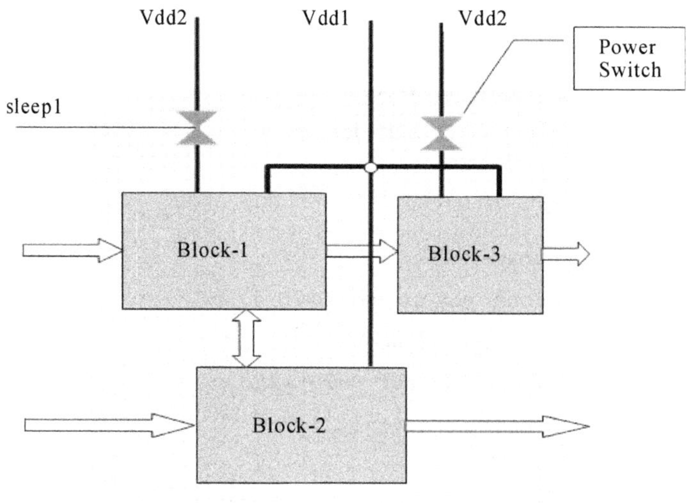

图 9.3.34

如果某一模块在一段时间内不工作，可以关掉它的供电电源。断电后，设计进入睡眠模式，其漏电功率很小。唤醒时，为了使模块尽快恢复工作模式，需要保持关电前的状态。保持寄存器(retention register)可用于记忆状态。使用保持寄存器设计电源门控见图9.3.35。

关掉供电电源可以使用 MTCMOS 开关，通常在使用后端工具进行布局布线时加入

MTCMOS 开关。关于在设计中如何加入 MTCMOS 开关,可以参阅参考文献。

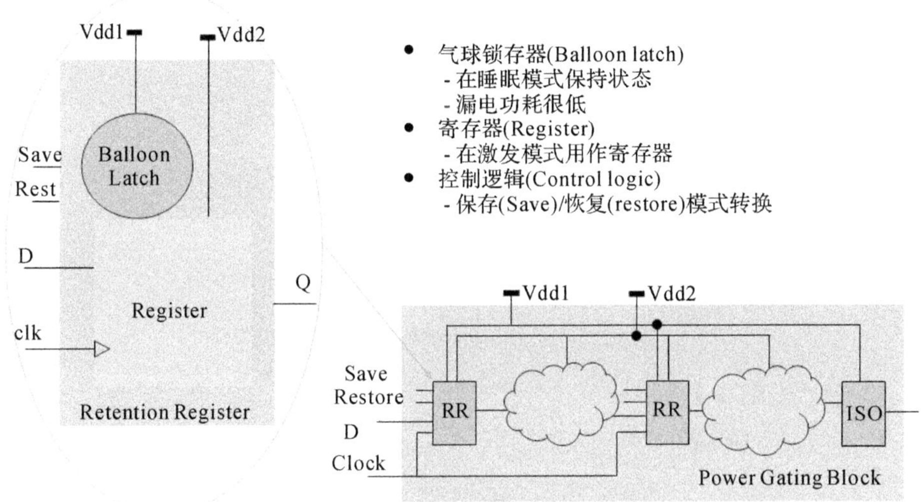

图 9.3.35

在睡眠模式,寄存器的电源 Vdd2 被切断,因此它的漏电功耗极小;这时候仅仅保持锁存器处于工作状态,寄存器的值保留在锁存器里。由于锁存器是用高域值电压的晶体管组成,漏电功耗很低。当 Restore 信号被激活时,寄存器的电源 Vdd2 被加上,保留在锁存器里的值被载入到寄存器。寄存器在工作(活跃)状态时,它作为一般的寄存器工作。

Save/Restore 引脚也称为电源门控引脚(power gating pins),它们被用于把电路置于适当的模式。

电源门控模块的输出端需要用隔离单元(Isolation Cell),因为在睡眠模式时,模块的输出为不确定值。为了保证在睡眠模式时,下一级的输入不会悬空,插入隔离单元,提供一个"1"或"0"的输出,使下一级的输入为确定的逻辑值,如图 9.3.36(a)所示。ISO 为睡眠控制信号,用于控制隔离单元的运作。电路在正常工作模式时,ISO=0,ISO_IN=IN。电路在睡眠模式时,ISO=1,如使用图 9.3.36(b)左图的单元作为隔离单元,输出逻辑为"1",如使用图 9.3.36(b)右图的单元作为隔离单元,输出逻辑为"0"。

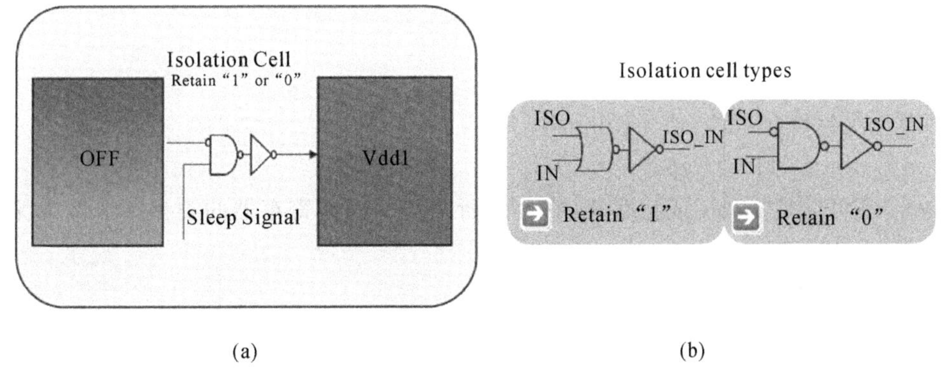

(a)　　(b)

图 9.3.36

使用电源门控的设计流程和相应的脚本见图 9.3.37。

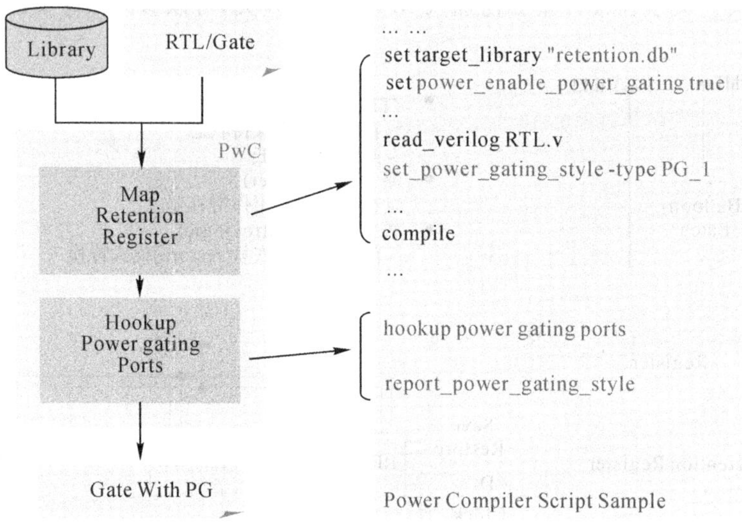

图 9.3.37

脚本中，target_library 设置为“retention. db”，该工艺库中的电源门控单元用下面格式的库文件建模型。

```
cell (RetentionReg) {
  power_gating_cell : "PG_1";
  ff ("IQ","IQZ") {
    next_state : "(D & ! SAVE & ! RESTORE)";
    clocked_on : "CLK";
  }
  pin (SAVE) {
    power_gating_pin (power_pin_1, "0");
  }
  pin (RESTORE) {
    power_gating_pin (power_pin_2, "0");
  }
```

其中包含：

- 单元级属性(Cell level attribute)

power_gating_cell ："type"；

“type”不可以是“none”或空字符，它鉴别所描述的保持寄存器的类型。本例中保持寄存器的类型为 PG_1。

- 电源门控寄存器的功能描述

next_state ："(D & ！ SAVE & ！ RESTORE)"；

它是保持寄存器在活跃模式的功能。

- 引脚级的属性(Pin level attribute)

power_gating_pin (power_pin_[1－5],"0"|"1")；

power_pin_1- power_pin_5 列出了现有的电源门控信号的名字。例如，power_pin_1 可以用于定义为睡眠(sleep)信号，power_pin_2 可以用于定义叫醒(wake)信号。power_pin_[1－5]信号的默认值是寄存器处于非工作(disable)状况的值，可以是"0"或"1"。例如，如果当 power_pin_1 的逻辑值为"1"时，电路进入睡眠模式，那么，其非工作(disable)状况的值应该是逻辑"0"。

脚本中使用 set_power_gating_style 命令来映射保持寄存器。例如，为了把例 9.3.1 所示的 RTL 代码中的寄存器映射为保持寄存器，使用下面的命令：

```
set_power_gating_style -type PG_1 -hdl_block sub_block_1
```

选项"-type PG_1"指定使用库中类型为 PG_1 的保持寄存器。

选项"-hdl_block sub_block_1"指定把 RTL 代码中进程(process)名为"sub_block_1"中的所有寄存器用类型为 PG_1 的保持寄存器代替。

例 9.3.1

```
......
always@(posedge clk)
begin: sub_block_1
q = d;
end
......
```

脚本中使用 hookup_power_gating_ports 命令来自动插入 power_pin_[1－5]端口和层次模块的引脚。同类功耗引脚的端口或引脚会被连接在一起。例如属性同为"power_pin_1"的引脚将被连接在一起，其默认名为"power_pin_1"。图 9.3.38(a)为执行 hookup_power_gating_ports 命令后设计中插入端口和层次模块的引脚。我们可以使用选项"-default_port_naming_style"和"-port_naming_styles"来改变端口和/或层次模块引脚的命名。

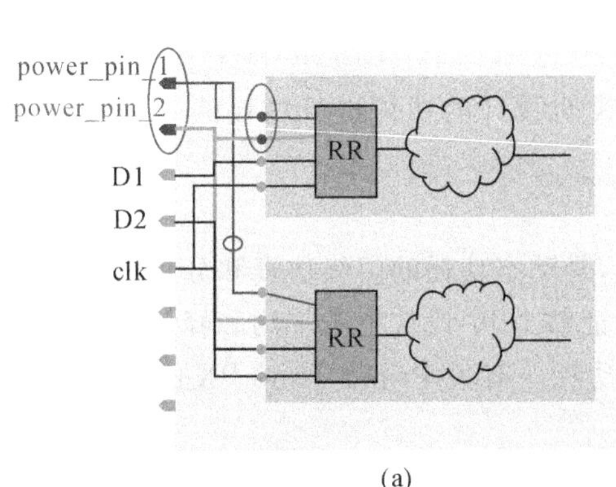

(a)

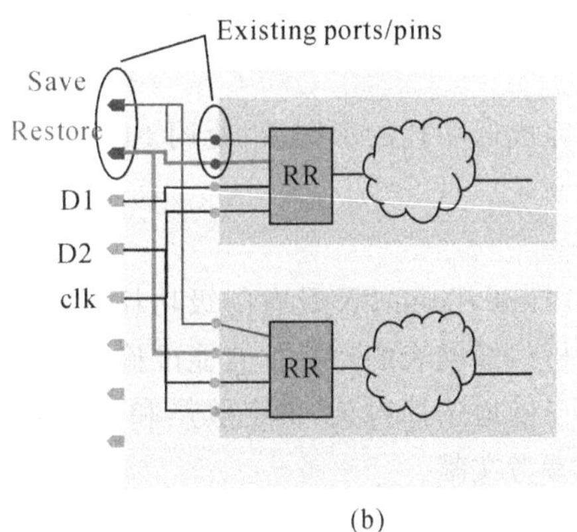

(b)

图 9.3.38

下面的脚本用 set_power_gating_signal 命令指定把电源门控引脚与现有的端口或层次引脚连接起来，见图 9.3.38(b)。

```
set_power_gating_signal \
-power_pin_index 1 [get_ports Save]
set_power_gating_signal \
-power_pin_index 2 [get_pins A/p1]
......
hookup_power_gating_ports
```

我们可以用 report_power_gating 命令报告设计中的电源门控单元。例如：

dc_shell-t-xg> report_power_gating

```
--------------------------------------------------------------------------------
                          Power Gating Cell Report
--------------------------------------------------------------------------------
                                       | Power Gating   | Power Gating |
     Cell Name (Library Cell Name)     |    Style       |      Pin     | Signal
--------------------------------------------------------------------------------
reginst2/reg_inst_1/q_reg (TT_CF)      | clock_free     | REST (2)     | power_pin_2
                                       |                | SAVE (1)     | power_pin_1
reginst2/qi_reg (TT_CF)                | clock_free     | REST (2)     | power_pin_2
                                       |                | SAVE (1)     | power_pin_1
reginst1/reg_inst_1/q_reg (TT_CF)      | clock_free     | REST (2)     | power_pin_2
                                       |                | SAVE (1)     | power_pin_1
reginst1/qi_reg (TT_CF)                | clock_free     | REST (2)     | power_pin_2
                                       |                | SAVE (1)     | power_pin_1
q4_reg (TT_CF)                         | clock_free     | REST (2)     | power_pin_2
                                       |                | SAVE (1)     | power_pin_1
q3_reg (TT_CF)                         | clock_free     | REST (2)     | power_pin_2
                                       |                | SAVE (1)     | power_pin_1
--------------------------------------------------------------------------------
```

在 DC 中使用 Power Compiler 完成门级电路的低功耗设计和优化后，把得到的门级网表输入到 Physical Compiler 进行物理综合和进一步的功耗优化。然后在 Astro 里对其结果作进一步的后布局优化，时钟树的综合和详细的布线。完成布线后，再做后布线的功耗优化。

完成低功耗的版图后，使用 Prime Time PX 对设计的功耗进行功耗的 Sign-Off 分析，见图 9.1。

Prime Time PX 具有门级功耗的分析能力，是动态功耗的门级仿真和分析的工具，可精确分析门级网表的功耗。它能准确而有效地验证整个 IC 设计中的平均和峰值功耗，帮助工程师正确地选择封装、决定散热和确证设计的功耗。有关 Prime Time PX 的详细内容，可参阅参考文献。

参考文献

1. Design Compiler 1 Synopsys Workshop
2. Physical Compiler 1 Synopsys Workshop
3. DFT Compiler 1 Synopsys Workshop
4. Power Compiler Synopsys Workshop
5. PrimePower Synopsys Workshop
6. IC Compiler 1 Synopsys Workshop
7. Verilog Coding Styles For RTL Synthesis Synopsys Workshop
8. Synopsys Online Documentation Synopsys Manual
9. John K Ousterhout. Tcl and the TK toolkit. Boston：Addision-Wesley Professional，1994
10. Brent B Weltch. Practical Programming in Tcl and Tk. NJ：Prentice Hall，2003
11. Samir Palnitkar. Verilog HDL（A Guide to Digital Design and Synthesis）. NJ：Prentice Hall，2003
12. Michael D. Ciletti. Advanced Digital Design with the Verilog HDL. NJ：Prentice Hall，2003
13. 朱明程，孙普译. 可编程逻辑系统的 VHDL 设计技术. 南京：东南大学出版社，1998
14. 王彬，任艳颜，编著. 数字 IC 系统设计. 西安：西安电子科技大学出版社，2005
15. 杨宗凯，黄建，杜旭编著. 数字专用集成电路的设计与验证. 北京：电子工业出版社，2004